EUL VERLAG

EINZELSCHRIFTEN

Holger Berg
Transitions of Energy Regimes – An Evolutionary Economic Interpretation
Lohmar – Köln 2013 • 352 S. • € 64,- (D) • ISBN 978-3-8441-0225-3

Knut Scherhag (Hrsg.)
Weintourismus und Marketing
Lohmar – Köln 2013 • 192 S. • € 49,- (D) • ISBN 978-3-8441-0230-7

Andreas Kadner
Harmonisierung von internem und externem Rechnungswesen – Kritische Analyse der Harmonisierbarkeit der Einzelabschlüsse deutscher mittelständischer Unternehmen
Lohmar – Köln 2013 • 272 S. • € 58,- (D) • ISBN 978-3-8441-0232-1

Jens Winkel
Institutionenökonomische Analyse des fair value von Investment Properties
Lohmar – Köln 2013 • 228 S. • € 55,- (D) • ISBN 978-3-8441-0234-5

Daniel Johannes Goebel
Regulierungsmanagement in Banken – Eine Analyse von Handlungsfeldern zur Integration qualitativer Aufsichtsmaßnahmen in Bankstrategien am Beispiel der aktuellen Restrukturierungsgesetzgebung
Lohmar – Köln 2013 • 288 S. • € 58,- (D) • ISBN 978-3-8441-0236-9

Richard Vahrenkamp
Von Taylor zu Toyota – Rationalisierungsdebatten im 20. Jahrhundert
2., korrigierte und erweiterte Auflage
Lohmar – Köln 2013 • 272 S. • € 58,- (D) • ISBN 978-3-8441-0237-6

Christoph Seyfarth
Konflikt und Kooperation im dezentralen Einkauf – Die Bedeutung situativer Rahmenbedingungen und monetärer Anreize für die erfolgreiche Einführung von Einkaufskooperationen
Lohmar – Köln 2013 • 248 S. • € 56,- (D) • ISBN 978-3-8441-0244-4

Konflikt und Kooperation im dezentralen Einkauf

Die Bedeutung situativer Rahmenbedingungen und monetärer Anreize für die erfolgreiche Einführung von Einkaufskooperationen

Doktorarbeit zur Erlangung des akademischen Grades

Dr. rer. pol.

an der Fakultät Wirtschaftswissenschaften

der Julius-Maximilians-Universität Würzburg

vorgelegt von

Dipl.-Kfm. Christoph Seyfarth

Friedberg / Hessen

Würzburg, Februar 2013

Erstgutachter

Prof. Dr. Ronald Bogaschewsky

Lehrstuhl für Betriebswirtschaftslehre und Industriebetriebslehre

Fakultät Wirtschaftswissenschaften

Julius-Maximilians-Universität Würzburg

Zweitgutachter

Prof. Dr. Guido Hertel

Psychologisches Institut III

Westfälische Wilhelms-Universität Münster

Dr. Christoph Seyfarth

Konflikt und Kooperation im dezentralen Einkauf

Die Bedeutung situativer Rahmenbedingungen und monetärer Anreize für die erfolgreiche Einführung von Einkaufskooperationen

EUL VERLAG

Bibliografische Information der Deutschen Nationalbibliothek

Die Deutsche Nationalbibliothek verzeichnet diese Publikation in der Deutschen Nationalbibliografie; detaillierte bibliografische Daten sind im Internet über <http://dnb.d-nb.de> abrufbar.

Dissertation, Julius-Maximilians-Universität Würzburg, 2013

ISBN 978-3-8441-0244-4
1. Auflage Mai 2013

JOSEF EUL VERLAG GmbH
Brandsberg 6
53797 Lohmar
Tel.: 0 22 05 / 90 10 6-6
Fax: 0 22 05 / 90 10 6-88
E-Mail: info@eul-verlag.de
http://www.eul-verlag.de

Bei der Herstellung unserer Bücher möchten wir die Umwelt schonen. Dieses Buch ist daher auf säurefreiem, 100% chlorfrei gebleichtem, alterungsbeständigem Papier nach DIN 6738 gedruckt.

Vorwort

Am 22.11.2012 titelte die Financial Times Deutschland: „Der Siemens-Konzern trennt sich von Einkaufsvorstand ...“ Dies war nicht nur eine weltweit viel beachtete Personalentscheidung, die Chefs der operativen Sektoren, so die Interpretation der FTD, wehrten sich auch gegen eine zu starke Bündelung des Einkaufs, unter anderem wegen der extrem unterschiedlichen Geschäfte des Mischkonzerns. Die Funktion des zentralen Einkaufsvorstandes wurde seither nicht mehr neu besetzt.

Der Grundgedanke der Einkaufskooperation liegt in Theorie und Praxis im Synergiegedanken: Zwei Partner kaufen gleiche oder ähnliche Teile gemeinsam ein, um Kosten zu senken. So funktionieren die meisten Einkaufskooperationen zwischen Unternehmen oder Sparten eines Konzerns. Trotz der theoretisch und auch praktisch nachweisbaren Vorteilhaftigkeit solcher Volumenbündelungen kommt es in der Praxis immer wieder zu gravierenden Dilemmasituationen und Konflikten. Dies liegt nicht nur an den Interessen der Akteure, die man mit Hilfe der Spieltheorie abbilden und mathematisch modellieren kann. Die Realität ist weitaus komplexer. Menschen entscheiden sich nicht nur rational, sondern auch situationsbezogen, wie die erweiterte Rational-Choice-Theorie postuliert. Sie richten in ihrer subjektiven Interpretation der Situation die Aufmerksamkeit auf die Ressourcen, über die sie verfügen, auf die Regeln, denen sie sich unterworfen fühlen und auf die Normen, die die jeweilige Kultur und im Besonderen die Unternehmenskultur vorgeben.

Die vorliegende Arbeit geht zentralen Fragestellungen zu den Gründen von Dilemma und Konflikt in Einkaufskooperationen nach. Über die Gründe für Auseinandersetzungen hinaus wird ein genauer Blick auf die Vergütungspolitik und -instrumente geworfen sowie darauf, inwiefern diese für eine Einkaufskooperation förderlich sein können. Dies ist umso wichtiger, je stärker die Akteure Ressourcenbeschränkungen unterliegen und sich entweder für eine Einkaufskooperation oder für individuelle, spartenbezogene Einsparungsbemühungen entscheiden müssen.

Es ist ein zentrales Anliegen dieser Arbeit, Logik, Lesbarkeit und Praxisrelevanz zu verbinden. Die vorliegende Dissertation untersucht nicht nur die Rahmenbedingungen für erfolgreiche Kooperation, sondern auch die Motivationswirkungen kombinierter Prämien. Sie gibt praktisch verwertbare Hinweise, welche Prämienkonzepte für welche Problemstellungen geeignet sind.

Ich danke meinem Zweitgutachter, Herrn Prof. Dr. Hertel von der Universität Münster, für Hinweise und Anregungen sowie Herrn Dr. Ecker vom Wissenschaftslektorat „korrekto“ für die Unterstützung bei der Drucklegung dieses Buches.

Würzburg, 11.02.2013

Inhalt

Abbildungsverzeichnis

Abkürzungsverzeichnis

Abb.	Abbildung
Aufl.	Auflage
et. al.	et alii, et aliae oder et alia / und andere
etc.	et cetera
E-Procurement	Electronic procurement
JIT	just in time
JIS	just in sequence
KSchG	Kündigungsschutzgesetz
	économiques dans les Communautés
	Européennes
o.	ohne
o. ä.	oder ähnlich
o. S.	ohne Seitenangabe
PRODCOM	Production Communautaire
ROI	Return on Investment
SP	Sparte/Produktion
s. o.	siehe oben
s. u.	siehe unten
vgl.	vergleiche
z. B.	zum Beispiel
ZW	Zwischenziel

1. Einführung

1.1. Problemstellung

Die Diskussion von Kooperationen im Einkauf innerhalb von Unternehmen erfordert zwangsläufig die Berücksichtigung betriebswirtschaftlich-mikroökonomischer Aspekte sowie soziologischer und psychologischer Fragen, insbesondere dann, wenn diese den wirtschaftlichen Erfolg einer Kooperation beeinflussen. Eine gesamtheitliche, wissenschaftlich fundierte Untersuchung steht vor dem Dilemma, dass nicht nur unterschiedliche Forschungsparadigmen der Betriebswirtschaftslehre, Soziologie und Psychologie zur Anwendung kommen können, sondern auch eine Fokussierung notwendig ist, um das Untersuchungsgebiet einzugrenzen.

Unter ‚Kooperation' wird ein abgestimmtes Verhalten von strukturell miteinander verbundenen Akteuren verstanden. Die strukturelle Verbundenheit ergibt sich daraus, dass verschiedene Akteure ein gemeinsames Interesse an Zielen oder Ressourcen haben, die sie nicht allein erreichen bzw. beschaffen oder erzeugen können.[1] Möchten z. B. zwei Einkäufer eines Unternehmens einen bestimmten Beschaffungsumfang am Markt anfragen, kann der Fall eintreten, dass dies aufgrund von speziellen Kenntnissen der Akteure (Sprache, Branchenwissen, Marktkenntnisse) nur gemeinsam möglich ist.

Bisherige wirtschaftswissenschaftliche Publikationen zum Thema ‚Einkaufskooperationen' beziehen Anreize, Normen und Kultur entweder gar nicht oder nur in Bezug auf zwischenbetriebliche Kooperationen ein.[2] Kooperationen können aufgrund von Marktprozessen, Zwang oder freiwilliger Selbstorganisation der Beteiligten entstehen.[3] Dabei wird der Wert der ausgetauschten Güter von jedem beteiligten Akteur objektiv und subjektiv bewertet. Gleiches gilt in Bezug auf immaterielle Gegenstände von Kooperationsbeziehungen aufgrund von Entscheidungen,

---

1 Vgl. Ramb, B.-T.: Logik, 1993, S. 25; Maurer, A.; Schmid, M.: Soziologie, 2010, S. 278; Fischer, L.; Wiswede, G.: Sozialpsychologie, 2009, S. 696.

2 Arnold, U.: Einkaufskooperationen, 1998, S. 13 ff.; Eßig, M.: Cooperative Sourcing, 1999; Zagler, M.: Einkaufssynergien, 2003, S. 18 ff.; Endress, R.: Kooperation, 1991, S. 74 ff.

3 Vgl. Fischer, L.; Wiswede, G.: Sozialpsychologie, 2009, S. 696, 705.

Verfügungsrechten oder Informationen. Entscheidungssituationen sind dabei immer ganzheitlich bestimmt, z. B. durch die herrschende Organisationsstruktur, das gültige Anreizsystem, die Persönlichkeit der Akteure usw.

Eine Grundanforderung an den Einkauf ist die Bereitstellung von Beschaffungsobjekten in der erforderlichen Qualität, zum jeweils günstigsten Preis, in der ausreichenden Menge, zum richtigen Zeitpunkt und am richtigen Ort. Dabei bleibt offen, was unter dem jeweils ‚günstigsten Preis' zu verstehen ist.[4] In der Praxis kann jedoch davon ausgegangen werden, dass diese Ziele situationsbedingt nicht variieren und die Operationalisierbarkeit der Ziele und ihrer Verfolgung mit Problemen behaftet ist. Werden Einkaufskooperationen mit dem Ziel der Senkung von Materialkosten gebildet, so stellen die Theorie der Erfahrungskurve und die Theorie der Kostendegression die wesentlichen theoretischen Grundlagen dar.[5] Die Produktionstheorie unterstellt einen direkten Zusammenhang zwischen dem betrieblichen Input in Form von Produktionsfaktoren und dem Output in Form von Zwischen- oder Endprodukten.[6] Aus einer ertragsgesetzlichen Produktionsfunktion lässt sich ableiten, dass bei steigenden Gesamtkosten K die Durchschnittskosten bis zu einem Punkt x stetig sinken.[7] Dieser Effekt beruht auf der Verteilung der Fixkosten. Ein wesentliches theoretisches Argument für Einkaufskooperationen ist die Möglichkeit, Kostensenkungen bei den kooperierenden Abnehmern zu erzielen, wenn es gelingt, Durchschnittskostensenkungen durch höhere Abnahmemengen (vorbehaltlich sprungfixer Kosten durch Kapazitätserweiterungen) vom Lieferanten an die Abnehmer ganz oder teilweise weiterzugeben.

Das Konzept der Erfahrungskurve ist ein zweites wesentliches Argument für Volumenbündelungen im Einkauf. Es beruht auf einem ähnlichen Zusammenhang: Mit steigender Ausbringungsmenge sinken die Stückkosten. Empirische Untersuchungen haben gezeigt, dass die Stückkosten mit jeder Verdoppelung der kumulierten Produktionsmenge um 20 % bis 30 % zurückgehen.[8] Als Begründung werden neben der Fixkostendegression sogenannte Lerneffekte angeführt: Lernvor-

---

4 Vgl. Piontek, J.: Beschaffungscontrolling, 2004, S. 37; Dubois, A.: Performance Measurement, 2008, S. 37.

5 Vgl. Wannenwetsch: Materialwirtschaft, 2010, S. 109 f.

6 Vgl. Wöhe, G.: Betriebswirtschaftslehre, 2002, S. 342 f.

7 Vgl. Nebl, T.: Produktionswirtschaft, 2007, S. 312 ff.

8 Vgl. Wannenwetsch: Materialwirtschaft, 2010, S. 109 f.

gänge, Rationalisierung und technischer Fortschritt führen zu Einsparungen, die sich in degressiven Stückkosten niederschlagen. In beiden Fällen gilt: Koordiniert auftretende Nachfrager können von derartigen Skaleneffekten profitieren, wenn es gelingt, die Kostendegressionen ganz oder teilweise vom Lieferanten auf den Abnehmer zu übertragen.

Trotz der theoretisch und auch praktisch nachweisbaren Vorteilhaftigkeit kommt es in der Praxis zu gravierenden Konflikten in Einkaufskooperationen. Faes und Matthyssens schreiben in ihrer Studie ‚The Pursuit of Global Purchasing Synergy‘:

„Global purchasing synergy projects can show different results as is illustrated by the experiences of two companies. The purchasing coordinator of a company documents on the results of a pan-European coordination effort: Coordination hasn‘t proven to work for us. People are much too independent to understand even the positive side of it and so we will stay de-standardized as ever. Our systems are not compatible and our suppliers don‘t like the idea.“[9]

Empirische Beobachtungen betonen die Problematik von Einkaufskooperationen.

„... findet keine gewachsene Unternehmensstruktur zu einer zentralen Koordination und teilweise dezentralen Organisation des Einkaufs. ... Entgegen der herrschenden Meinung, dass eine Volumensteigerung automatisch bessere Preise zur Folge hat, führt die forcierte Expansion in einem unstrukturierten Einkauf bestenfalls zu gleich bleibender Kondition. Der häufige Grund: Die ‚Fürstentümer‘ sind nicht bereit, Teile der Verantwortung an eine zentrale Stelle abzugeben. Ein ernannter Integrationsmanager wird deshalb nur Teile der potentiellen Verbundeffekte realisieren können.“[10]

Der dargelegte Zusammenhang zeigt, dass technisch-betriebswirtschaftliche wie auch soziale und psychologische Faktoren das Gelingen von Einkaufskooperationen beeinflussen.

---

9 Faes, W.; Matthyssens, P.: Global Purchasing Synergy, 2000, S. 542.
10 Kerkhoff, G.: Milliardengrab, 2003, S. 56 ff.

Mögliche Gründe sind die Folgenden.

- Mangelnde Datenqualität bezüglich des Beschaffungsvolumens verhindert die Bündelung von Einkaufsumfängen.[11]
- Sparten verfolgen eigene Ziele, die in Konkurrenz zu den Zielen der Einkaufskooperation stehen.
- Der Erfolg der Bündelung von Einkaufsumfängen ist schwer oder gar nicht kommunizierbar, insbesondere dann, wenn nachweisbare Erfolgsbeispiele fehlen.[12]
- Fehlende Abstimmung von Organisation, Daten und Prozessen verhindert die Realisierung von Einsparungen in Einkaufskooperationen.[13]
- Einkaufskooperationen werden kurzfristig und auf das Ziel einer schnellen Kostensenkung ausgerichtet, ohne dass nachhaltige Voraussetzungen für eine dauerhafte Kooperation der beteiligten Akteure geschaffen werden.[14]
- Fehlende Weisungsbefugnis zwischen Kollegen erschwert die Kooperation.[15]
- Austauschbeziehungen zwischen Organisationseinheiten können nicht symmetrisch gestaltet werden und führen zu Konflikten.[16]
- Es gibt hinsichtlich funktionaler und projektorientierter Zuständigkeiten unklare ‚Demarkationslinien' zwischen Linieneinkauf (der Sparten) und projektorientierten Aktivitäten.[17]
- Fehlende Zeit und Gelegenheiten für vertrauensbildende persönliche Kontakte.[18]

Diese Beispiele belegen die Notwendigkeit, neben technischen und ökonomischen Aspekten auch soziale und psychologische Aspekte in die Gestaltung einer Einkaufskooperation einzubeziehen.

[11] Vgl. Braun, M.; Dittrich, J.: Einkaufsoptimierung, 2007, S. 2.
[12] Vgl. Faes, W.; Matthyssens, P.: Global Purchasing Synergy, 2000, S. 549 ff.
[13] Vgl. Braun, M.; Dittrich, J.: Einkaufsoptimierung, 2007, S. 3.
[14] Vgl. Rozemeijer, F.; Weele, A. van: Corporate Advantage, 2000, S. 7.
[15] Vgl. Wunderer, R.: Führung, 2006, S. 481.
[16] Vgl. Wunderer, R.: Führung, 2006, S. 481.
[17] Vgl. Jones, O.; Rich, N.: Purchasing, 2000, S. 207.
[18] Vgl. Wunderer, R.: Führung, 2006, S. 481.

1.2. Historischer Abriss

Für die Diskussion, ob und gegebenenfalls wie soziologische und psychologische Aspekte in die Gestaltung von Einkaufskooperationen einbezogen werden sollten, ist ein Rückblick auf die historische Entwicklung interessant.

‚Kooperation' wurde und wird in nahezu allen Disziplinen der Sozialwissenschaften untersucht.[19] Der folgende Abriss untergliedert sich entsprechend den Vorläufern der Kooperationstheorie, der betriebswirtschaftlichen Kooperationstheorien und der (betriebswirtschaftlichen) Theorien zur Einkaufskooperation.

Unter den Vorläufern der modernen Kooperationstheorien werden solche Theorien verstanden, deren Befunde auf allen Ebenen ökonomischer und sozialpsychologischer Theorien anwendbar sind. Als Vorläufer der modernen Theorie der Kooperation und des Spiels gilt David Hume, der in seinem Aufsatz ‚A Treatise of Human Nature' von 1739 die Situation von zwei Bauern zur Erntezeit beschrieb. Die Ernte des einen Bauern

findet an einem Tag statt, die Ernte des anderen am nächsten Tag. Hilft ein Bauer dem anderen am ersten Erntetag, so kann derjenige, dem geholfen wurde, am Folgetag die Mithilfe verweigern – er hat ja seine Ernte schon eingefahren. Hume hat hier bereits auf das Problem des rationalen Akteurs hingewiesen: Verspürt kein Bauer moralische oder sonstige Verpflichtungen gegenüber seinem Kollegen, ist es rationaler, sich gegenseitig nicht zu helfen, um die Enttäuschung einer einseitigen Vorleistung zu vermeiden.[20]

Der italienische Ökonom und Soziologie Vilfredo Pareto (1848-1923) hatte sich, neben anderen Forschern, mit der Frage des Güteraustausches auf der Ebene von Volkswirtschaften befasst. Er stellte eine Theorie auf, wie ein Optimum der Wohlfahrt erreicht werden kann. Eine zentrale Aussage seiner Theorie lautet: Kooperationspartner können das Niveau der Gesamtwohlfahrt steigern, wenn sie ihre Warenproduktion spezialisieren und Handel betreiben. Das nach ihm benannte

---

[19] Vgl. Aronson, E.; Wilson, T.D.; Akert, R.M.: Sozialpsychologie, 2008, S. 298 ff.; Maurer, A.; Schmid, M.: Soziologie, 2010, S. 279 ff.; Bierhoff, H.: Kooperation, 1998, S. 21 ff.; Bühler, S.; Jaeger, F.: Kooperation, 2003, S. 93 ff.; Kutschker, M.: Kooperation, 2003, S. 235 ff.; Louis, D.: Theorie, 1979 S. 9 ff.; Fallgatter, M. J.; Koch, L.: Kooperation, 1998, S. 13 ff.; Dewitte, S.; Cremer, D.: Cooperation, 2001, S. 133 ff.

[20] Vgl. Hume, D.: Traktat, 2004, S. 511.

Pareto-Optimum ist dann gegeben, wenn bei einer bestehenden Güterverteilung (zwischen Personen oder Volkswirtschaften) jede alternative Umverteilung von Gütern mindestens einen der Akteure der Gemeinschaft schlechterstellen würde.[21]

Die Gedanken Humes wurden von zahlreichen Autoren im Rahmen der Spieltheorie aufgegriffen. Gegenstand der Spieltheorie ist die modellhafte Darstellung und Analyse von Situationen, in denen zwei oder mehrere Akteure einen Nutzen in Form von Auszahlungen realisieren, abhängig vom Verhalten der jeweiligen Spielteilnehmer. Stellvertretend für viele sei hier Neumann genannt.[22] Derartige ‚Spielsituationen' lassen sich als Matrizen darstellen. Sie sind dadurch gekennzeichnet, dass

- sich mehrere Akteure individuell rational verhalten und
- mögliche Lösungen effizient bzw. pareto-optimal sind.

Aus diesen abstrakten Darstellungen können mathematische Lösungskombinationen abgeleitet werden. Die Spieltheorie untersucht optimale Lösungen für sogenannte kooperative sowie für nicht-kooperative Spiele, je nachdem, ob die Spieler verbindliche Abmachungen zu den Regeln des Spiels treffen können.

Bahnbrechend war hierbei der von Nash entwickelte Lösungsraum für Gefangenen-Dilemmata in Form des nach ihm benannten „Nash-Gleichgewichts".[23]

Dem Lösungsvorschlag von Nash folgten zahlreiche mathematisch abgeleitete Lösungsvorschläge für die Auswahl der ‚besten' Strategie, abhängig vom jeweiligen Typ der strategischen Situation. Dabei wird zwischen einmaligen und wiederholbaren sowie zwischen statischen und dynamischen Spielen unterschieden.

Einer der bekanntesten Ansätze für wiederholbare Spiele basiert auf den Ergebnissen der theoretischen und empirischen Forschungen von Axelrod, die unter anderem die von ihm beschriebene ‚Tit-for-Tat-Strategie' und das Konzept des ‚Schattens der Zukunft' als Ergebnisse hervorgebracht haben.[24] Das Konzept des ‚Schattens der Zukunft' beschreibt bei wiederholten Spielen den Einbezug von

---

[21] Vgl. Wiese, H.: Kooperative Spieltheorie, 2005, S. 59.

[22] Vgl. Neumann, J.; Morgenstern, O.: Spieltheorie, 1973, S. 46 ff.

[23] Holler, M.; Illing, G.: Spieltheorie, 2009, S. 56 ff.

[24] Vgl. Braun, D.: Theorien rationalen Handelns, 1999, S. 200 ff.; Frings, C.: Soziales Verhalten, 2010, S. 179.

künftig erwarteten Handlungen des Spielgegners in Handlungen der Gegenwart. Wer Vergeltung fürchten muss, handelt anders als in einem Spiel, das nicht wiederholt wird. Diesen Gedanken entwickelt die von Axelrod vorgeschlagene „Tit-for-Tat-Strategie".[25] Sie empfiehlt symmetrische Interaktionseffekte bei Spielwiederholungen, die sich in Mehrperiodenspielen bei Konflikten als besonders effektiv erwiesen haben. Die Anwender dieser Interaktionsstrategie beginnen bei Mehrperiodenspielen – wenn sie nicht durch eine vorangegangene Defektion der anderen Partei provoziert wurden – jede Serie erwartbarer Kooperationsschritte mit einer Vorleistung. Sie beantworten jede ausbleibende Kooperation mit nicht-kooperativen Handlungen und imitieren in allen anderen Fällen die jeweiligen Handlungen des Spielpartners. Diese ‚Strategie' hat neben den geringen Anforderungen an das Wissen und der Komplexitätsbewältigung seitens der Akteure den Vorteil, übereifrige und trickreiche Defektierer mit relativ geringen Kosten abzuwehren. Sie setzt sich immer dann durch, wenn Akteure mit einer Tit-for-Tat-Strategie auf andere Akteure treffen, die dieselbe Strategie verfolgen.[26] Dies ist dann der Fall, wenn die Partner die Gelegenheit haben, die Vorzüge gegenseitiger Kooperation im Vergleich mit schlechteren Ergebnissen kompetitiven Verhaltens zu erfahren.[27]

Die Kooperation im Einkauf geht – von diesen Theorien zunächst einmal völlig unabhängig – als Problemstellung aus den Kaufmannsgilden hervor, die in Deutschland schon im 8. und 9. Jahrhundert entstanden.

Schultze-Delitzsch und Raiffeisen gründeten 1849 erste gewerbliche Kredit- und Warengenossenschaften für Handwerker. 1869 wurden von dem von Raiffeisen gegründeten Darlehnskassenverein erstmals Warenbezüge durchgeführt. Haas gründete 1872 in Friedberg den ‚Verband der hessischen Konsumvereine'. Dieser Verband nahm für die Mitglieder Einkaufsfunktionen wahr.[28]

Erste Publikationen zum Genossenschaftswesen sind noch stark deskriptiv und ideologisch geprägt: Ihr Fokus liegt auf der Beschreibung und Analyse der uner-

---

25 Axelrod, R.M.: Kooperation, 2000, S. 24 ff.; vgl. Maurer, A.; Schmid, M.: Erklärende Soziologie, 2010, S. 306.

26 Vgl. Maurer, A.; Schmid, M.: Erklärende Soziologie, 2010, S. 306.

27 Vgl. Axelrod, R.M.: Kooperation, 2000, S. 99 ff.; Fischer, L.; Wiswede, G.: Sozialpsychologie, 2009, S. 696.

28 Vgl. Aschhoff, G.; Henningsen, E.: Genossenschaftswesen, 1985, S. 15 ff.

wünschten Umstände, die durch die genossenschaftliche Zusammenarbeit beseitigt werden sollen.[29] An die Stelle der Beschreibung von Wesensmerkmalen von Genossenschaften treten um 1950 betriebswirtschaftliche analytisch ausgerichtete Arbeiten. Es folgen abstrakte, preistheoretische Publikationen zum Problem der Preispolitik innerhalb von Genossenschaftsverbänden.[30] Eschenburg weist für Genossenschaften nach, dass die preistheoretisch unter bestimmten Bedingungen exakt ermittelbaren Optimierungslösungen unzureichend sind, wenn die Prämissen der vollkommenen Information und der Abwesenheit individueller Ziele der Genossenschaftsmitglieder aufgegeben werden.[31]

Jüngere Publikationen untersuchten die Kommunikation und Entscheidungsfindung in Genossenschaften. Die Ergebnisse beziehen sich auf Organisationsprinzipien und Rechtsverhältnisse sowie auf Methoden zur Aufwandsdeckung und Rückvergütung bei für die Gemeinschaft wahrgenommenen Aufgaben.[32]

Die betriebswirtschaftliche Literatur hat sich mit zwischenbetrieblichen Kooperationen auseinandergesetzt.[33] Ein Großteil der Autoren beschäftigt sich dabei mit Methoden und Suchrastern für die ideale Partnerwahl sowie mit dem institutionellen Rahmen und der Ausgestaltung von Kooperationen, und zwar sowohl im Allgemeinen als auch hinsichtlich der speziellen Thematik der Einkaufskooperationen.[34]

Theorien zur Kooperation wurden in der Betriebswirtschaftslehre insbesondere zum Zweck der Analyse und Beschreibung von zwischenbetrieblichen Kooperationen entwickelt. Herausragende Theorierichtungen sind dabei: Wettbewerbstheorie, Industrieökonomik, Spieltheorie, Interaktionstheorie, Resource-Depen-

---

[29] Vgl. Louis, D.: Theorie, 1979, S. 9.

[30] Vgl. Louis, D.: Theorie, 1979, S. 11.

[31] Vgl. Eschenburg, R.: Ökonomische Theorie, 1971, S. 11 zitiert nach Louis, D.: Theorie, S. 13.

[32] Vgl. Dülfer, E.: Kooperative, 1984, S. 67 ff.

[33] Vgl. Balling, R.: Kooperation, 1997; Bleicher, K.: Integriertes Management, 2003; Borchardt, A.: Koordinationsinstrumente, 2006; Corsten, H.: Unternehmungsnetzwerke, 2001.

[34] Vgl. Eßig, M.: Cooperative Sourcing, 1999; Zagler, M.: Einkaufssynergien, 2003; Arnold, U.: Einkaufskooperationen, 1998, S. 32 ff.; Faes, W.; Matthyssens, P.: Global Purchasing Synergy, 2000.

dence-Ansatz und die System- und Netzwerktheorie, und zwar mit den folgenden wesentlichen Ergebnissen.[35]

- Erklärung zwischenbetrieblicher Kooperationen aus der Sicht der Wettbewerbstheorie, der Spieltheorie und der neuen Industrieökonomik[36]
- Ziele horizontaler Verflechtungen von Unternehmen
- Typen der Prozessintegration von Netzwerkunternehmen[37]
- Entwicklung von Modellen der Kooperation bei gleichzeitiger Konkurrenz von Unternehmen (Co-Opetition)[38]
- Theorie der ‚Kollusion', das heißt die Beschreibung von Bedingungen für stillschweigende Kooperation bei kartellrechtlichen Kooperationsverboten[39]
- Aufzählung von ‚Kooperationskalkülen', also von Motivationen für Kooperationen aus Sicht der internen Potentiale einer Unternehmung (Potentialansätze) oder aus Sicht externer Ansprüche (Stakeholderansätze)[40]

Mit der zunehmenden Fokussierung auf das Themengebiet ‚Einkauf' entwickelte sich der Zweig der Beschreibung und Erforschung von Einkaufskooperationen.

Zagler, Eßig, Rozemeijer und Matthyssens haben hierzu Forschungsarbeiten veröffentlicht.[41]

Diese untersuchten unter anderem

- die produktionstheoretischen Grundlagen für Einkaufskooperationen,
- die Vorgehensweise der Partnerfindung und Anbahnung von zwischenbetrieblichen Kooperationen,
- den Prozessablauf zwischenbetrieblicher Einkaufskooperationen,
- den Prozess und die Problembereiche der Einkaufsbündelung und

35 Vgl. Kutschker, M.: Kooperation, 2003, S. 236 ff.; Zentes, J.; Swoboda, B.; Morschett D.: Kooperationen, 2003, S. 3 ff.

36 Vgl. Swoboda, B.: Erklärungsperspektiven, 2003, S. 36 ff.

37 Vgl. Gaitanides, M.: Prozessorganisation, 2007, S. 283 ff.

38 Vgl. Ullrich, C.: Coopetition, 2004, S. 4; Brandenburger; B.; Nalebuff, J.: Coopetition, 2008, S. 33 ff.; Blum, A.: Co-opetition, 2009, S. 26 ff.

39 Vgl. Bühler, S.; Jaeger, F.: Kooperation, 2003, S. 93 ff.

40 Vgl. Stein, V.: Kooperation, 2003, S. 167 ff.

41 Vgl. Arnold, U.; Eßig, M.: Kooperationen, 2003, S. 669; Arnold, U.: Einkaufskooperationen, 1998, S. 32; Zagler, M.: Einkaufssynergien, 2003, S. 57 f.; Rozemeijer, F.: Corporate Advantage, 2000, S. 240; Faes, W.; Matthyssens, P.: Global Purchasing Synergy, 2000, S. 541.

– die Koordinationsmechanismen bei zwischenbetrieblichen Einkaufskooperationen.

Die bisherigen Arbeiten zum Thema ‚Einkaufskooperation' beschäftigen sich fast ausschließlich mit den Problemen der Motivation und des Opportunismus. Diese Probleme, die in den Theorien zur Institutionenökonomie schon ab 1937 aufgegriffen wurden, sind in Verbindung mit Einkaufskooperationen bisher noch nicht diskutiert worden. Überlegungen zur Motivation von Mitarbeitern in Einkaufskooperationen wurden allerdings von Eßig erstmals im Rahmen der von ihm zitierten Anreiz-Beitrags-Theorie erwähnt. Ein einfaches Erklärungsmodell zur Motivation von Kooperationspartnern besteht demnach in der Überlegung, dass ‚horizontale' Kooperationen nur überleben können, wenn es ihnen gelingt, die von den Organisationsmitgliedern (Akteuren) erbrachten Beiträge durch eine Nutzengewährung in Form von Anreizen mindestens zu kompensieren und dabei intersubjektive Ungerechtigkeiten zu vermeiden.[42] Diese Prämisse, die die Basis für die darauf aufbauende Koalitionstheorie darstellte, wurde in der Folge aufgrund ihrer liberalistischen Grundannahmen stark in Frage gestellt. Neben der schwierigen Operationalisierbarkeit der zentralen Begriffe ‚Anreiz' und ‚Beitrag' geht sie jedoch von formal gleichberechtigten Verhandlungspartnern aus und ignoriert die meist signifikanten Machtunterschiede zwischen diesen.[43]

1.3. Gang der Untersuchung

Die vorliegende Arbeit beschäftigt sich mit Rahmenbedingungen und Steuerungsmechanismen innerbetrieblicher Einkaufskooperationen unter besonderer Berücksichtigung monetärer Anreize. Zur nötigen Eingrenzung des Betrachtungsumfanges geht sie vom Ziel der Kostensenkung durch Einkaufskooperationen unter Beachtung gegebener Anforderungen an Qualität, Technologie, Logistik etc. aus.

Sie klärt zunächst, wie die Reduktion von Beschaffungskosten im Einkauf zu definieren ist und welche entscheidungslogischen Aspekte für oder gegen die Durchführung von Kostensenkungsbemühungen sprechen. Weiterhin versucht sie, die

42 Vgl. Eßig, M.: Cooperative Sourcing, 1999, S. 159 ff.
43 Vgl. Schreyögg, G.: Organisation, 1999, S. 48 ff.

Auswirkung sozialer und psychologischer Rahmenbedingungen in einigen wesentlichen Bereichen in die theoretischen Aussagen zu Einkaufskooperationen zu integrieren und dabei Gestaltungsoptionen zu beschreiben. Von einer geschlossenen ‚Theorie der Einkaufskooperation' kann zum jetzigen Zeitpunkt nicht gesprochen werden. Daher soll keine integrative Theorie eines Handlungsmodells entwickelt, sondern vielmehr gezeigt werden, wie das Grundmodell der Situation[44] als Rahmenmodell für die Voraussage von Entscheidungsbedarfen bei Einkaufskooperationen genutzt werden kann. Darüber hinaus soll vertiefend untersucht werden, wie geeignete und anerkannte Modelle der Motivationstheorie Konfliktpotentiale in Einkaufskooperation erklären können.

Die Wert-Erwartungstheorie ist Gegenstand des 3. Kapitels der vorliegenden Arbeit. Die Frage nach der Vorteilhaftigkeit einer Einkaufskooperation erfordert sowohl eine betriebswirtschaftliche als auch eine sozialpsychologische Analyse der verfügbaren Theorien. Daher werden Überlegungen zum Nutzen von Einkaufskooperationen zunächst unter der Annahme kardinal messbarer Nutzenwerte und Wahrscheinlichkeiten aus der Sicht einer Sparte entwickelt.

Daran anschließend erfolgen Betrachtungen zur Berücksichtigung mehrerer produktorientierter Sparten eines Unternehmens. In den Darstellungen werden Auszahlungen in Form von Matrizen abgebildet, wie sie aus der Spieltheorie bekannt sind. Mittels dieser Darstellungen lassen sich Dilemmata und Konflikte in Einkaufskooperationen sehr gut darstellen. Folgt man den zentralen Aussagen der Wert-Erwartungstheorie, so ist für die Beurteilung einer Kooperation aus der Sicht von Kollektiven oder von Individuen der wahrgenommene oder antizipierte Nutzen entscheidend. Dabei sind Wahrscheinlichkeiten wichtig. Liegen keine stochastischen Wahrscheinlichkeiten vor, sind in der Praxis die subjektiven Wahrscheinlichkeitseinschätzungen der Entscheidungsträger für die Entscheidungsfindung ausschlaggebend.

Das Grundmodell der Situation[45] stellt eine Erweiterung der Wert-Erwartungstheorie dar. Sie besagt, dass Individuen sich bei ihrer Entscheidungsfindung nicht nur vom wahrgenommenen maximalen Nutzen leiten lassen, sondern ihre Ent-

---

44 Vgl. Esser, H.: Situationslogik, 1999, S.56.
45 Vgl. Esser, H.: Situationslogik, 1999, S. 56.

scheidungen auch von Bedingungen ‚gerahmt‘ werden. Das Modell gibt zwar keine hinreichend präzisen Selektionsregeln für die Wahl verschiedener Handlungen unter variierenden Rahmenbedingungen an, aber es erlaubt die Abgrenzung und Differenzierung verschiedener Kategorien von Rahmenbedingungen. Auf dieser Basis kann man die Themenbereiche beschreiben, die im Rahmen einer Einkaufskooperation Entscheidungsbedarfe erzeugen: Ziele, Anreize, Opportunitäten, Normen, Kultur und die Identität der Akteure.

Kapitel 3 stellt die grundlegenden Szenarien dar, in denen sich Sparten eines Konzerns oder eines verbundenen Unternehmens befinden und zueinander verhalten können: Win/Win-Situation, Dilemma oder Konflikt. Diese grundlegenden Konstellationen des sozialen Handelns sind aus der Sicht der Akteure beeinflusst durch die allgemeinen Unzulänglichkeiten der Wahrnehmung und der Informationsverarbeitung, die die ‚kognitive Fassbarkeit des Kooperationseffektes‘ beeinflussen. Kapitel 4 beschreibt die Rahmenbedingungen, denen ein Akteur unterliegt, der sich für oder gegen eine Einkaufskooperation entscheidet.

Kapitel 5 fokussiert auf die Gestaltung von monetären Anreizmechanismen in Einkaufskooperationen. Ausgangspunkt ist die Diskussion der wesentlichen Aussagen der Prinzipal-Agenten-Theorie. Entscheidend für den Ansatz dieser Arbeit ist die aus der Sicht der praktischen Anwendung wesentliche Annahme, dass Nutzenverläufe von Kooperationen ex ante nicht bekannt sind und auch nicht abgeschätzt werden können. Das schränkt eine mathematisch-agenturtheoretische Ableitung ‚optimaler‘ Vergütungsstrukturen auf der Basis angenommener Nutzenverläufe sehr stark ein. Es wird in der vorliegenden Problemstellung von der Annahme ausgegangen, dass Kooperationen – bezogen auf die jeweilige Abrechnungsperiode – aus der Sicht der Akteure zunächst einmal Trial-and-Error-Problemstellungen sind. Es gibt zwar Hinweise auf einen möglichen positiven Ertrag einer Einkaufskooperation auf der Basis der in Kapitel 2 diskutierten Objekteigenschaften, aber es wird von der Annahme ausgegangen, dass kein beteiligter Akteur ex ante weiß, ob die Kooperation in Summe für den Konzern eine positive Kooperationsrendite erbringt.

Darauf aufbauend werden die typischen Prämienverläufe dargestellt und diskutiert, welche Schlussfolgerungen in Bezug auf das Verhalten der betroffenen Akteure möglich sind. Dilemmata und Konflikt zwischen Sparten schlagen sich unmittelbar in der variablen Vergütung der Akteure nieder. In Kapitel 5 werden alternative Möglichkeiten der Absicherung dieser Akteure diskutiert, um kooperationsbehindernde Einkommensverluste vollständig oder teilweise durch die Vergütungspolitik des Konzerns vermeiden zu können.

Kapitel 6 zeigt den Stand der Diskussion zur Anreizwirkung variabler Vergütungen – das Konzept der ‚Mixed Compensation'. Theoretische Annahmen und empirische Befunde werden dargestellt und in Bezug auf die Problemstellung diskutiert.

Kapitel 7 diskutiert alternative Methoden der Anreizgestaltung. Ehre und Prestige als Grad gesicherter Wertschätzung sind wichtige immaterielle Prämien, die über symbolische Handlungen kommuniziert werden und als wesentliche Voraussetzungen für hierarchischen Aufstieg gelten können. Kapitel 7 stellt die Konzepte aus soziologischer Sicht dar und diskutiert ihre Wirksamkeit als Anreize für kooperatives Verhalten in Einkaufskooperationen.

Kapitel 8 fasst die Ergebnisse der vorliegenden Arbeit zusammen und diskutiert Ansatzpunkte für die weitergehende Forschung.

2. Einkaufskooperationen zum Zweck der Beschaffungskostensenkung

2.1. Einleitung

Die Senkung von Materialkosten ist ein zentrales Motiv für Einkaufskooperationen.[46] Sie machen in vielen Industriezweigen mehr als die Hälfte der Herstellkosten aus und sind daher entscheidend für die Wettbewerbsfähigkeit von Unternehmen. Bei Elektronikprodukten wie PCs, DVD-Geräten oder Spielekonsolen sind es typischerweise 70 bis 85%, in der Pharmabranche immerhin noch 20 bis 40%.[47] Die ‚Total Cost of Ownership' bezeichnen die gesamten Kosten, die mit der Erlangung und dem Besitz der für die Produktion erforderlichen Vormaterialien und Dienstleistungen zusammenhängen. Diese umfassen die Kosten der Akquisition, der Verarbeitung und die durch beschafftes Vormaterial anfallenden After-Sales-Kosten (Garantie/Kulanz, Entsorgung etc.).[48] Die Beschaffungskosten sind für ein Unternehmen in einer preissensiblen Branche im Allgemeinen wettbewerbsentscheidend, da die Potentiale, die sich durch die Senkung der Arbeitskosten in der eigenen Produktion ergeben, bei vielen Unternehmen schon aufgrund der geringen Fertigungstiefe begrenzt sind. Sie umfassen beispielsweise im Bereich der Unterhaltungselektronik im Durchschnitt weniger als 30 %, gemessen an den Herstellkosten.[49]

Die zielgerichtete Beeinflussung der Kostenstruktur ist ein wesentlicher Wertschöpfungsbeitrag des Einkaufs im Rahmen der Steigerung des Unternehmenswertes.[50] Die Auswirkung von Einsparungen auf Beschaffungsumfänge wird in der Literatur[51] häufig mittels der Return-on-Investment-Methode (ROI) verdeutlicht. Dabei wird häufig demonstriert, dass bei einem Materialkostenanteil von 50 % der Selbstkosten geringfügige Senkungen der Einkaufskosten überpropor-

---

46 Vgl. Eßig, M.: Cooperative Sourcing, 1999, S. 86 f.

47 Vgl. Stolle, M.; Jacob, F.; Reinecke, N. et al.: Beschaffung, 2006, S. 324 f.

48 Vgl. Ellram, L.: Total Cost of Ownership, 2002, S. 666; Krischun, S.: Total Cost of Ownership, 2010, S. 11 ff.

49 Vgl. Stolle, M.; Jacob, F.; Reinecke, N. et al.: Beschaffung, 2006, S. 324 f.

50 Vgl. Schuh C.; Bremicker: Einkauf, 2005, S. 25 ff.

51 Vgl. Arnolds, H.; Heege, F.; Tussing, W.: Materialwirtschaft, 2010, S. 14.

tionale Steigerungen der Unternehmensrentabilität zur Folge haben.[52] Bei einem Materialkostenanteil von 50 % bedeutet – konstanter Umsatz und gleichbleibender Kapitalumschlag vorausgesetzt – eine Senkung der Materialkosten um 10 % eine Verdoppelung des Return on Investment (ROI).

Neben Preisabsenkungen von Beschaffungsobjekten kommt eine Vielzahl von Möglichkeiten in Frage, die Materialkosten zu beeinflussen. Diese bestehen unter anderem in dem Bezug kostenloser Leistungen und in der Erzielung von Leistungssteigerungen (Produktivitäten) bei Produkten oder Dienstleistungen. Indirekt können durch die Standardisierung der Vorprodukte und der damit zusammenhängenden Prozesse Kosten in der Produktion eingespart werden. Darüber hinaus können vom Lieferanten unentgeltlich angebotene Wertbeiträge, die aus Finanzierung/Leasing resultieren, sowie Skontooptimierungen, Boni/Rückvergütungen oder auch Transport- und Verpackungskostenreduktionen die Kosten des eigenen Unternehmens senken.

Weder der Begriff ‚Einsparungen' noch der Begriff ‚Materialkosten' werden in Theorie und Praxis eindeutig abgegrenzt.[53] Kosten für Beschaffungsumfänge können sich auf existierende oder geplante Einkaufsumfänge beziehen. Sie können als die Gesamtkosten, die mit der Beschaffung von Materialien zusammenhängen, oder als Teilumfänge dieser Kosten, z. B. als ‚Höhe der Wareneinstandspreise', definiert werden. Kosten entstehen aber auch sowohl durch verspätete oder verfrühte Lieferungen als auch durch Aufwendungen, die durch Qualitätsprobleme verursacht werden, sowie durch Logistik, Zölle und Gebühren. Weitere Abgrenzungsprobleme entstehen durch die Einbeziehung unterschiedlicher Zahlungsmodalitäten oder Bestände in die Beschaffungskalkulation. Veränderungen der Materialkosten ergeben sich folglich als Resultante einer Vielzahl von Einflussgrößen, die sich auf die Gesamtkosten auswirken.

Für die Zustimmung zu einer zentralen Koordination der Einkaufsaktivitäten von zwei unabhängigen Sparten ist letztlich die Frage entscheidend, ob durch Zusammenarbeit der Sparten der Unternehmenswert des Gesamtunternehmens gesteigert oder geschmälert wird. Im Sinne des Shareholder-Value-Ansatzes sind ‚Einspa-

52 Vgl. Arnolds, H.; Heege, F.; Tussing, W.: Materialwirtschaft, 2010, S. 14 f.

53 Vgl. Piontek, J.: Beschaffungscontrolling, 2004, S. 137 ff.; Buchholz, W.: Beschaffungsleistungen, 2002, S. 363 ff.; Dubois, A.: Performance Measurement, 2008, S. 75.

rungen' nur dann messbar, wenn sie eine quantifizierbare Veränderung des Cashflows über eine Zeitperiode erzeugen. Die Vermeidung von Kosten, z. B. durch die Abwehr von Forderungen nach Preiserhöhungen, kann unter Umständen für Einkaufsbereiche eine zeit- und arbeitsintensive Herausforderung darstellen, die keinen unmittelbaren Niederschlag in einer Einsparungskennzahl findet.

Zentraler Bestandteil der Materialkosten sind bei wiederkehrenden und miteinander vergleichbaren Beschaffungsumfängen die Einstandskosten der extern beschafften Güter und Dienstleistungen je Abrechnungsperiode. Die Einstandskosten entsprechen gemäß der hier verwendeten Definition den effektiv gezahlten Preisen p (z. B.: €) pro Beschaffungsumfang i (z. B.: Gussteile), multipliziert mit der Zahl der angeschafften Einheiten x (hier: Stück) in der jeweiligen Abrechnungsperiode t.[54]

2.2. Reduktion von Beschaffungskosten als Shareholder-Value-Werttreiber

Die Betriebswirtschaftslehre hat sich mit einer Vielzahl produktionstheoretischer Ansätze für Dienstleistungen auseinandergesetzt.[55] Ein Großteil der Untersuchungen konzentrierte sich dabei auf die Übertragbarkeit produktionstheoretischer Aussagen auf Dienstleistungen. Von besonderer Bedeutung für Einkaufsprozesse ist das Grundmodell des informationsorientierten Ansatzes nach Müller, das den Produktionsprozess für Dienstleistungen beschreibt.[56]

‚Einkauf' ist entsprechend der hier verwendeten Begriffsbildung zu definieren als die Summe aller Maßnahmen zur Versorgung der Unternehmung mit Material

---

54 Aus Vereinfachungsgründen vernachlässigt diese Definition der Materialkosten Einkaufsabschlüsse in Neuproduktprojekten. Projekte, die in der Zukunft liegen, benötigen Verhandlungsabschlüsse für Vormaterialien, die, je nach Produkt und Branche, einen erheblichen zeitlichen Vorlauf haben können: Für ein neues Produkt, das in drei Jahren auf den Markt gebracht werden soll, müssen jeweils aktuell die Einkaufsabschlüsse z. B. für die elektrische Ausrüstung gemacht werden. Folgt man ausschließlich der obigen Definition von (anerkannten) Materialkostensenkungen, würden Anstrengungen des Einkaufs in der Gegenwart keine Anerkennung finden: Die Folge wären sehr wahrscheinlich kurzfristige Optimierungen der Kosten in Bezug auf das laufende Serienmaterial, was im Folgenden nicht weiter ausgeführt werden soll. Im Hinblick auf das Thema dieser Arbeit konzentrieren sich die folgenden Ausführungen auf die Materialkosten laufender, das heißt in den Vorperioden und in der Gegenwart beschaffter Produkte und Dienstleistungen.

55 Vgl. Corsten, H.; Gössinger, R.: Dienstleistungsmanagement, 2007, S. 1 ff.

56 Vgl. Müller, W.: Erweiterung, 1987, S. 119 ff.

(Roh-, Hilfs- und Betriebsstoffe, Handelswaren, Ersatzteile) und Dienstleistungen.[57] Es handelt sich also hierbei um eine Teilfunktion des weiter gefassten Begriffes ‚Materialwirtschaft' bzw. ‚Supply Chain Management', die Probleme der Gesamtkosten der Beschaffungsumfänge über die gesamte Wertschöpfungskette betrachtet und dabei die Gesamtheit aller materialflussbezogenen Fragen inklusive der Disposition, des Transports und der Lagerung einbezieht, worin auch Fragen der unternehmensübergreifenden Zusammenarbeit der Gesamtlieferkette eingeschlossen sind.[58]

Diese Maßnahmen umfassen die Verhandlungen mit Lieferanten oder anderen Drittpersonen, die Anbahnung, Ausführung und Begleitung von Geschäftsbeziehungen, den Besuch oder Empfang von Lieferanten, die Einschaltung von Rechtsanwälten usw. Sie lassen sich aber letztlich auf zwei wesentliche Kernbestandteile reduzieren: die Beschaffung und Verarbeitung von Informationen und die Erzeugung sowie die Kommunikation von Entscheidungen.

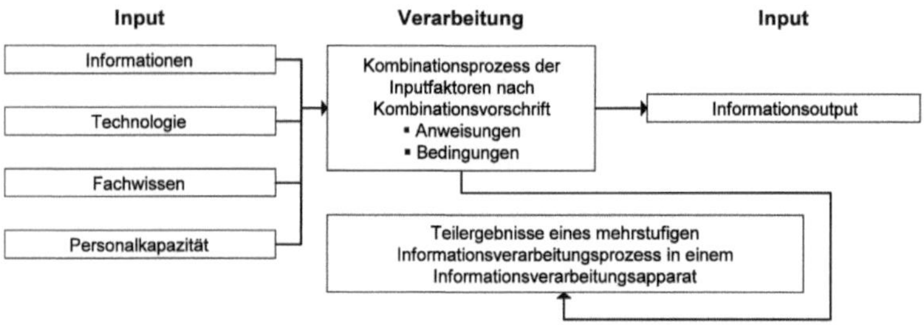

Abb. 1: Elemente des Leistungsprozesses ‚Einkauf'[59]

Das Modell stellt in allgemeiner Form die Herstellung eines Informationsproduktes dar. Mit Hilfe dieses Informationsproduktes werden mehrwertige unsichere Zukunftserwartungen (Beschaffungsmarkt, Lieferantenverfügbarkeit, Kostenstrukturen etc.) auf wenige (ausgewählter Lieferant, Auftragsvergabe, Einkaufspreis) reduziert. Bei den Informationen handelt es sich um Variablen zu Produkt, Technologie und Beschaffungsmarkt, z. B.: Struktur des existierenden Beschaf-

[57] Vgl. Grün, O.; Brunner, J.-C.: Aufgabenfeld, 2006, S. 66.
[58] Vgl. Arnolds, H.; Heege, F.; Tussing, W.: Materialwirtschaft, 2010, S. 3 ff.
[59] Vgl. Müller, W.: Erweiterung, 1987, S. 119 ff.

fungsmarktes, Leistungsfähigkeit existierender oder potentieller Lieferanten, Beschaffungsrisiko, Marktmacht, Qualität, Technologie, Lieferfähigkeit etc.

Das folgende Beispiel soll dies verdeutlichen.

Im Rahmen einer Ausschreibung für Elektronikgehäuse werden die Einkaufspreise und die Beschaffungsquellen für gleiche oder ähnliche Kunststoffteile verglichen. Die Preise der Teile, das nötige Fachwissen zu Kunststoffteilen und der Aufwand für die Sammlung, also die eingesetzte Computer- und Personalkapazität, stellen den Input dar. Für eine Kostenschätzung müssen Fertigungstechnologien und die eingesetzten Werkstoffe aus z. B. Materialdatenbanken oder von den Herstellern ergründet werden. Diese Arbeiten resultieren in Zwischenprodukten in Form von Informationen. Eine Auswahl der in Frage kommenden Lieferanten wird erstellt. Verhandlungen werden mit Lieferanten und gegebenenfalls mit weiteren externen Partnern (z. B. Banken, Speditionen) geführt. Auf der Basis dieser Informationen müssen Entscheidungen abgeleitet werden: Mehrwertige, unsichere Zukunftserwartungen werden in eindimensionale Informationen als Resultat von Entscheidungen (Lieferant, Teil, Preis, Zahlungskonditionen, Lieferbedingungen) umgeformt. Dies stellt den Output des Informations- und Entscheidungsprozesses dar. Nach der hier gewählten Definition ist der Einkaufsprozess im engeren Sinne damit abgeschlossen, nicht aber der Beschaffungsprozess, der die Disposition (als Vorstufe zur Einkaufsentscheidung), Materialverfolgung, das Änderungsmanagement und die Überwachung des Wareneingangs umfasst.

2.3. Messung von Einsparungen in der Beschaffung

Die Ex-ante-Schätzung und die Ex-post-Messung von Einsparungen haben, wie dargestellt, einen unmittelbaren Bezug zur Kooperation und zum Konflikt in Einkaufskooperationen. Neben Anforderungen an die Logistik (Liefertreue, Fehlmengen, Lieferzeiten etc.) und qualitätsbezogenen Leistungsindikatoren (Einhaltung von vereinbarten Qualitätsstandards, Reklamationen in der Produktion, Reklamationen von Kunden) sind kostenbezogene Leistungsindikatoren ein wesentliches Messkriterium bei Beschaffungsleistungen.[60]

[60] Vgl. Buchholz, W.: Beschaffungsleistungen, 2002, S. 369.

Wie hoch die effektiven Beschaffungskosten eines Unternehmens oder einer Unternehmenssparte sind, hängt von zahlreichen Faktoren ab, die nicht ausschließlich vom Einkauf beeinflusst werden können. Einige wesentliche Beispiele hierfür sind:

- Steuern,
- Zölle,
- Abgaben (Maut, Hafengebühren o. ä.).

Diese drei extern induzierten Effekte spielen eine maßgebliche Rolle. Verfolgt man den Grundsatz, dass dem Einkauf nur die Kostenveränderungen zuzurechnen sind, die von ihm beeinflusst werden können, so ist es unabdingbar, für die Leistungsmessung des Einkaufs externe Effekte zu isolieren. Einen Grenzfall stellt der Ein- bzw. Ausschluss von Wechselkurseffekten und Materialteuerungszuschlägen (für z. B. Metalle, Kraftstoffe) dar. Wenn es die Aufgabe des Einkaufs ist, Kurssicherung durch Termingeschäfte und die Auswahl der Beschaffungsmärkte nach dem Risiko von Währungsschwankungen oder marktbezogenen Rohstoffschwankungen durchzuführen, so sind diese gegebenenfalls dem Einkaufserfolg zuzurechnen. Begründet werden kann dies mit dem Verweis darauf, dass der Einkauf die Bezugsquellen und damit auch die Kursrisiken festlegt.[61]

Darüber hinaus entstehen durch die Beschaffung von Gütern und Dienstleistungen, deren Transport und Finanzierung sowie durch das Management der damit verbundenen Risiken (z. B. Feuerschutz, Währungsschwankungen, Verderben, Absicherung gegen höhere Gewalt, innerbetriebliche Logistik) sogenannte „Total Cost of Ownership“[62], die die eindeutige Erfassung der Materialkosten deutlich erschweren. Einkaufskooperationen benötigen daher klare, nachvollziehbare Materialkostendefinitionen. Der einfachste Fall ist der Vergleich der Einstandskosten von Gütern über zwei Perioden, bereinigt um die oben erläuterten externen Effekte. Ein beliebiges Produkt wurde zum Preis P mit der Menge V beschafft.

---

61 Die Bestimmung globaler Bezugsquellen und die Absicherung von Wechselkursen durch das Ressort ‚Einkauf‘ oder interdisziplinäre Gremien kann Resultat gewachsener Unternehmenskulturen oder übergeordneter Festlegungen im Rahmen der Corporate Governance bzw. der normativen und strategischen Unternehmensführung sein (wird hier im Weiteren nicht ausgeführt).

62 Ellram, L.: Total Cost of Ownership, 2002, S. 666 ff.; vgl. Krischun, S.: Total Cost of Ownership, 2010, S. 11 ff.

Die Ausgaben einer Periode 0 seien: $A_0 = P_0*V_0$

Zur Vergleichbarkeit der Beschaffungsleistung bietet sich an, von einem konstanten Einkaufsvolumen V_0 auszugehen, um Volumeneffekte zwischen den Perioden auszuschließen.

Für eine aussagekräftige Ermittlung der Einkaufsleistung müssen Effekte aus Marktpreisen zwischen zwei Abrechnungsperioden eliminiert werden. Liegen entsprechende Marktpreisindizes vor, werden die Ausgaben der Vorperiode mit dem Verhältnis der Marktpreisindizes zueinander anteilig multipliziert. Der Marktpreiseffekt M ergibt sich dann aus der Differenz zwischen der neuen marktpreisbereinigten Basis und den Ausgaben der Vorperiode.

$$M = [(M_0/M_1)-1] * V_0*P_0$$

Die gleiche Argumentation lässt sich auf Währungsveränderungen anwenden. Geht man in dem Fall davon aus, dass diese dem Einkauf nicht zuzurechnen sind, so müssen sie für die Berechnung der Einkaufsleistung eliminiert werden. Hierzu werden die Ausgaben der Vorperiode mit dem Verhältnis der Wechselkurse zueinander anteilig multipliziert. Der Wechselkurseffekt W ergibt sich dann aus der Differenz zwischen der neuen wechselkursbereinigten Basis und den Ausgaben der Vorperiode.

$$W = [(W_0/W_1)-1] * V_0*P_0$$

Die bereinigte Basis ergibt sich als Summation der beiden Effekte. Die Leistungsverbesserungen oder -verschlechterungen des Einkaufs werden als Differenz aus bereinigter Basis und aktuellen Ausgaben ermittelt. Abb. 2 veranschaulicht den Zusammenhang.[63]

[63] Vgl. Buchholz, W.: Beschaffungsleistungen, 2002, S. 370 f.

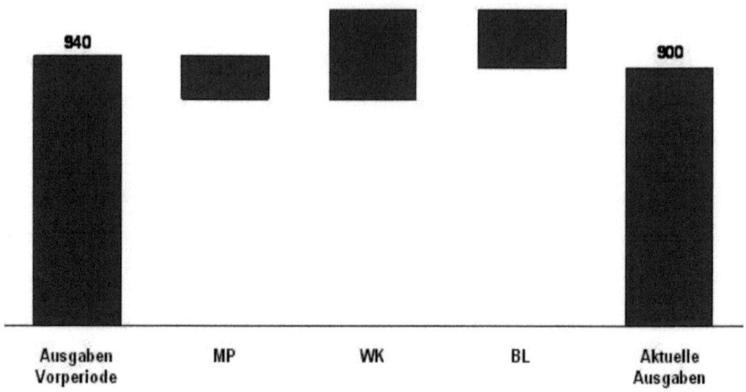

mit

M: Marktpreiseffekt

WK: Währungskurseffekt

BL: Beschaffungsleistung

Abb. 2: Messung von Einsparungen

Für die Berechnung der Beschaffungsleistung BL gilt:

$BL_0 = A_0 - A_1 - M - W$.

Im Folgenden wird für die Sparten gleichgesetzt (exemplarisch jeweils für Sparte a und Sparte b): Einsparungen E = BL.

Nur wenn es gelingt, einheitliche (Konzern-)Standards für die Berechnung von Beschaffungsleistungen verbindlich festzulegen, können Erfolge von Einkaufskooperationen messbar gemacht werden.

Darunter fallen im Einzelnen:

- definitorische Abgrenzung externer Preiseinflüsse (Zölle, Abgaben etc.),
- definitorische Abgrenzung der Eingangsgrößen Mengenvolumen, Beschaffungspreis, Währungsrelation, Ausgaben (SP),
- Festlegung einer einheitlichen Reihenfolge der Berechnung von Volumeneffekt, Marktpreiseffekt und Währungseffekten,
- Festlegung, ob dem Einkauf Währungseffekte und/oder Marktpreiseffekte auf die Einkaufsleistung anzurechnen sind (s. o.).

Die Existenz konzernweiter Standards ist eine notwendige, aber keine hinreichende Festlegung.

Eine weitere Ausgangsvoraussetzung ist die Verfügbarkeit der Daten auf der Ebene von Sparten, Warengruppen und/oder Teileebenen. Da die Messung und der Nachweis von Beschaffungsleistungen neben sozialen oder psychologischen Beweggründen der zentrale entscheidungslogische ‚Hebel' für eine Kooperation im Einkauf ist, bedarf es entsprechender Methoden zur Messung von Kooperationserfolgen bei der Senkung der Materialkosten. Von zentraler Bedeutung bei der Diskussion über Sinn oder Unsinn einer Beschaffungskooperation ist daher die Verfügbarkeit von belastbaren und vergleichbaren Daten zur Einsparungsleistung der beteiligten Bereiche, wie im Folgenden noch zu zeigen sein wird.

Eine Vielzahl von Publikationen nennt als eine der wichtigsten Teilaufgaben des Einkaufs die kostenoptimale Beschaffung von Einkaufsumfängen.[64] Die Autoren weisen zwar explizit darauf hin, dass bei der Wahl des kostenoptimalen Lieferanten sonstige Beschaffungsziele wie z. B. Qualität, Versorgungssicherheit und -flexibilität sowie weitere Beschaffungsziele bei Vergabeprozessen gewahrt werden müssen, jedoch finden sich in der Literatur wenige Forschungsarbeiten, die die Vorgehensweise eines aktiven Kostensenkungsmanagements im Einkauf thematisieren.[65]

Die Erzeugung von Beschaffungskostenreduktionen ist eine wichtige Kernaufgabe des Einkaufs.[66] Voraussetzung dafür sind menschliche oder technische (Materialdatenverarbeitungssystem, Datentauschportal, E-Procurement-Software etc.) Potentiale, die das Unternehmen in Form einer Einkaufsabteilung für diesen Zweck vorhält. Innerhalb dieser Organisationseinheit werden im Zusammenspiel mit internen und externen Partnern Prozesse ausgelöst, die die Verminderung der Materialkosten zum Ziel haben. Die Schwierigkeit der Beschreibung und Ermittlung von Beschaffungsleistungen besteht jedoch darin, dass es sich um unternehmensintern erbrachte Dienstleistungen handelt. Diese sind zwar ebenso wie mate-

---

64 Vgl. Buchholz, W.: Beschaffungsleistungen, 2002, S. 363 ff.; Piontek, J.: Beschaffungscontrolling, 1994, S. 73 ff.; Kunesch, H.: Materialwirtschaftlicher Erfolgsnachweis, 1993, S. 18 ff.; Arnolds, H.; Heege, F.; Tussing, W.: Materialwirtschaft, 2010, S. 7 ff.

65 Vgl. Kunesch, H.: Materialwirtschaftlicher Erfolgsnachweis, 1993, S. 18 ff.

66 Vgl. Bogaschewsky, R.: Historische Entwicklung, 2003, S. 13 ff.

rielle Produkte Wirtschaftsgüter, im Gegensatz zu Produkten handelt es sich jedoch um immaterielle und schwer erfassbare Problemlösungen, die in verschiedenen Formen auftreten können. In der vorliegenden Problemstellung sind es Informationen und Entscheidungen, die zur Schaffung, Steigerung oder Wiederherstellung von Werten dienen.[67]

Grundsätzlich lassen sich Dienstleistungen als Transformation von Input in Output auf die ‚Produktion' von Dienstleistungen übertragen.[68] Eßig schreibt dazu:

„Die Definition der Produktion als Transformation (Throughput) von Input in Output ermöglicht eine Erweiterung des Produktionsbegriffes auf die Erstellung von Dienstleistungen. Beschaffung kann so ebenfalls produktionswirtschaftlich definiert werden: Den Input des Beschaffungssubsystems eines Unternehmens stellen die menschliche Arbeitsleistung der beschäftigten Mitarbeiter (Einkäufer) und die ihnen zur Verfügung stehenden Betriebsmittel dar. Die Transformationsleistung (Throughput) besteht aus der Erlangung der Verfügungsgewalt über vom Unternehmen benötigte Sachgüter. Der Output ist die Erreichung des beschaffungswirtschaftlichen Zielsystems."[69]

In seiner elementarsten Form handelt es sich bei allen Aktivitäten der Beschaffung jeweils um einen Faktorkombinationsprozess, bei dem immaterielle und materielle Produktionsfaktoren mit dem Ziel einer Wertschöpfung für die Sparte oder das Unternehmen kombiniert werden. Die erzielte Wertschöpfung entspricht der Absenkung der Materialkosten ohne Verletzung anderer Zielgrößen der Materialbeschaffung wie z. B. der Beschaffungsqualität und -flexibilität.

Für Lieferanten müssen im Rahmen des Beschaffungsmarketings Ausschreibungen durchgeführt werden. Anfragen müssen ausgewertet und auf ihrer Basis Preis- und Leistungsvergleiche umgesetzt werden. Nicht selten sind technische Spezifikationen, Farb- und Geschmacksmuster zu vergleichen oder anzupassen.[70] Gegebenenfalls werden dazu auch (externe) Dienstleistungen für Gutachten oder Kalkulationen, Materialprüfungen etc. in Anspruch genommen. In der Regel liegt in

---

67 Vgl. Maleri, R.: Dienstleistungsproduktion, 1997, S. 87 f.

68 Vgl. Fandel, G.; Blaga, S.: Theorie der Dienstleistungsproduktion, 2004, S. 5 ff.; Schneeweiss, C.: Produktionstheorie, 2002, S. 199 ff.

69 Eßig, M.: Cooperative Sourcing, 1999, S. 86.

70 Vgl. Koppelmann, U.: Beschaffungsmarketing, 2004, S. 275.

dem Fall der Hauptaufwand bei der Einkaufsabteilung, deren Kernfunktion der kostenoptimale Erwerb von Beschaffungsumfängen ist,[71] jedoch wirken bei der Erstbeschaffung wie auch der Senkung von Einstandskosten bestehender Einkaufsumfänge im Allgemeinen Mitarbeiter aller Fachbereiche mit.[72]

Im Rahmen von Einkaufsabschlüssen werden Transaktionen durchgeführt, deren Kern ein Tauschvorgang ist. Ein Tausch ist das gegenseitige Geben und Nehmen von Ressourcen, an denen die jeweiligen Akteure ein Interesse haben.[73] Verhandlungen sind Akte des Interessenausgleichs, die sich auf die Eigenschaften des gehandelten Gutes beziehen. Dabei möchte sich jede Partei besserstellen: Im einfachsten Fall hat der Verkäufer das Ziel, bei gleichbleibenden Rahmenbedingungen einen unveränderten oder höheren Preis zu erreichen, während der Käufer einen unveränderten oder niedrigeren Preis durchsetzen möchte.

Niedrige Preise und geringe Nebenkosten werden dabei zwar durch die Marktgegebenheiten bestimmt, sie hängen jedoch letztlich im Sinne einer langfristigen Untergrenze von den Produktionskosten der Lieferanten und damit von deren Fähigkeiten, insbesondere von ihrer Kompetenz zur Kostensenkung, ab. Im Rahmen der Aktivitäten von Einkaufsabteilungen können daher Kostenbestandteile von Lieferanten wie z. B. Lohnkosten, Energiekosten, Abschreibungen usw. Gegenstand der Analyse und somit Zielgröße sein.[74] Einfach zu nutzende Kostenpotentiale liegen dann vor, wenn noch Verteilungsspielräume vorhanden sind und die Beschaffungsobjektpreise über den Marktpreisen liegen, jedoch durch Verhandlungen gesenkt werden können.

Kostenpotentiale ergeben sich aufgrund der Fähigkeiten der Lieferanten. Die Fähigkeit der Lieferanten zu kostengünstigerer Produktion bestimmt in vielen Industrien die Herstellungskosten und damit deren Preisuntergrenzen. Die Auswirkungen der Logistikfähigkeit auf die Kostenpotentiale sind ähnlicher Natur.[75] Im Rahmen von Verhandlungen geht es darum, die eigenen Bedarfsanforderungen

---

71 Vgl. Bogaschewsky, R.: Historische Entwicklung, 2003, S. 11.
72 Vgl. Osburg, M.: Einkaufsorganisation, 1994, S. 116.
73 Vgl. Esser, H.: Soziales Handeln, 1999, S. 303.
74 Vgl. Large, R.: Beschaffungsmanagement, 2000, S. 46.
75 Vgl. Large, R.: Beschaffungsmanagement, 2000, S. 51.

entsprechend dem ökonomischen Prinzip mit einem möglichst wenig Kosten verursachenden Mitteleinsatz beim Lieferanten durchzusetzen.[76]

Das Entscheidungsfeld des Einkäufers wird dabei definiert durch die Menge und Art der Personen und Sachen, die durch seine Aktionen direkt oder indirekt beeinflusst werden können, sowie durch die Zustände des Umfeldes, die die Ergebnisse der Aktionen zwar beeinflussen, selbst aber von den Aktionen des Einkäufers unabhängig sind.[77] Es ist durch drei Bestandteile gekennzeichnet, und zwar

- den Aktionsraum AR: Einsparungsbemühungen ‚auslösen' oder ‚nicht auslösen' (z. B. Start einer Ausschreibung bestehender Beschaffungsumfänge),
- den Zustandsraum Z (Lieferanten mit besserer Kostenstruktur sind vorhanden bzw. sind nicht vorhanden) und
- die Ergebnisfunktion g (Einsparungen werden erzielt/werden nicht erzielt),

die für jede Aktion a aus AR und jeden Zustand z aus Z die Konsequenzen g (a, z) angeben, die mit dem Zusammentreffen der Aktionen a und des Zustandes z verknüpft sind.[78]

Zunächst ‚erzeugt' die Sparte eines divisionalisierten Unternehmens Beschaffungspreisreduktionen ohne Abstimmung mit anderen Teilen des Gesamtunternehmens.

Die Einsparung E sei hier identisch mit der Beschaffungspreisreduktion, bezogen auf die Einstandskosten. Sei:

$E = P_{alt} - P_{neu}$

mit

P_{alt} = Preis alt (Vorperiode, jeweils Stichtags- oder Durchschnittspreis)

P_{neu} = Preis neu

[76] Vgl. Koppelmann, U.: Beschaffungsmarketing, 2003, S. 270.
[77] Vgl. Bamberg, G.; Coenenberg, A.: Entscheidungslehre, 2006, S. 15.
[78] Vgl. Bamberg, G.; Coenenberg, A.: Entscheidungslehre, 2006, S. 15.

Ein Einkäufer löst daher aus entscheidungslogischer Sicht Bemühungen um eine Beschaffungsreduktion nur dann aus, wenn das Kriterium

(BL - A) > 0

mit BL = Beschaffungspreisreduktion und

A = Aufwand zur Durchführung der Beschaffungspreisreduktion

erfüllt ist.

Es kann sich sowohl um Aufwand in festen Aufwandskategorien als auch um eine Funktion der Aufwandsentstehung handeln. Bei festangestellten Einkäufern mit fixem Zeitbudget ist das Entscheidungsproblem gegeben, wie die Mitarbeiter der Einkaufsabteilungen ihre Zeit optimal einsetzen, um aus der Menge der möglichen Aktivitäten (z. B. Beschaffungsmarktforschung, Ausschreibung, Kalkulation) diejenigen auszusuchen, die den höchsten Nutzen versprechen.

Informationen über den Aufwand und den Ertrag von Einkaufsaktivitäten liegen weder sicher noch zeitsynchron vor. Bezüglich des Endergebnisses einer Maßnahme zur Senkung von Beschaffungskosten herrscht – wie bei unternehmerischen Entscheidungen allgemein – Ungewissheit, es existieren also Unsicherheit und Risiko.[79] Unsicherheit besteht (bei Einkaufsentscheidungen) insofern, als die Beziehungen zwischen den Handlungsalternativen (Ausschreibung, Verhandlung etc.) und den dazugehörigen Konsequenzen (Beschaffungskostenreduktion) unbekannt oder unbestimmt sind. Risiko besteht dahin gehend, dass zwischen Handlungsmöglichkeiten und Konsequenzen mehrdeutige Beziehungen in der Art vorhanden sind, dass unterschiedlichen Konsequenzen bestimmte Wahrscheinlichkeiten zugeordnet werden können und dass die jeweilige Entscheidung ‚einmalig' ist.[80] ‚Investiert' ein Einkäufer eine Aktivität für die Kostensenkung, so fällt der Aufwand unmittelbar mit Beginn der Dienstleistung an. Die Beschaffungspreisreduktion ist allerdings erst nach erfolgreichem Abschluss dieser Aktivitäten realisierbar. Darüber hinaus tritt die Reduktion der Beschaffungspreise nicht sicher ein. Ihr Zustandekommen hängt von einer Vielzahl von Faktoren ab, die sich oftmals der Kontrolle der Akteure entziehen: Verfügbarkeit von alternativen Be-

---

79 Vgl. Kahle, E.: Entscheidungen, 2001, S. 51.

80 Vgl. Kahle, E.: Entscheidungen, 2001, S. 115 f.

zugsquellen, Kostenstruktur, Konstanz aller übrigen Eigenschaften des Beschaffungsumfangs, Durchsetzungsfähigkeit gegenüber dem Lieferanten etc.

Da Beschaffungspreisabsenkungen im Rahmen eines internen Dienstleistungsprozesses als Dienstleistungen dadurch erbracht werden, dass hierfür menschliche Leistungsfähigkeit sowie maschinelle Leistungsfähigkeit in Form von Informationstechnologie vorgehalten werden müssen, tritt der Aufwand auf der Zeitachse deutlich vor den (erhofften) Materialkostenreduktionen ein.

Ein Beschaffungsumfang kann ein materielles Gut, eine Dienstleistung oder ein Recht darstellen. Als ‚laufend' wird hier ein Beschaffungsvorgang definiert, bei dem der Bedarf für eine Neu- oder Folgeanschaffung gegeben ist. Zu diesem Zweck müssen die oben beschriebenen Prozesse der Informationsverarbeitung initiiert werden. Wird z. B. eine Ausschreibung für einen laufenden Beschaffungsumfang gestartet, so hat der Einkäufer das Problem, die Wahrscheinlichkeit zu schätzen, ob sich ein qualitativ, technisch und logistisch gleichwertiger Lieferant findet, der zu einem günstigeren Preis liefern wird. Stochastische Wahrscheinlichkeiten liegen im Allgemeinen in der praktischen Anwendung nicht vor. Eine Erfolgswahrscheinlichkeit kann nicht auf der Basis einer oder mehrerer Anfragen von beispielsweise Getriebegussteilen in Taiwan geschätzt werden.

Die Grundlage realer Entscheidungssituationen bilden vielmehr auf persönlicher Erfahrung und Intuition beruhende Wahrscheinlichkeitsvorstellungen.

Im einfachsten Fall findet eine von einer Partei ausgelöste oder jährlich wiederkehrende Verhandlung zwischen Kunde und Lieferanten statt, bei der der Kunde eine pauschale, nicht näher spezifizierte Forderung hinsichtlich einer Preissenkung formuliert. Der technische und rechtliche Status (insbesondere: Kostenstruktur) der Beschaffungsumfänge ist den Verhandlungspartnern nicht im Detail bekannt, oder die Kenntnisse werden in der Verhandlung als Argument nicht eingesetzt. In einem solchen Fall sind Wahrscheinlichkeiten kaum oder schwer zu schätzen.

Eine weitaus bessere Möglichkeit zur Bestimmung von Wahrscheinlichkeiten für erzielbare Kostensenkungen liegt vor, wenn der Beschaffungsumfang wertanalytisch und kostenrechnerisch vom Käufer (oder auch vom Lieferanten) untersucht wurde und/oder wenn Informationen über verfügbare Produkte von alternativen Anbietern technisch und kommerziell vergleichbar vorliegen. Hier sind dann für beide Seiten nicht nur Argumente für die Berechtigung oder die Ablehnung des kommerziellen Status quo des Beschaffungsumfanges gegeben, sondern es lassen sich im Vorfeld einer solchen Verhandlung spezielle Vorbereitungen treffen, die eine Dienstleistung darstellen, die von der dafür zuständigen Organisationseinheit ‚Einkauf' produziert wird.

Für den Dienstleister (= Einkäufer) ist es hierbei von Bedeutung, abzuschätzen, bei welchen Beschaffungsumfängen er mit welchem Aufwand Preisreduktionen erzielen wird.

Der Nutzen U aus einer Beschaffungspreisreduktion unter Annahme von Wahrscheinlichkeiten berechnet sich dann als

$U = ((W_1 * BL - W_2 * A))$,

mit W_1 = Wahrscheinlichkeit des Eintretens einer Beschaffungspreisreduktion

und

W_2 = Wahrscheinlichkeit des Eintretens von Aufwand

mit $0 \leq W \leq 1$.

Stehen für die Durchführung von Einkaufsaktivitäten keine stochastischen Wahrscheinlichkeiten zur Verfügung, werden von den Entscheidern subjektive Erfahrungswerte oder heuristische Regeln für die Ermittlung von Wahrscheinlichkeiten herangezogen. Als Anhaltspunkte für die Abschätzung von Wahrscheinlichkeiten dienen:

- Struktur des Beschaffungsmarktes (atomistisch/oligopolistisch/monopolistisch),
- Kenntnis der Kostenfunktion für Beschaffungsumfänge und deren Vorprodukte,
- technologische, qualitative und logistische Kompetenzen der Lieferanten,
- gesetzliche Regulierungen für Beschaffungsumfänge oder deren Vorprodukte,
- Auflagen, Zölle oder Tarife der potentiellen Beschaffungsmärkte,

- Technologische und kostenanalytische Kompetenz der eigenen Einkaufsabteilung,
- Versorgungsrisiko,
- Qualitätsrisiko,
- Personalkapazität und technische Ausstattung der eigenen Einkaufsabteilung,
- Effizienz der Zusammenarbeit zwischen dem Einkauf und den anderen Funktionen des eigenen Unternehmens.

Die Erzeugung von Beschaffungspreisreduktionen ist dabei ein Faktorkombinationsprozess. Informationen werden unter Zuhilfenahme von Sachmitteln beschafft und in einem Informationsverarbeitungsprozess ausgewertet.

Teilergebnisse aus Informationsverarbeitungsprozessen werden gegebenenfalls unter Hinzufügung zusätzlicher Informationen weiterverarbeitet. In diesem Produktionsprozess werden Produktionsfaktoren kombiniert, um die Reduktion von Beschaffungspreisen durchzusetzen.

2.4. Kooperative Reduktion von Beschaffungskosten

2.4.1. Instrumente des kooperativen Einkaufs

Die horizontale Beschaffungskooperation stellt in analoger Weise eine Produktion beschaffungswirtschaftlichen Outputs dar.[81] Sollen Einkaufsentscheidungen kooperativ erfolgen, sind zwei Sachverhalte zu klären und – firmenspezifisch – zu beschreiben.

Zum einen ist zu klären, welche die Instrumente einer Einkaufskooperation sind, und zum anderen, wie der Prozess der Einkaufskooperation funktioniert. Drei grundsätzliche Klassen von Instrumenten sind es, über die Kooperation im Einkauf erfolgen kann: [82]

---

[81] Vgl. Eßig, M.: Cooperative Sourcing, 1999, S. 86.

[82] Vgl. Arnold, U.; Eßig, M.: Kooperationen, 2003, S. 669; Arnold, U.: Einkaufskooperationen, 1998, S. 32; Zagler, M.: Einkaufssynergien, 2003, S. 57 f.; Rozemeijer, F.: Corporate Advantage, 2000, S. 240; Faes, W.; Matthyssens, P.: Global Purchasing Synergy, 2000, S. 541.

- Abstimmung von Entscheidungsakten,
- Übertragung von Ressourcen,
- Integration von Einkaufsprozessen.

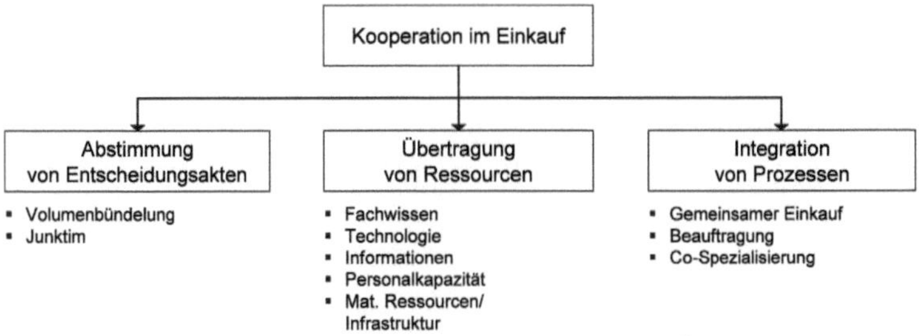

Abb. 3: Instrumente des kooperativen Einkaufs[83]

Die Abstimmung von Entscheidungsakten gegenüber Dritten (Lieferanten) kann sich auf zwei Arten vollziehen:

- durch die Bündelung von Einkaufsvolumina und
- durch die Verknüpfung von Forderungen in Form eines Junktims.

Volumenbündelung

Die Grundidee der Bündelung von Einkaufsvolumina ist die Nutzung von Mengeneffekten. Erhält ein Lieferant den Zuschlag für das in einer Kooperation gebündelte Einkaufsvolumen, kann er bei seinen Produktionsprozessen den Output steigern und sich somit Skalen- und Erfahrungskurveneffekte zunutze machen. Die dadurch sinkenden Stückkosten kann er voll oder teilweise weitergeben. Eine hohe Homogenität der Beschaffungsobjekte ermöglicht es – theoretisch –, die vorhandenen personellen und technischen Ressourcen besser auszulasten.[84]

Die Homogenität von Einkaufsobjekten (und die Verfügbarkeit von Informationen hierüber) ist ein zentrales Problem von Einkaufskooperationen.[85] Objekthomogenität kann branchenspezifisch sehr unterschiedlich definiert sein und besteht aus folgenden Teilelementen.

---

83 Eigene Darstellung.

84 Vgl. Schuh, C.; Bremicker, M.: Einkauf, 2005, S. 69 ff.; Arnold, U.; Eßig; M.: Kooperationen, 2003, S. 711; Eßig, M.: Cooperative Sourcing, 1999, S. 86; Zagler, M.: Einkaufssynergien, 2003, S. 57.

85 Vgl. Zagler, M.: Einkaufssynergien, 2003, S. 68.

- Objektdesign
- Einsatz von Werkstoffen
- Einsatz von Fertigungsverfahren
- Verfügbarkeit von Patenten
- Vertragsfreiheit
- Bereitstellungsform
- Synchrone(r) Verfügbarkeit/Bedarf
- Verfügbarkeit von Herstellungskapazitäten
- Lieferform (JIT, JIS etc.)
- Lieferkosten (Entfernung, Nutzung bereits existierender Lieferpfade)
- Designeigentum
- Servicefähigkeit

Erst wenn diese Kriterien vollständig oder nahezu identisch bzw. gegeben sind, ist eine Bündelung von Beschaffungsumfängen möglich.

Synergien im Einkauf ergeben sich aus Überschneidungen von Beschaffungsumfängen und Lieferanten.

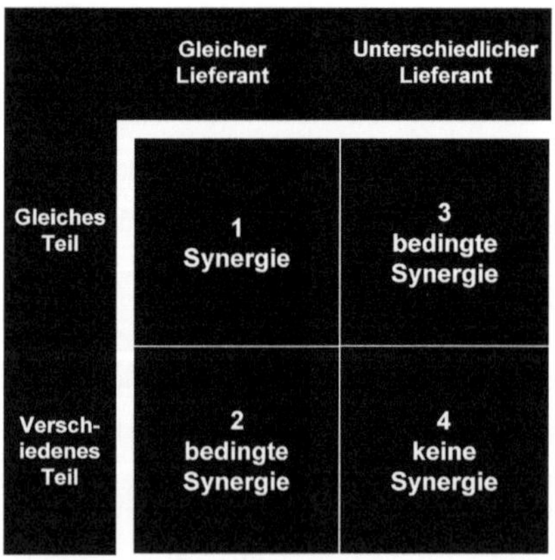

Abb. 4: Objekthomogenität und Synergie von Kaufteilen[86]

Als eine vollständige Synergie wird hier definiert, dass zwei oder mehrere Sparten gleiche Teile bei gleichen Lieferanten einkaufen. Dies ist im Falle von Normteilen oder funktional identischen Teilen der Fall. Aber auch ‚bedingte' Synergien haben

[86] Allgemeiner: Beschaffungsumfang, hier dargestellt an Kaufteilen (eigene Darstellung).

ein hohes Potential für die Realisierung von Skaleneffekten: Lieferanten können Skaleneffekte aus der Nutzung gleicher Vormaterialien, Fertigungsvorrichtungen etc. an die kooperierenden Sparten weitergeben. Sparten können durch Modifikationen am Design der Teile ungleiche Teile vereinheitlichen, um vollständige Synergien zu erzielen. Dies gilt in analoger Weise auch für Dienstleistungen. Verschiedene Teile, die bei unterschiedlichen Lieferanten bezogen werden und nach der hier vorgeschlagenen Definition in das Feld ‚keine Synergie' fallen, können so umklassifiziert werden, um bedingte oder ‚vollständige' Synergien zu erzielen.

Wildemann hat für die Eignungsprüfung von Beschaffungsobjekten für das Global Sourcing Kriterien vorgeschlagen, die sich auf die Eignungsprüfung für Beschaffungsumfänge bei Kooperationen übertragen und ergänzen lassen.[87] Zwei Kriterien sind zu nennen: die Bündelungsfähigkeit und das Versorgungsrisiko.

Die Bündelungsfähigkeit ist abhängig von

- dem Standardisierungsgrad,
- der technischen Komplexität,
- der Änderungshäufigkeit und
- bestehenden Schutzrechten von Produkten.

Das Versorgungsrisiko steht der Bündelungsfähigkeit entgegen und hängt sehr stark von

- den Wiederbeschaffungszeiten,
- der logistischen Komplexität,
- der Beschaffbarkeit von alternativen Lieferanten und
- den qualitativen Anforderungen

ab.[88] Für Einkaufskooperationen lässt sich eine Wahrscheinlichkeitsabschätzung vornehmen, die die Durchsetzbarkeit von gemeinschaftlich erzielten Einsparungen abbildet. Dabei sind die Kriterien ‚Versorgungsrisiko' und ‚Objekthomogenität' jeweils unternehmensspezifisch zu prüfen.

---

87 Vgl. Wildemann, H.: Global Sourcing, 2006, S. 257.

88 Vgl. Kraljic, P.: Versorgungsmanagement, 1985, S. 6 ff.

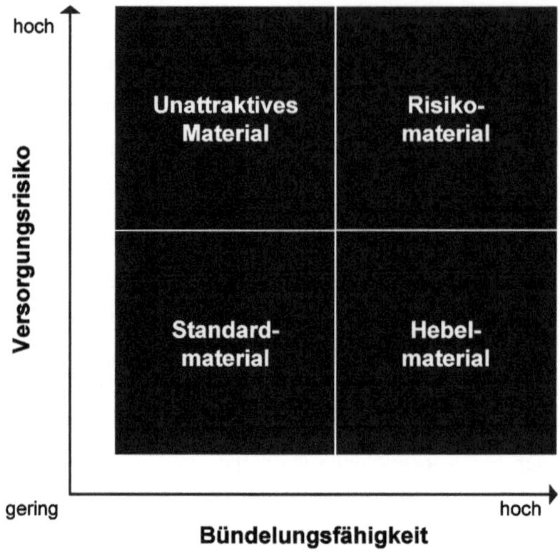

Abb. 5: Kategorisierung von Beschaffungsumfängen in Einkaufskooperationen[89]

Unter Versorgungsrisiko ist die Summe aller Möglichkeiten, die das Ziel einer störungsfreien Versorgung der Produktion potentiell negativ beeinflussen, zu verstehen. Die negative Beeinflussung kann sich auf die Menge, die Anlieferungsform, die Total Cost of Ownership (TCO), die Qualität, den Zeitpunkt und den rechtlichen Status der bestellten Beschaffungsumfänge beziehen. Wesentliche Merkmale des Versorgungsrisikos sind die Verlusthöhe und die Eintrittswahrscheinlichkeit von Versorgungsstörungen, die zusätzlich zu den ‚klassischen' Versorgungsrisiken der Beschaffung vorliegen können.[90]

Wesentliche Ursachen für Versorgungsrisiken liegen in

- opportunistischem Verhalten der kooperierenden Sparten,
- der Überforderung von Lieferanten durch gebündelte Vergaben und
- dem Verlust der Steuerbarkeit von Lieferanten.

Drei Beispiele sollen dies verdeutlichen.

- Sparte a wird bereits langjährig von Lieferant 1 beliefert. Durch Kooperation bündeln die Sparten a und b ihre Bedarfe. Im Rahmen einer Geheim-

[89] Vgl. Wildemann, H.: Global Sourcing, 2006, S. 257; Arnold, U.: Einkaufskooperationen, 1998, S. 22, 43 f.; Eßig, M.; Arnold, U.: Kooperationen, 2003, S. 670.

[90] Vgl. Wildemann, H.: Global Sourcing, 2006, S. 256.

absprache vereinbaren Sparte a und Lieferant 1, dass bei Lieferengpässen durch Rohstoffverknappung oder Produktionsausfälle Sparte a vorrangig beliefert wird. Für Sparte b steigt unter Umständen das Versorgungsrisiko gegenüber dem bisherigen Lieferanten von b deutlich an.

- Sparte a wird von einem Lieferanten 1 beliefert. Sparte a und b bündeln ihre Bedarfe und erteilen Lieferant 1 einen Gesamtauftrag. Lieferant 1 kann die gebündelten Mengen nicht zeitgerecht bzw. nicht mit der vereinbarten Qualität liefern.
- Sparte a und b vereinbaren die gebündelte Vergabe von ähnlichen Kaufteilen an Lieferant 2. Sparte a hat einen früheren Markteinführungstermin des Endproduktes als Sparte b. Nach Markteinführung von a stellt sich heraus, dass Sparte b Änderungen für sein Vorprodukt vornehmen muss. Sparte b muss nun Änderungskosten tragen, die zum Vertragszeitpunkt noch nicht bekannt waren. Der erwartete Einsparungseffekt aus der Bündelung tritt nicht ein.

‚Beschaffungs-Fit' und ‚Versorgungsrisiko' haben unmittelbaren Einfluss auf die Effizienz der gemeinsam zu erbringenden Beschaffungskostensenkungen. Begrenzungen abgestimmten Entscheidungsverhaltens bei Vergaben resultieren aus der mangelhaften Objekthomogenität, dem Versorgungsrisiko und der Notwendigkeit zur zeitlichen Synchronisation.

Eine Schwäche der aus dem Global Sourcing abgeleiteten Ansätze (s. o.) besteht darin, dass sie ausschließlich auf die Beschaffungsumfänge selbst (Objekthomogenität, Versorgungsrisiko) fokussieren, nicht aber auf die Industriestruktur der Lieferanten. Viele Industrien sind mittelständisch geprägt, so dass eine Bündelung von Beschaffungsumfängen einer (gegebenenfalls erheblichen) Kapazitätserweiterung gleichkommt. Ein typisches Beispiel ist die Kunststoff-Spritzgussindustrie. Zur Erweiterung der Kapazität sind Lieferanten, vor allem bei sehr kompetitiven Wettbewerbsbedingungen und engen Gewinnmargen, in den seltensten Fällen bereit. Die unzureichende Verzinsung der Investition und die Angst vor ausbleibenden Folgeaufträgen machen es nicht selten auf der Lieferantenseite unmöglich, Beschaffungsumfänge zu bündeln.

Junktim

Neben der Bündelung von Einkaufsumfängen ist die Bildung eines Junktims bei Vertragsverhandlungen ein weiteres Instrument des kooperativen Einkaufs. Ein Junktim oder auch ein Verhandlungskartell zwischen Sparten bezeichnet die Kopplung von Vertragsbedingungen, hier: zwischen Sparten, die an sich unabhängig sind.[91] Durch die Nutzung eines Junktims bezieht die verhandelnde Sparte den Standpunkt, dass der Lieferant nur entweder beides gemeinsam akzeptieren oder gemeinsam ablehnen kann, dass jedoch nicht einzeln darüber verhandelt wird.

Ein Junktim kann durch Einkaufskooperation eingesetzt werden, wenn die Annahme eines Vertragsbestandteils oder einer bestimmten Forderung gefährdet ist und dadurch durchgesetzt werden soll, dass dem Kontrahenten der Vorteil des anderen Vertrags(bestandteils) oder Gesetzes nur bei Annahme des verbundenen Vorschlags möglich sein soll. Abgestimmtes Entscheidungsverhalten kann auch ohne Bündelung von Vergabeumfängen durchgeführt werden. Dies wird in der bisher vorliegenden Literatur nicht thematisiert. Bei diesem Vorgehen ist der Aufwand am geringsten und besteht ‚nur‘ in der Verknüpfung zweier Forderungen.

Beispiel

Sparte a hat einen Auftrag zu vergeben, der zum gleichen Preis und zu sonst gleichen Konditionen von Lieferant 1 oder Alternativlieferant 2 angeboten wird. Lieferant 1 beliefert bereits beide Sparten a und b. Sparte a knüpft die Vergabe an Lieferant 1 an ein Preiszugeständnis für die (laufenden) Beschaffungsumfänge der Sparte b.

Mikroökonomisch bildet dieses Verhalten ‚objektiv‘ einen Widerspruch. In einem atomistischen Markt mit vollkommener Konkurrenz müssten beide Anbieter x und y einen Preis p’ zu Grenzkosten anbieten. Jedes weitere Zugeständnis, z. B. in Form eines Rabattes an eine andere Sparte des Abnehmers, würde den Ertrag des Anbieters schmälern, so dass er nunmehr zu

---

91 Vgl. o.V.: Digitales Wörterbuch der deutschen Sprache, 2011,http://www.dwds.de/?kompakt=1&qu=Junktim

$$p(x) = p'_x - R < p'_y$$

anbieten müsste.

Negative externe Effekte von Vergabeentscheidungen der Sparte a treten dann auf, wenn diese Qualitätsschmälerungen des Beschaffungsumfanges für die ebenfalls belieferte Sparte b mit sich bringen oder wenn der Lieferant dadurch aus dem Markt austritt. Dies ist dann der Fall, wenn Sparte b durch Auftragsvergaben z. B. die Kapazität des Lieferanten überlastet oder durch einen Produktanlauf wesentliches Personal von der Fertigung für die Nachbarsparte abgezogen wird. Diese externen Effekte erzeugen bei den betroffenen Sparten zwangsläufig Konflikte, die im Rahmen von Kooperationen Auswirkungen haben. Dies kann insbesondere dann der Fall sein, wenn offene oder verborgene Absprachen mit dem Ziel einer bevorzugten Behandlung zwischen dem betroffenen Lieferanten und einzelnen Sparten des Unternehmens bestehen.

Fachwissen

Wissen wird kann ganz allgemein in Faktenwissen, Kausal- bzw. Prozesswissen und Handlungswissen eingeteilt. Dabei wird zwischen explizitem und stillschweigendem Wissen unterschieden.[92]

Unter der Übertragung von Wissen kann ganz allgemein ein kooperatives Arrangement von Wissensträgern einer Organisation verstanden werden, die ihr spezialisiertes Wissen in eine gemeinsame Wissensbasis einbringen und zum Zweck der Lösung gleichartiger oder verschiedenartiger Probleme neue Wissensbestandteile erzeugen, die in diese gemeinsame Wissensbasis integriert werden.[93] Für den Transfer von Wissen spielt eine Rolle, wie stark das Wissen personengebunden ist und wie explizit das Wissen auf abstrakter Ebene (Sprache, Schrift) transportiert werden kann. Wissen repräsentiert sich sowohl als individuelles Wissen (spezifische, von einem Akteur gehaltene Kenntnisse) als auch in Form von kollektivem Wissen (aufeinander abgestimmte Arbeitsabläufe). Dabei wird Wissen durch elektronische und konventionelle papiergebundene Kommunikation, direkte bilaterale

---

92 Vgl. Caspers, R.; Kreis-Hoyer, P.: Wissen, 2004, S. 19 ff.

93 Vgl. Bickhoff, N.; Bieger, T.; Caspers, R.: Wissensnetzwerke, 2004, S. 10.

Begegnung von Akteuren, multilaterale Begegnung von Akteuren (Konferenzen o. ä.) oder durch Personaltransfer übertragen.[94]

Sessing[95] hat dabei folgende auf die vorliegende Problemstellung übertragbare Hypothesen aufgestellt.

- Je homogener das generelle, individuelle oder organisationale Vorwissen des Wissensempfängers mit dem Wissen der Wissensquelle ist, desto geringer wird der Wissenstransfererfolg im Sinne eines erreichbaren Nettonutzens.[96]
- Je größer die relative Absorptionsfähigkeit eines der Partner einer interorganisationalen Beziehung ist, desto eher wird nur dieser Partner seinen Nutzen aus dem Wissenstransfer maximieren können, während die anderen Partner tendenziell mit geringeren oder mit negativem Nutzen rechnen müssen.[97]
- Bei gleicher Anzahl und Heterogenität der erreichbaren Wissensträger im Wissensnetzwerk steigt die Wahrscheinlichkeit eines erfolgreichen Wissenstransfers im Sinne des erzielbaren Nutzens, je differenzierter die verfügbare Klassifikation und Struktur der inhaltlichen Wissensbausteine sind, die die unterschiedlichen Wissensträger zur Verfügung stellen können.[98]
- Je umfangreicher der Einsatz formaler Anreizmechanismen zur Förderung der Bereitschaft zum Wissenstransfer ist, desto eher werden informale Anreize zur Absicherung des Wissenstransfers zurückgedrängt. Insgesamt wird daher der Wissenstransfererfolg dann höher sein, wenn die Bereitschaft zum Wissenstransfer auf einer individuellen Freude am Lernen und Lehren aufbaut.[99]

---

94 Vgl. Thiel, M.: Wissenstransfer, 2002, S. 22 f.
95 Vgl. Sessing, G.: Wissenstransfer, 2006, S. 231.
96 Vgl. Sessing, G.: Wissenstransfer, 2006, S. 229.
97 Vgl. Sessing, G.: Wissenstransfer, 2006, S. 227.
98 Vgl. Sessing, G.: Wissenstransfer, 2006, S. 182.
99 Vgl. Sessing, G.: Wissenstransfer, 2006, S. 209.

Technologie

Der Begriff des Technologietransfers[100] überschneidet sich durchaus mit den Begriffen ‚Informationstransfer' und ‚Personaltransfer'. Diese werden auch als Untergliederungen des Oberbegriffs ‚Technologietransfer' benutzt. Eine Technologie ist die Lehre von einer Technik als einer Methode der Planausführung.[101] Während dieser Technologiebegriff sehr breit ausgeführt sein kann (mechanische, chemische und informationsverarbeitende Techniken), wird im Zusammenhang mit der vorliegenden Problemstellung in Anlehnung an Braun und Radermacher[102] eine Technologie im Einkauf als Gewinnung, Bearbeitung und Umwandlung von Informationen und Rechten definiert. Konkrete Beispiele können die Übertragung bzw. Verfügbarmachung von E-Procurement-Programmen, die Technik der Verhandlungsführung oder die Berechnungsmethodik von Kosten in der Produktion sein.

Informationen

Einkaufskooperation kann erfolgen durch Bereitstellung von Informationen in Form von Prozessbeschreibungen, Beschaffungsmarktinformationen (Eigenschaften von Lieferanten, Auditergebnisse, finanzielle oder technische Kompetenzen, Bonitätseinschätzungen, Liefertreue etc.) oder von Daten zu Beschaffungsumfängen (Preise, Qualitätsdaten, Rabattstaffeln, Zahlungskonditionen, Verfügbarkeit etc.).

Personalkapazität

Sparten eines Unternehmens können durch Transfer von Mitarbeitern oder Übernahme von Aufgaben kooperieren. Dies kann sowohl mit dem Ziel des Wissenstransfers erfolgen als auch zum Zwecke der Kapazitätserhöhung der empfangenden Einheit. Ein Beispiel wäre die Entsendung von Fach- oder von reinen Unterstützungskräften (z. B.: Teileverfolgung, Kontrolle von Bestellung, Lieferung und Rechnung, Verfolgung von Reklamationen und Nacharbeiten).

---

[100] Vgl. Laube, T.: Technologietransfers, 2009, S. 52 f.

[101] Vgl. Braun, E.; Radermacher, H.: Wissenschaftstheoretisches Lexikon, 1978, S. 586.

[102] Vgl. Braun, E.; Radermacher, H.: Wissenschaftstheoretisches Lexikon, 1978, S. 586.

Materielle Ressourcen

Kooperation im Einkauf kann durch Übernahme von Kosten (für z. B. externe Einkaufsunterstützung, Beratungsleistung, Beschaffung von Informationen), Bereitstellung von Rechnerkapazitäten oder Software-Lizenzen (für E-Procurement-Anwendungen) erfolgen.

Endprodukte kooperativer Einkaufsaktivitäten liegen im Zusammenhang mit der hier untersuchten Problemstellung vor, wenn Preisabsenkungen durch Verhandlungen bestehender Lieferumfänge realisiert wurden oder wenn Beschaffungsentscheidungen zugunsten günstigerer Lieferanten gefällt werden. Als Output wird definiert: $P_{alt} > P_{neu}$.

Integration von Prozessen

Die dritte Gruppe der Instrumente von Einkaufskooperationen verfolgt die Integration von Prozessen. Sie stellt neben der spartenübergreifenden Nutzung von Ressourcen und der Bündelung von Einkaufsvolumina einen dritten Hebel zur kostenorientierten Steuerung der Kooperation dar.[103] Grundsätzlich können für die Integration von Einkaufsprozessen die gleichen Ziele wie bei der horizontalen Integration von Geschäftsprozessen zwischen Unternehmen angenommen werden. Prozessintegrationen sind mit folgenden Zielen verknüpft.[104]

- Hebung interner oder externer Skalenerträge
- Kombination unterschiedlicher Kompetenzen und spezialisierter Geschäftsprozesse
- Bei Arbeitsteilung zwischen Sparten: Freisetzung von Kapital durch Rückzug aus Prozessspezialisierungen

Einkaufskooperationen können dazu dienen, dass fehlende Kernkompetenzen im Einkauf angeeignet werden, indem nicht transferierbare komplementäre Ressourcen im Wege von Lernprozessen internalisiert werden.[105]

---

[103] Vgl. Reissner, S.: Synergiemanagement, 2003, S. 214.
[104] Vgl. Gaitanides, M.: Prozessorganisation, 2007, S. 287.
[105] Vgl. Gaitanides, M.: Prozessorganisation, 2007, S. 289.

Die nachfolgende Abbildung verdeutlicht dies im Ausschnitt anhand der Teilschritte.

E: Evaluate potential suppliers
B: Bidding
N: Negotiation
S: Supplier Selection[106]

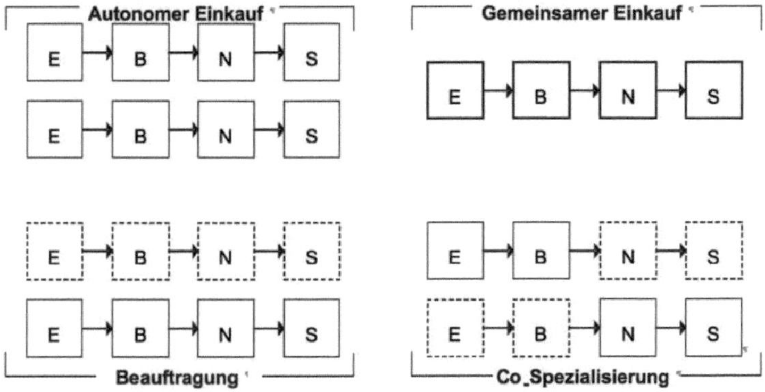

Abb. 6: Typen der Einkaufsprozessintegration[107]

Autonomer Einkauf: Die Sparten kaufen unabhängig voneinander Vorprodukte ein. Dies führt zum Verlust von Bündelungspotentialen.

Gemeinsamer Einkauf: Die Sparten führen bestimmte Einkaufsaktivitäten gemeinsam aus. Dies ist dann der Fall, wenn Beschaffungsvolumina zusammengelegt werden, um Skaleneffekte zu realisieren.[108]

Beauftragung: Eine Sparte beauftragt eine andere, Teilumfänge in alleiniger Regie für beide Sparten gemeinsam abzuwickeln.

Co-Spezialisierung: Unter Co-Spezialisierung wird die Kombination von Fähigkeiten und Erfahrungen verstanden, welche die Partner, hier die Sparten, einbringen und die zu neuen Leistungsbündeln kombiniert werden können.[109] Die Sparten führen selektiv bestimmte Aufgaben in der Wertschöpfungskette ‚Einkauf' aus, da sie für diese Umfänge die besten Voraussetzungen (Technologie, Fachwis-

---

[106] Zum Einkaufsprozess (aus Darstellungsgründen nur im Ausschnitt wiedergegeben) vgl. Monczka, R.; Trent, R.; Handfield, R.: Purchasing, 2005, S. 35.

[107] Eigene Darstellung, in Anlehnung an Gaitanides, Prozessorganisation, S. 307 (Einkaufsprozess aus Darstellungsgründen nur im Ausschnitt wiedergegeben).

[108] Vgl. Gaitanides, M.: Prozessorganisation, 2007, S. 307.

[109] Vgl. Köhler, R.: Allianzpartner, 2002, S. 3.

sen) haben. Dies ist dann der Fall, wenn z. B. eine Sparte alle elektronischen Einkaufsauktionen für Schwestersparten ausführt, weil dort das höchste Know-how (oder z. B. das erforderliche E-Procurement-System) zur Verfügung steht.

2.4.2. Entscheidungskriterien für Maßnahmen zur kooperativen Beschaffungskostensenkung

Zentral für die entscheidungslogische Beurteilung einer Einkaufskooperation mit dem Ziel der gemeinschaftlichen Produktion von Einsparungen ist die Beurteilung, ob der Nutzen U von Handlungen mit dem Ziel einer Beschaffungskostenreduktion $U = ((W_1 * BL - W_2 * A))$ bei kooperativem Vorgehen höher ist als bei isoliertem Vorgehen.

Kooperieren zwei Unternehmen oder zwei Sparten eines Unternehmens, um gemeinsam Beschaffungspreisreduktionen zu erzielen, so entsteht zusätzlicher Aufwand. Dieser Aufwand ist abhängig von der Art und Intensität der Kooperation. Im einfachsten Szenario tauschen die Kooperationspartner Informationen über Beschaffungsumfänge, Preise und Lieferanten aus. In diesem Fall entsteht Aufwand für die strukturierte Aufbereitung und den Austausch der Informationen.

Geht die Kooperation über den reinen Austausch von Informationen hinaus, z. B. dann, wenn zwei Sparten gemeinsame Lieferantenverhandlungen führen wollen, kommt es potentiell bei einem Kooperationspartner oder bei beiden zu Einschränkungen von Freiheitsgraden, zur Verzögerung von Entscheidungen oder zu suboptimalen Entscheidungen für mindestens einen der beiden Kooperationspartner. Dieser Aufwand der Zusammenarbeit sei pauschal mit A_z bezeichnet. Demgegenüber steht eine zu realisierende Beschaffungspreisreduktion E_z. Es ist offensichtlich, dass für die teilnehmenden Unternehmen oder Sparten für die Zusammenarbeit die Entscheidungsregel gilt, dass die Beschaffungspreisreduktionen E_z größer als der mit der Kooperation verbundene Aufwand A_z sein müssen. Kurz: Die ‚Kooperationsrente' muss positiv sein.

In der Ausgangssituation ohne Kooperation realisieren zwei voneinander unabhängige Sparten Beschaffungspreisreduktionen

$U_a = E_a - A_a$

$U_b = E_b - A_b$

mit

E_a: Beschaffungspreisreduktionen der Sparte a

A_a: Aufwand der Sparte a

und

E_a: Beschaffungspreisreduktionen der Sparte b

A_b: Aufwand der Sparte b

und

mit $A_a < E_a$ und $A_b < E_b$.

Bei sicherer Information über die Höhe BL der Beschaffungspreisreduktion und des damit verbundenen Aufwandes A lautet die Entscheidungsregel für die Durchführung der Kooperation zwischen zwei Sparten zur gemeinschaftlichen Reduktion von Materialkosten:

$$(E_a - A_a) + (E_b - A_b) < (E_a - A_a) + (E_b - A_b) + (E_K - A_K)$$

mit

E_K: Gemeinsame Beschaffungspreisreduzierungen aus Kooperation

A_K: Aufwand der Kooperation.

Für die Gesamtkostenbetrachtung gilt: Horizontale Kooperationen sind die transaktions- und produktionskosteneffizienten Institutionen der Beschaffung, solange produktionskostenbedingte Größenvorteile (E_k) nicht durch zusätzliche Transaktionskosten (A_k) überkompensiert werden.[110]

Das hier beschriebene Modell ist eine stark vereinfachende Abbildung des realen Tatbestandes. In vielen Entscheidungssituationen im Einkauf eines Unternehmens oder einer Sparte bestehen über das Eintreten bestimmter ungewisser Ereignisse jedoch subjektive Glaubwürdigkeitsvorstellungen (Lieferant wird Argumente für eine Preissenkung akzeptieren/nicht akzeptieren, Kosten für Rohmaterial werden

[110] Vgl. Eßig, M.: Cooperative Sourcing, 1999, S. 87.

steigen/fallen usw.), auch wenn diese Ereignisse keinen objektiven Wahrscheinlichkeiten entsprechen.

Problematisch ist, wie beim isolierten Vorgehen, dass die Informationen BL und A nicht zeitsynchron vorliegen. Der Aufwand für die Dienstleistung (z. B. Anfertigung einer Ausschreibung, Einholung von Angeboten, Angebotsvergleich und Verhandlung) fällt unmittelbar mit Beginn der Dienstleistung an. Die Realisierung der Beschaffungspreisreduktion ist erst nach erfolgreichem Abschluss dieser Aktivitäten erzielbar. Darüber hinaus tritt die Reduktion der Beschaffungspreise nicht sicher ein. Ihr Zustandekommen hängt von einer Vielzahl von Faktoren ab (Verfügbarkeit von alternativen Bezugsquellen, Kostenstruktur, Konstanz aller übrigen Eigenschaften des Beschaffungsumfangs, Durchsetzungsfähigkeit gegenüber dem Lieferanten etc.), die sich der Kontrolle des Einkaufs teilweise oder ganz entziehen.

Sofern die Wahrscheinlichkeiten für die Erzielung einer positiven Kooperationsrente die Wahrscheinlichkeiten der Erzeugung von Einsparungen ohne Kooperation nicht tangieren, können diese in der Betrachtung vernachlässigt werden. Betrachtet man die nicht-kooperationsbezogenen Einsparungen und den damit verbundenen Aufwand als sicher, so gilt allgemein für die Entscheidung zugunsten einer Einkaufskooperation:

$$(E_a - A_a) + (E_b - A_b) < (E_a - A_a) + (E_b - A_b) + ((W_1 * E_K - W_2 * A_K)) .$$

Liegen hierzu keine stochastischen Wahrscheinlichkeiten vor, kommen für die Beurteilung der Vorteilhaftigkeit einer Kooperation nur intuitiv ermittelte Wahrscheinlichkeiten in Frage. Materielle Kooperationseffekte können im Allgemeinen besser als immaterielle Werte erfasst werden.[111]

2.5. Zusammenfassung

Materialkosteneinsparungen sind ein wesentliches Motiv für Einkaufskooperationen. Die Erzeugung von Materialkostenreduktionen ist ein Dienstleistungsprozess, in den Informationen, Technologie, Fachwissen und Personalkapazität einfließen. Zentral für die Beurteilung der Vorteilhaftigkeit von Beschaffungskosten-

---

[111] Vgl. Louis, D.: Theorie, 1979, S. 278 f.

reduktionen ist die Abschätzung von Aufwand und Nutzen, gewichtet mit den jeweiligen Wahrscheinlichkeiten. Dabei ist der Aufwand zeitlich früher und besser abschätzbar. Für Einkäufer in Konzernstrukturen besteht im Allgemeinen ein weitgehend fixes Zeitbudget, das maximal genutzt werden soll. Kooperative Einsparungsbemühungen erzeugen Aufwand, der den gleichen Gesetzmäßigkeiten unterliegt. Dabei kann es sich um Zusatzaufwand oder um Aufwand anstelle von vormals isolierten Tätigkeiten handeln. Der plausibelste Fall ist zunächst die Entstehung von Zusatzaufwand für die Erzielung der Vergleichbarkeit von Daten und für den Austausch von Informationen.

Entsteht Zusatzaufwand, handelt es sich aus der Sicht der Sparte um ein klassisches Opportunitätskostenproblem. Soll die Personalkapazität wegen der Kooperation nicht erweitert werden, stellt sich das Entscheidungsproblem: Sollen die eigenen Bemühungen um Kostensenkungen (oder um die Erfüllung anderer Einkaufsaufgaben wie z. B. das Lieferantenmanagement) zurückgestellt werden, oder soll die Kooperation verweigert werden?

Unterschiede in der Einschätzung von Kooperationsaufwand und erwarteten Kooperationserfolgen stellen ein Konfliktpotential zwischen den beteiligten Sparten dar. Ein weiteres wesentliches Konfliktpotential besteht darin, dass Aufwand und Nutzen von Kooperationen ungleich verteilt anfallen: Eine Sparte hat den Aufwand (z. B. in Form der Aufbereitung und Bereitstellung von Informationen), und die andere Sparte kann den größten Nutzen erzielen.

Liegen keine stochastischen Wahrscheinlichkeiten vor, so sind für die entscheidungslogische Abwägung die subjektiven Wahrscheinlichkeiten der Entscheidungsträger von Bedeutung. Bestehen innerhalb der kooperierenden Konzernsparten Weisungsbeziehungen zwischen Entscheidern und Ausführenden der Kooperation und weichen deren subjektive Wahrscheinlichkeitsschätzungen voneinander ab, ist ein Konfliktpotential gegeben. Objektorientierte Kriterien für die Sinnhaftigkeit von Beschaffungskooperationen sind: Objekthomogenität und Versorgungsrisiko.

Wesentliche Ursachen für Versorgungsrisiken – und damit auch für die Entstehung von Konflikten – sind

- opportunistisches Verhalten der Sparten bei der Absprache von (geheimen) Bevorzugungsbedingungen,
- die Überforderung von Lieferanten durch gebündelte Vergaben und
- der Verlust der Beeinflussbarkeit von Lieferanten, wenn diese mehr als eine Sparte eines Unternehmens beliefern.

Die Instrumente zur Erzielung von kooperativen Beschaffungskostenreduktionen sind die Abstimmung von Entscheidungsakten, die Übertragung von Ressourcen zwischen den Kooperationspartnern und die Integration von Geschäftsprozessen. Je unklarer die ‚objektiven' Entscheidungskriterien für oder gegen eine Kooperation im Einkauf sind (Objekthomogenität, Versorgungsrisiko, Aufwand, realisierbare Einsparungen, Zeitpunkt der zu erwartenden Einsparungen), desto bedeutender werden andere bisher noch nicht behandelte Aspekte eines solchen Entscheidungsprozesses.

3. Kooperation, Dilemma und Konflikt in Einkaufskooperationen

3.1. Einleitung

Die oben angesprochenen Überlegungen zur Vorteilhaftigkeit und zur Konfliktanfälligkeit von Einkaufskooperationen vernachlässigen bis auf den (geschätzten) Aufwand und Ertrag alle weiteren Entscheidungstatbestände, denen sich ein Einkäufer in einer Entscheidungssituation für oder wider eine Einkaufskooperation ausgesetzt sieht. Neben der reinen Abwägung der bisher genannten Entscheidungskriterien spielen in realen Entscheidungssituationen zahlreiche weitere Aspekte bei der Entscheidungsfindung eine Rolle. Einige von vielen möglichen Beispielen hierzu sind:

- die Teilnehmer einer Einkaufskooperation werden ausschließlich nach dem kurzfristigen Spartenerfolg variabel entlohnt,
- Beförderungen in der eigenen Unternehmenssparte orientieren sich ausschließlich an der Reputation für in der eigenen Sparte erzielte Erfolge,
- es ist ein ‚ungeschriebenes Gesetz' der jeweiligen Unternehmenssparte, dass Informationen mit Dritten, auch mit anderen Unternehmensteilen, nicht ausgetauscht werden.

Diese Beispiele belegen die Notwendigkeit, die Vielzahl der möglichen Rahmenbedingungen für oder gegen eine Kooperation so zu verdichten, dass diskrete Kategorien von Rahmenbedingungen abgrenzbar sind.

Ziel des vorliegenden Kapitels ist es, ein theoretisches Rahmenmodell einzuführen, das die Einflussgrößen auf Entscheidungen der Akteure zugunsten oder gegen eine spartenübergreifende Zusammenarbeit im Einkauf beschreibt. Das Grundmodell der Situation[112] bietet eine Kategorisierung von Rahmenbedingungen, mit deren Hilfe sich Aussagen auf unterschiedlichen Ebenen herleiten lassen. Die Fülle der verschiedenen Elemente von Entscheidungssituationen lässt sich nach zahl-

[112] Vgl. Esser, H.: Situationslogik, 1999, S. 56; Maurer, A.; Schmid, M.: Soziologie, 2010, S. 60 ff.

reichen Gesichtspunkten klassifizieren, grundsätzlich aber in Nutzenerwägungen und situative Rahmenbedingungen einteilen.

Grundlegend sind zunächst einmal die Erkenntnisse der Motivationspsychologie und der soziologischen Handlungstheorie. Diese sagen aus, dass Akteure ganz allgemein ihr Handeln auf der Basis individueller, nutzenmaximierender Abwägungen selektieren und dass sie bei diesen Wahlakten nicht frei sind: Entscheiden und Handeln finden stets in oder mit Berücksichtigung von Rahmenbedingungen statt.

Die Wert-Erwartungstheorie entwickelt ihre Theorie des sozialen Handelns zunächst einmal auf der Basis zweier sehr allgemeiner Axiome: Die überwiegende Zahl der Menschen maximiert – letztlich – ihren Nutzen, indem sie danach trachtet, möglichst viel an sozialer Wertschätzung und physischem Wohlbefinden zu produzieren.[113]

Die Entscheidungstheorie, die entscheidungslogischen Ansätze der Motivationspsychologie und die soziologische Handlungstheorie haben sich schon sehr früh mit der Bildung von Erwartungen als Grundlage menschlicher Entscheidungen beschäftigt.[114]

Grundgedanke der Wert-Erwartungstheorie ist, dass die Stärke einer Tendenz zum Handeln von der Stärke der Erwartung abhängt, dass ein entsprechendes Ergebnis auf die Handlung folgt und dass das Ergebnis erstrebenswert ist.[115]

Demnach sind Entscheidungen Wahlakte, die in gegebenen Situationen stattfinden: Personen oder ‚Akteure' wählen zwischen Handlungen aus, die sich, geleitet von ihrem jeweiligen Interesse, auf bestimmte Ressourcen beziehen: in Einkaufsverhandlungen z. B. auf die Auftragserteilung gegen Preiszugeständnis oder Rabatte gegen höhere Absatzmengen. Eine Situation besteht demnach immer aus

[113] Vgl. Ramb, B.-T.: Logik, 1993, S. 3 ff.; Esser, H.: Soziales Handeln, 1999, S. 246.

[114] Vgl. Klein, R.; Scholl, A.: Planung und Entscheidung, 2004, S. 386 ff.; Eisenführ, F.; Weber, M.: Entscheiden, 2003, S. 211 ff.; Rudolph, U.: Motivationspsychologie, 2003, S. 177 ff.

[115] Vgl. Morel, J.: Soziologische Theorie, 2001, S. 40 f.; Oechsler, W.: Personal, 2000, S. 161.

einem Akteur, einer Ressource und den beiden damit gegebenen Relationen des Interesses und der Kontrolle zwischen Akteur und Ressource.[116]

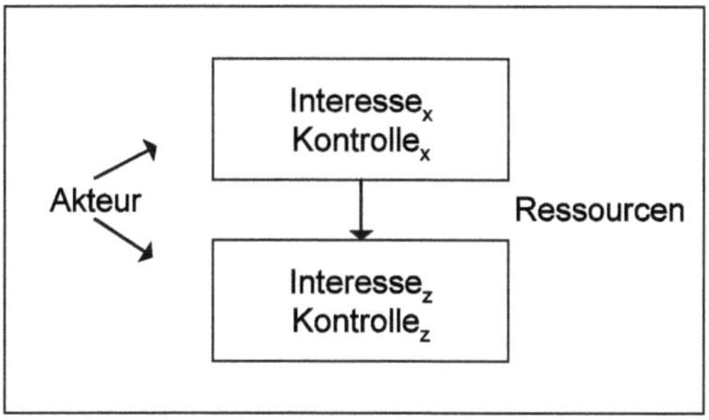

Abb. 7: Elementares System der Situation[117]

Ressourcen können dabei nicht nur in Beziehung zu Akteuren, sondern auch untereinander in Beziehung stehen. Ein ‚Mittel', eine Ressource oder ein Zwischenziel kann ganz allgemein ein Vorprodukt für die Erzeugung anderer Ressourcen sein.[118]

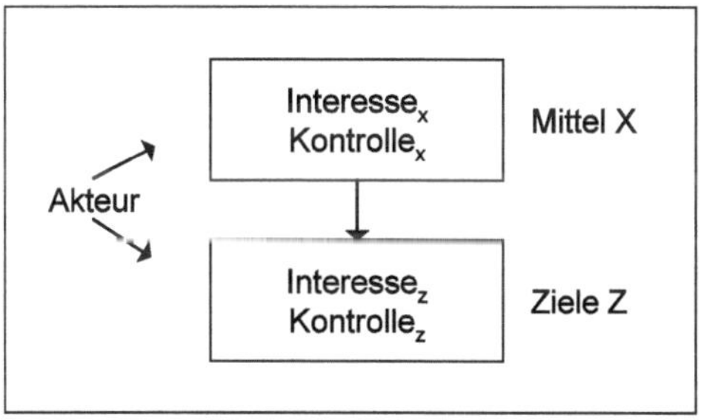

Abb. 8: Ziele und Mittel von Akteuren[119]

Das Grundmodell der sozialen Situation betrachtet eine Ressource als ein Ziel (z. B. eine Maschine, eine Information, ein Verfügungsrecht), das der Akteur entweder nicht oder noch nicht kontrollieren kann, oder als ein Mittel, das der Akteur

[116] Vgl. Esser, H.: Situationslogik, 1999, S. 38; Wiswede, G.: Soziologie, 1998, S. 115 f.; Coleman, J.: Handlungen, 1995, S. 34 ff.; Frey, D.; Greif, S : Sozialpsychologie, 1997, S. 321 f.

[117] Vgl. Esser, H.: Situationslogik, 1999, S. 38.

[118] Vgl. Coleman, J.: Handlungen, 1995, S. 40 ff.; Esser, H.: Situationslogik, 1999, S. 40.

[119] Vgl. Bamberg, G.; Coenenberg, A.: Entscheidungslehre, 2006, S. 15; Oesterreich, R.: Handlungsregulation, 1981, S. 55 ff., 147 ff.; Esser, H.: Situationslogik, 1999, S. 40; Nerdinger, F.: Grundlagen, 2003, S. 79 ff.

kontrolliert (z. B. Geldmittel, Sachmittel) und für die Erreichung eines (anderen) Zieles einsetzen kann. Die Erlangung der Kontrolle über das Mittel X (z. B. Informationen über einen Lieferanten, der Besitz eines Kalkulationsschemas für Kunststoffteile oder eine E-Procurement-Software) kann für den Einkäufer ein eigenständiges Zwischenziel ZW darstellen, das er erreichen will, um sich damit die Kontrolle über das Ziel Z (z. B. ein Rabatt auf einen laufenden Beschaffungsumfang, ein Angebot eines alternativen Lieferanten, eine Lieferzusage für ein schwer beschaffbares Teil) zu verschaffen. Problemlösendes Handeln ist demnach der Einsatz von bereits kontrollierten (zunächst relativ uninteressanten) Mitteln zur Erreichung von nicht kontrollierten, aber ‚interessanten' Zielen.

Kern der Wert-Erwartungstheorie ist die Annahme, dass Entscheidungsträger Alternativen des Handelns separat bewerten können. Sie tun dies anhand der von ihnen geschätzten Wahrscheinlichkeit des Eintritts von Ereignissen, die mit der jeweiligen Handlungsalternative A verknüpft sind, und des jeweiligen Nutzens dieses Ereignisses. Die Summe des Nutzens aller möglichen Ereignisalternativen U_i, gewichtet mit der Wahrscheinlichkeit ihres Eintretens (Subjective Probability) ergibt den Nutzen U der Alternative A.

Es gilt:

$SEU(A) = \sum SP_i * U_i$, über i=1 bis n[120]

mit SEU: Subjektiv erwarteter Nutzen

SP_i: Subjektiv bewertete Wahrscheinlichkeit der Ereignisalternative i

U_i: Subjektiver Nutzen der Ereignisalternative i.

Ziel des Handelns ist letztlich die Erreichung des Nutzens U. Dazu werden unter Einsatz von Zeit (t) die Mittel X verwendet, die zur Erlangung von Ressourcen erforderlich sind, die Ziele darstellen, die wiederum für die Erfüllung der Bedürfnisse ‚subjektives Wohlbefinden' und ‚persönliche Wertschätzung' sorgen, aus denen sich der Nutzen ergibt.[121]

---

[120] Vgl. Ajzen, I.: Decision Making, 1996, S. 298.

[121] Vgl. Esser, H.: Situationslogik, 1999, S. 38

Im Rahmen dieser ‚Situationslogik' sind soziale Prozesse nicht allein anhand der Motive, Gefühle und Antriebe individueller Akteure erklärbar, sondern auch durch eine allgemeine Logik der Situation, die von den speziellen historischen, gesellschaftlichen oder kulturellen Bedingungen unabhängig ist.[122]

Diese generellen Bedingungen sind die äußeren Bedingungen des Handelns des Akteurs sowie seine verinnerlichten inneren Vorgaben der kulturellen Werte.

Die äußeren Bedingungen einer Situation bilden demnach den ‚objektiven' Rahmen des Handelns. Sie können in drei Subsegmente unterteilt werden:[123]

- materielle Opportunitäten,
- institutionelle Regeln,
- kultureller Bezugsrahmen.

Die grundlegenden Annahmen, auf die die Wert-Erwartungstheorie aufbaut, sind dabei die gleichen, die für das Grundmodell der betriebswirtschaftlichen Entscheidungstheorie gelten: Der Entscheidungsträger kennt seinen Aktionsraum A, er kann Zustände z aus dem Zustandsraum Z seiner Umwelt differenzieren und seinen Handlungen bei bestimmten Umweltzuständen z Konsequenzen zuordnen. Je nach Informationsstand kann er dies mit unterschiedlicher Bestimmtheit sagen.[124]

Soziale Situationen entstehen dann, wenn Menschen Kontrolle über ‚interessante' Ressourcen haben.[125] Das Gegenstück zur Autonomie ist die Dependenz, die vollständige Abhängigkeit des einen Akteurs vom anderen. Die Interdependenz, die dadurch entsteht, bezeichnet man als Konstellation, in der keiner der Akteure die volle Kontrolle über die Ressourcen hat, die ihn gerade interessieren. Im idealtypischen Fall der exakt reziproken Interdependenz kontrolliert ein Akteur a die eine Ressource, an der er kein Interesse hat, und er interessiert sich für eine andere Ressource, über die Akteur b Kontrolle (z. B. Besitz, Eigentumsrechte) hat. Die

---

[122] Vgl. Maurer, A; Schmid, M.: Erklärende Soziologie, 2010, S.90 ff.; Esser, H.: Situationslogik, 1999, S. 24; Popper, K.: Gesellschaft, 1977, S. 114.

[123] Vgl. Markowitz, J.: Situation, 1979, S. 29 ff.; Esser, H.: Situationslogik, 1999, S. 51 ff.; Nerdinger, F.: Grundlagen, 2003, S. 23.

[124] Vgl. Bamberg, G.; Coenenberg, A.: Entscheidungslehre, 2006, S. 15 ff.

[125] Vgl. Esser, H.: Situationslogik, 1999, S. 39 ff.

Strukturen der sozialen Situationen sind dabei durch die Interdependenzen der Akteure, durch die Art der Verteilung von Interesse und Kontrolle bestimmt.

Opportunitäten umfassen die Bestandteile einer Situation, die der Akteur als Mittel unter seiner Kontrolle hat. Sie definieren seinen Möglichkeitsraum.

In einer Einkaufskooperation können dies sein: Personalkapazität, Informationen über Lieferanten und Beschaffungsmärkte oder die Kalkulationskompetenz der Sparteneinkäufer.

Opportunitäten beschreiben den möglichen Rahmen, der sich aus Knappheitsverhältnissen ergibt.

Institutionelle Regeln umfassen alle denkbaren Normen – formelle oder informelle –, denen der Entscheidungsträger bei seinem Entscheiden und Handeln Rechnung tragen muss. Regeln legen die legitimen und die illegitimen Mittel des Handelns fest. Regeln sind im Allgemeinen mit Sanktionen bewehrt. Sanktionen sind Folgen des Handelns, wenn jeweils gültige Regeln verletzt werden. Diese Sanktionen muss der Akteur letztlich bei der Wahl seiner Handlungen in sein Nutzenkalkül einbeziehen, je nachdem, ob es sich um Strafen, Ausschlüsse, Missachtung oder ‚nur' um Heiterkeit und Gelächter handelt.

Die signifikanten Symbole bilden den dritten Bestandteil der äußeren Bedingungen von Situationen. Signifikante Symbole sind die jeweils in der Situation vorhandenen kulturell definierten Zeichen für die Geltung eines bestimmten Bezugsrahmens. Diese können Stille, schwarze Kleidung und Blumen bei Begräbnissen wie auch die Unternehmenssymbole, Anwesenheit von Vorgesetzten und Belohnungsrituale auf firmeninternen Tagungen sein. Aus signifikanten Symbolen ziehen die Akteure Schlüsse über weitere nicht unmittelbar feststellbare Eigenschaften der Situation. Sie helfen Akteuren, zu erkennen, welche Möglichkeiten und Restriktionen vorliegen, welche Alternativen möglich sind oder welche institutionellen Regeln gelten.[126]

Die vierte Klasse der Rahmenbedingungen von Situationen stellt die innere Identität der Akteure dar. Unter innerer Identität werden hier das gesamte Wissen und die Werte über die Wahrscheinlichkeiten und Präferenzen der Akteure verstanden.

---

[126] Vgl. Esser, H.: Situationslogik, 1999, S. 52 ff.

Einstellungen können dabei als Spezialfälle von Wissen und Werten aufgefasst werden. Dies umfasst das Wissen darüber, welcher Typ von Situationen jeweils gültig ist und wie Verhaltensoptionen (z. B. kooperatives Verhalten bzw. unkooperatives Verhalten) in einer jeweils gültigen Situation zu bewerten sind.[127]

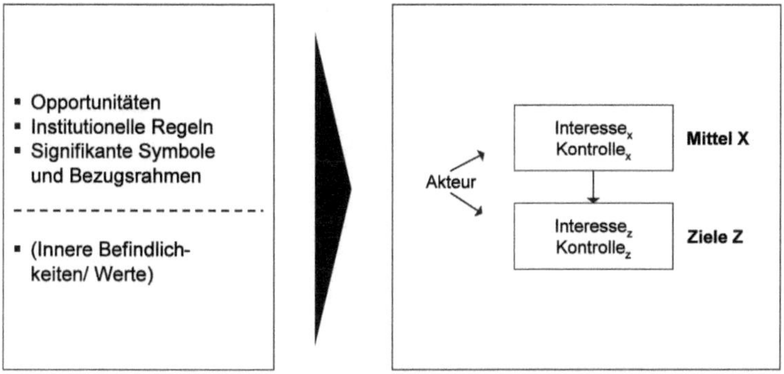

Abb. 9: Situative Rahmenbedingungen von Entscheidungssituationen

Dabei lassen sich drei grundlegende Typen sozialer Situationen unterscheiden: Koordination, Dilemma und Konflikt. Die materiell-strategische Verbundenheit definiert sich nur anhand der materiellen Interessen der Akteure. Damit verbunden sind die rein rationalen Überlegungen der Akteure, wie man den eigenen Nutzen durch die Auseinandersetzung mit den jeweils anderen Akteuren möglichst maximieren kann. Strategische Situationen können in bestimmten formalen Szenarien, z. B. in der Spieltheorie oder der Prinzipal-Agent-Theorie, dargestellt werden.

Bei Interaktionen stimmen sich die Akteure dagegen wechselseitig in ihren Orientierungen ab und ‚definieren' die Situation in gegenseitiger Beeinflussung: die Zusammenkunft auf einer Fachtagung, einem Wochenmarkt, einer Pressekonferenz. Die subjektive Definition der Situation wird von allen Akteuren geteilt. Über Symbole, Handlungen und Deutungen wird durch wechselseitige Einfühlung der Akteure eine Konstruktion der jeweiligen Situation vorgenommen, die ihrerseits wieder reale Auswirkungen hat: die Erzeugung von Sinn.[128]

---

[127] Vgl. Esser, H.: Situationslogik, 1999, S. 54 ff.
[128] Vgl. Esser, H.: Situationslogik, 1999, S. 167.

Die dritte Form des sozialen Handelns ist die soziale Beziehung. In einer sozialen Beziehung lassen sich die Akteure von vorher bestehenden Festlegungen und Bindungen leiten. Beispiele hierfür sind: Freundschaft, Verwandtschaft, Firmenzugehörigkeit. Auch Feindschaft und Auseinandersetzungen gehören zu den sozialen Beziehungen: Bestimmte Verhaltensweisen sind diesen Beziehungen in erwartbarer Weise zugeordnet.[129] Die vorab orientierende Festlegung eines sozialen Handelns als soziale Beziehung hat eine wichtige Folge für das soziale Handeln allgemein: Die nie ganz verlässliche, von strategischen Situationen und Interaktionen durchwirkte Koorientierung von Akteuren wird dadurch stark vereinfacht und erheblich vorhersagbarer.

Selten sind Situationen ‚reinrassig' definiert. Die Arten sozialer Situationen und die Formen sozialen Handelns sind im Allgemeinen vermischt. Die Unterscheidung zwischen materiellen, kulturellen und normativen Aspekten des Handelns ist für die vorliegende Problemstellung nur analytisch sinnvoll. In der Realität sind diese Aspekte einer Situation ständig ineinander verschränkt. Strategische Situationen ohne jegliche normative Orientierung, soziale Situationen ohne materielle Interessen und Interaktionen ohne Regeln sind selten anzutreffen. Meistens sind strategische Situationen auch institutionell geregelt. Das gilt für Situationen allgemein wie auch für die Kooperation in Unternehmen.

Zur besseren Übersicht werden im Folgenden die strategischen Interessen von Unternehmenssparten in Einkaufskooperationen hervorgehoben. Darauf aufbauend wird in Kapitel 5 die Gestaltung materieller Anreize besprochen.

---

[129] Vgl. Weber, M.: Gesellschaft, 2006, S. 34.

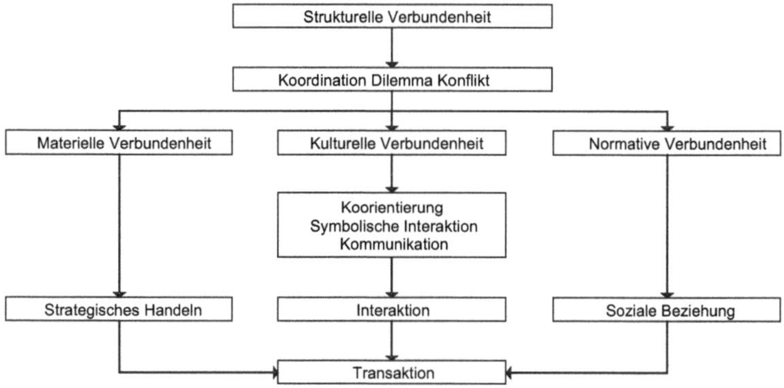

Abb. 10: Soziale Situationen und Formen des sozialen Handelns[130]

3.2. Strategische Situationen in Einkaufskooperationen

3.2.1. Win/Win-Situationen zwischen Sparten

Die in Kapitel 2 geschilderte – entscheidungslogische – Sicht auf die Problemstellung erfolgte nur aus der Sicht einer Sparte. Es ging dabei primär um den Einbezug exogener Unsicherheit in die Entscheidungsfindung. Eine weitere Problemdimension kommt hinzu, wenn der Nutzen der Kooperation für andere Sparten mit in die Entscheidungsfindung einfließt. Entscheidungslogische Probleme entstehen aus exogener Unsicherheit, strategische Probleme aus dem wechselseitigen Verhalten von Akteuren.

Die Spieltheorie reduziert strategisches Handeln auf zwei grundlegende Ausprägungen: Kooperation oder Defektion. Defektion kann offene Feindseligkeit, Ablehnung der Kooperation oder Pseudokooperation bedeuten. Die Grundannahme der Spieltheorie ist der rationale Egoismus der Spielteilnehmer. Wenn Spieler einen Vorteil für sich sehen, dann nutzen sie ihn auch. Zu einem Gleichgewicht kommt es nur, wenn sich jeder Einzelne durch alternative Entscheidungen individuell und objektiv schlechterstellen würde. Mit anderen Worten: Es gibt keine Emotionen, kein irrationales Verhalten, keine Loyalität, keine Pflicht und Disziplin. Ziel ist die Lösung des Spiels: die Findung der optimalen Handlungsempfehlung für die Teilnehmer des Spiels.

[130] Vgl. Esser, H.: Soziales Handeln, 1999, S. 22.

Die Spieler sind dabei über Ressourcen-, Leistungs- oder Erfolgsbeziehungen miteinander verbunden. Akteure können dabei einseitig oder wechselseitig voneinander abhängig sein. Aus der Perspektive der Koordination sind vor allem wechselseitige Beziehungen, das heißt Interdependenzen, relevant, da diese für den Koordinationsbedarf ursächlich sind.[131]

Wie in Kapitel 2 dargestellt, können die Bündelung von Vergabeumfängen, der Austausch von Ressourcen und abgestimmtes Vorgehen gegenüber Lieferanten (z. B. durch Bildung eines Verhandlungskartells) Inhalt der Kooperation sein. Die Auszahlungsvektoren können sich auf mindestens drei Gegenstände einer Kooperation beziehen:

1. das erwartete oder realisierte inhaltliche Ergebnis der Kooperation, also die Auszahlung in Form von realisierten Einsparungen oder einer verbesserten Lieferqualität etc.,
2. die Verknüpfung von Einkaufsprozessen – das prozessuale Ergebnis einer Kooperation, also die Gewinne/Verluste in der Prozesseffizienz; dies ist ein wesentliches Beurteilungskriterium, wenn das finale Ergebnis der Kooperation (s. o.) nicht oder noch nicht abzusehen ist,
3. den wahrgenommenen oder ‚objektiven' Wert übertragener Ressourcen: Fachwissen, Informationen, Personalkapazitäten etc., diese können ganz unabhängig von der erzielten oder erzielbaren Kooperationsrente einen Wert für die Sparten haben.

Drei Beispiele sollen das verdeutlichen.

- Ein Preisnachlass bei gebündelter Vergabe erzeugt einen quantitativ messbaren – positiven – Nutzen für eine oder mehrere Sparten.
- Die Beschaffung und der Austausch von Informationen zu Beschaffungsumfängen zum Zweck der Einkaufskooperation erzeugen Zeitverzögerungen bei einer der beteiligten Sparten und dadurch einen negativen Nutzen.
- Beschaffungsmarktinformationen, vertragsrechtliche Instrumente oder Personalkapazitäten werden zwischen den Sparten ausgetauscht und erzeugen einen positiven Nutzen bei der aufnehmenden Sparte.

---

[131] Vgl. Corsten, H.; Dresch, K.-M.; Gössinger, R.: Dienstleistungsproduktion, 2007, S. 98.

Was veranlasst nun – in den genannten Beispielen – die Sparten zur Kooperation? Die angenommenen Ergebnisse einer Einkaufskooperation sollen im Folgenden abstrakt als ‚Auszahlung' dargestellt werden:

Beispiel 1: Win/Win-Situation zwischen Sparten

In dem für Einkaufskooperationen am häufigsten angenommenen Fall bündeln Sparten ihre Einkaufsvolumina und vergeben diese an einen Lieferanten, um die beschriebenen Vorteile der Größendegression zu realisieren. Eine einseitige Defektion kommt nicht in Frage, da nur zwei Sparten zusammen Einkaufsvolumina bündeln oder ein Verhandlungskartell in Form eines Junktims bilden können.

Es gilt ganz allgemein:

K: Kooperation,

A: Ablehnung.

Im ersten Fall erzielt eine Sparte einen zusätzlichen Nutzen durch Einkaufskooperation, die (bzw. keine) andere Sparte verschlechtert ihren Nutzen. Angenommen seien folgenden Auszahlungen aus der gemeinsamen Kooperationsaktivität:

Sparte	b		
a		kooperiert	lehnt ab
	kooperiert	3/2	
	lehnt ab		2/2

Abb. 11: Auszahlungen in Form von Nutzen von zwei Sparten aus der Einkaufskooperation

Schon bei einseitiger Ablehnung kommt keine Kooperation zustande, daher bleibt das Feld Kooperation/Ablehnung bzw. Ablehnung/Kooperation leer.

Im zweiten Fall erzielen beide Sparten einen Zusatznutzen durch die Kooperation und damit auch das Gesamtunternehmen.

Sparte	b		
a		kooperiert	lehnt ab
	kooperiert	3/3	
	lehnt ab		2/2

Abb. 12: Beidseitiger Nutzen aus der Einkaufskooperation (Win/Win)

Die beidseitige Kooperation wäre schon im obigen Beispiel des einseitigen Gewinns einer Sparte vorteilhaft, das heißt, der Gesamtnutzen des Konzerns wird gesteigert, selbst wenn Sparte a keinen Gewinn aus der Kooperation zieht.

3.2.2. Dilemmasituationen zwischen Sparten

Unabhängig davon, ob die Sparten oder deren Akteure kooperationsförderliche Strategien finden, ausbauen und aufeinander abstimmen, steht für sie die reibungsfreie Gestaltung ihrer Kooperation vor einer grundlegenden Schwierigkeit: Verläuft die Kooperation nicht ins Unendliche und wissen sie, wann die letzte Interaktion stattfinden wird (z. B. bei einer auf eine Zeitperiode oder ein Projekt begrenzten Kooperation), kann ihre Zusammenarbeit schon früh problematisch werden. Aus rationaler Sicht muss ein Akteur dann seinen Partner schädigen, wenn er dieses tun kann, ohne Sanktionen befürchten zu müssen. Gehäuft wird das der Fall sein, wenn trotz Kooperation Konkurrenzsituationen zwischen den Sparten bestehen. Können die Akteure dieses Verhalten voraussehen, wird dies dazu führen, dass sie versuchen werden, in der Runde zuvor zu defektieren.[132]

Eine einseitige Defektion kommt bei der Bündelung von Beschaffungsumfängen nicht in Frage. Entweder vergeben zwei Sparten identische oder ähnliche Bedarfe gemeinsam an einen Lieferanten oder sie vergeben diese gemeinsam nicht. Anders ist dies bei der Integration von Prozessen oder beim Austausch von Ressour-

[132] Vgl. Maurer, A.; Schmid, M.: Soziologie, 2010, S. 308.

cen. Hier haben die Sparten die Wahl, die besten oder zweitrangigen Ressourcen zu entsenden bzw. auszutauschen.

Sparte	b		
a		kooperiert mit ‚vollem' Einsatz	kooperiert mit ‚halbem' Einsatz
	kooperiert mit ‚vollem' Einsatz	3/3	1/4
	kooperiert mit ‚halbem' Einsatz	4/1	2/2

Abb. 13: Zwei Sparten in einem Gefangenendilemma[133]

Nun kann natürlich jede Sparte versuchen, ihre eigene Anstrengung so niedrig wie möglich zu halten. Einerseits ist es wünschenswert, dass sich die andere Sparte ‚anstrengt', andererseits möchte jede Sparte die Ausbeutung des eigenen Know-hows und Kapazitätseinsatzes vermeiden: Die Sparten befinden sich in einem Gefangenendilemma. Ein Gefangenendilemma ist dadurch gekennzeichnet, dass es offensive und defensive Gründe für die Defektion gibt: Bei einseitiger Defektion ist die Auszahlung für die Sparte, die nicht kooperiert, am höchsten.[134] Es gelte: V; Voller Einsatz von Kapazitäten (quantitativ/qualitativ) für die Kooperation, H: Halber Einsatz von Kapazitäten (quantitativ/qualitativ) für die Kooperation.

Im Gegensatz zum Grundmodell eines einmaligen ‚Spiels' werden sich die Sparten in einer iterativen Sequenz von Kooperationsaktivitäten befinden. Sie können sich dabei gegenseitig beobachten. Wenn Sparte a unerfahrene oder zeitlich bedingt verfügbare Einkäufer in die Kooperation entsendet, kann dies Sparte b auch machen. Infolgedessen werden die Strategiekombinationen VH und HV bald nicht mehr in Frage kommen – sofern die Sparten das Ziel haben, von der Kooperation gleichermaßen zu profitieren. Diese Situation lässt sich wie folgt darstellen.[135]

---

133 Vgl. Esser, H.: Soziales Handeln, 1999, S. 183.

134 Vgl. Rapoport, A.: Prisoner's Dilemma, 1974, S. 17; Liebrand, W.; Messick, D.: Social Dilemmas, 1996, S. 3; Rasmusen, E.: Games, 1989, S. 27.

135 Vgl. Esser, H.: Soziales Handeln, 1999, S. 157 f.

Sparte	b		
a		kooperiert mit ‚vollem‘ Einsatz	kooperiert mit ‚halbem‘ Einsatz
	kooperiert mit ‚vollem‘ Einsatz	3/3	
	kooperiert mit ‚halbem‘ Einsatz		2/2

Abb. 14: Zwei Sparten in einer kontinuierlichen Sequenz von Kooperationsaktivitäten[136]

Das Beispiel zeigt, dass auch in problematischen Situationen Konventionen entstehen können. Eine Konvention entsteht aus der wechselseitigen Beobachtung und Anpassung des Verhaltens der Sparten. Konventionen sind allgemein akzeptierte Regeln, deren Sinn darin besteht, Umweltkomplexität zu reduzieren.[137] Mit der Beobachtung der so koordinierten Praxis verbreitet sich unter den Akteuren Wissen – das Wissen um die gemeinsamen Interessen, das Wissen um die Gemeinsamkeit der Interessen, um die Entstehung einer Konvention durch kooperatives Handeln und, daran anschließend, das Wissen um die Überführung einer Konvention in eine allgemeine Regel, z. B.: Es dürfen keine unerfahrenen, leistungsschwachen oder leistungsunwilligen Einkäufer in die gemeinsame Einkaufskooperation entsandt werden.[138]

Das Dilemma der beiden Sparten verwandelt sich somit durch die gegenseitige Sichtbarkeit und Wiederholung ihrer Aktionen in ein Problem der Koordination: Es gelten nur noch die Strategiekombinationen V, V oder H, H.

Wie in Kapitel 3 dargestellt, sind es drei grundlegende soziale Mechanismen, die bei ungleichen, aber symmetrisch verteilten Interessen die Parteien die Sparten zur Kooperation bringen: Verträge, Konventionen und Dekrete.[139]

---

[136] Esser, H.: Soziales Handeln, 1999, S. 182.

[137] Vgl. Kunz, H.: Kriminalität, 1993, S. 183; Cranach, M. v.: Handeln, 1980, S. 92; Esser, H.: Soziales Handeln, 1999, S. 157.

[138] Vgl. Esser, H.: Soziales Handeln, 1999, S. 157; Weber, M.: Gesellschaft, 2006, S. 611.

[139] Vgl. Esser, H.: Institutionen, 1999, S. 38.; Ullrich, C.: Coopetition, 2004, S. 53 ff.

Lösungen ohne Verträge und ohne Zwang durch Dekrete sind in Win/Win-Situationen möglich. Diese Win/Win-Situationen sind im Voraus schwer abzuschätzen. Kooperation durch Selbstorganisation ist deutlich störanfälliger als Führung, weil

- aufgrund fehlender Weisungsbefugnis zwischen Kollegen erfolgreiche Zusammenarbeit nur über wechselseitige Abstimmung und Konsens möglich ist,
- die fehlende (formale) Statusdifferenzierung zwischen den Beteiligten ‚Rangkämpfe' begünstigt,
- insbesondere die ‚bilateralen Austauschbeziehungen' zwischen Organisationseinheiten in der Regel nicht symmetrisch gestaltet werden können und
- bereits in mittelgroßen Organisationen Zeit und Möglichkeit für vertrauensbildende persönliche Kontakte fehlen.[140]

Ein Dilemma tritt spätestens dann auf, wenn eine Sparte durch eine Kooperation einen Nachteil hat und die andere Sparte profitiert. Wieder wird angenommen, dass eine einseitige Defektion in einer wiederholbaren Sequenz von gemeinsamen Einkaufsaktivitäten als Option in Frage kommt. Beide Fälle sind hier möglich.

- Das Einzelinteresse einer Sparte steht in Einkaufskooperationen dann gegen das Gesamtinteresse des Unternehmens.[141]
- Eine Sparte gewinnt, die andere Sparte verliert Nutzen aus der Kooperation. Die Summen der durch Kooperation für den Konzern realisierten Einsparungen sind gleich.

Sparte	b		
a		kooperiert	lehnt ab
	kooperiert	1/3	
	lehnt ab		2/1

Abb. 15: Eine Sparte gewinnt, eine Sparte verliert aufgrund der Kooperation

[140] Vgl. Wunderer, R.: Führung, 2006, S. 481.
[141] Vgl. Zagler, M.: Einkaufssynergien, 2003, S. 66.

Ein Dilemma der benachteiligten Sparte gegenüber dem Konzern tritt dann ein, wenn die Summe des für das Gesamtunternehmen realisierten Nutzens (in Form von realisierten Einsparungen) mit Kooperation höher als ohne Kooperation ist.

Sparte	b		
a		kooperiert	lehnt ab
	kooperiert	1/4	
	lehnt ab		2/1

Abb. 16: Das Gesamtunternehmen gewinnt, eine Sparte verliert aus der Kooperation

Verschiedene Modelle aus der Institutionenökonomie und der Sozialpsychologie sind denkbar, derartige Dilemmasituationen aufzuheben oder zu ‚kontrollieren'. Bevor auf die Anwendung von Ausgleichzahlungen, Anreizen oder Normen eingegangen wird, soll im Folgenden die dritte Kategorie denkbarer strategischer Situationen erläutert werden: der Konflikt.

3.2.3. Konfliktsituationen zwischen Sparten

Zum Konflikt kommt es dann, wenn durch eine (mögliche) Kooperation eine Sparte ausschließlich verliert und die andere ausschließlich gewinnt. Dies ist z. B. der Fall, wenn die Sparten von der Unternehmensleitung zur Kooperation angewiesen werden und Mechanismen wie z. B. Ausgleichszahlungen nicht zur Verfügung stehen. In einem solchen Fall gibt es grundsätzlich keine kooperative Lösung. Im Unterschied zum Dilemma gibt es beim Konflikt nun für beide Akteure nichts mehr zu gewinnen: Der Gewinn des Einen ist der Verlust des Anderen.

Konfliktgegenstände können dabei beschränkte Ressourcen Informationsasymmetrien, Ressourcen oder Kompetenzverteilungen sein.[142]

[142] Vgl. Schifferer, S.: Einkaufsorganisation, 2001, S. 83; Berkel, K.: Konflikte, 2003, S. 403 f.

Sparte	b		
a		kooperiert	lehnt ab
	kooperiert	-4/4	
	lehnt ab		4/-4

Abb. 17: Konflikt zwischen Sparten

Drei Beispiele sollen dies verdeutlichen.

- Sparte a hat einen Geschäftskontakt mit einem potentiellen neuen Lieferanten mit einer neuen Technologie, der auch von Sparte b benutzt werden könnte. Der Lieferant hat begrenzte Kapazitäten und kann potentiell nur eine Sparte beliefern. Wenn a die Information mit b teilt, kann dieser Lieferant für Sparte a komplett verloren gehen.

- Die Übertragung von Personalkapazitäten im Rahmen der Kooperation (z. B. zur Verhandlungsunterstützung, zu Schulungszwecken etc.) erfolgt durch Festlegung der Konzernleitung unentgeltlich. Sparte a gibt Personal an Sparte b ab, kann aber selbst wegen (mangelnder Eignung, mangelnder Qualifikation, mangelnder Verfügbarkeit) kein Personal von Sparte b nutzen. Wenn a kooperiert, trägt die Sparte die Kosten für die Kooperation vollumfänglich.

- Durch Co-Spezialisierung sollen Rohstoffe gebündelt eingekauft werden. Mit der Übertragung der Lead-Buyership auf Sparte a soll auch die Entscheidungshoheit für Einkaufsabschlüsse auf Sparte a übertragen werden. Das ist aus Sicht der Sparte b absolut inakzeptabel.

Die Problematik ergibt sich daraus, dass in Abhängigkeit von der Ausgangssituation eine Sparte profitiert und die andere Sparte einen Verlust erleidet. Konflikte unterscheiden sich von Dilemmasituationen dadurch, dass es jetzt nichts mehr gemeinsam zu gewinnen gibt. In Dilemmasituationen gibt es für jeden Spieler bei

Kooperation zumindest noch einen Teilgewinn, in Konflikten nur Gewinn oder Verlust. Derartige Spiele werden daher als Konstantsummenspiele oder als Spezialfall der ‚Nullsummenspiele' bezeichnet: Die für alle Ergebnisse konstante Summe der Auszahlungen ist gleich null.[143]

Konflikte können als Interessen-, Kontroll- und Beurteilungskonflikte auftreten.

Bei Interessen- oder auch Beurteilungskonflikten geht es um die Ziele und Wertvorstellungen der Sparten und die Ziele der Kooperation. Welche primären Zwischengüter (Beschaffungskostensenkungen, Senkungen der Lagerkosten, Steigerung der Qualität der Vorprodukte etc.) eignen sich für die Produktion von Nutzen (Shareholder-Value) und welche nicht? Interessenkonflikte entstehen, wenn über die grundsätzlichen normativen Festlegungen einer Kooperation entschieden wird, die nur innerhalb einer bestimmten Governancestruktur Wert haben (s. o.). Es ist – aus soziologischer Sicht – die Passung der ‚richtigen' Zwischengüter mit der jeweils ‚richtigen' Umgebung. Interessenkonflikte sind Auseinandersetzungen über die Geltung bestimmter Verfassungen, die den Wert der kontrollierten Ressourcen bestimmen.[144] Alles kommt für die Mitglieder der jeweiligen Sparte darauf an, dass die ‚richtige' Verfassung ihre Geltung erhält.[145]

Kontroll-, Ressourcen- oder Verteilungskonflikte sind Kontroversen um die Kontrolle der Mittel zur Erreichung von Zielen.[146] Verteilungskonflikte sind Interessenkonflikte über die Verteilung von Gütern und vorrangig situationsbedingt, weil sich häufig eine begrenzte Menge materieller oder immaterieller Güter nicht zur Zufriedenheit aller verteilen lässt. Gewinne einer Partei führen notwendigerweise zu Verlusten der anderen Partei. Verteilungskonflikte sind dann aber schwer lösbar, wenn die Verteilungsmenge klein ist oder nicht ausgeweitet werden kann.

Beurteilungskonflikte entstehen dadurch, dass Einzelpersonen oder Gruppen aufgrund unterschiedlicher Informationen (wie z. B. Abschätzung des Ertrags von kooperativen Einkaufsmaßnahmen), Qualifikationen oder Erfahrungen nicht zu den gleichen Einschätzungen von Zielen, Maßnahmen und Umweltzuständen

[143] Vgl. Esser, H.: Soziales Handeln, 1999, S. 90 ff.

[144] Vgl. Esser, H.: Situationslogik, 1999, S. 148 f.

[145] Vgl. Wenninger, G.: Konfliktmanagement, 1999, S. 561 f.

[146] Vgl. Gebert, D.; Rosenstiel, L.: Organisationspsychologie, 1996, S. 146; Wenninger, G.: Konfliktmanagement, 1999, S. 561 f.

kommen. Beurteilungskonflikte sind auf unterschiedliche Informationen, Wertvorstellungen, Qualifikationen und Erfahrungen von Personen zurückzuführen. Anzustrebende Ziele werden als unterschiedlich ‚wertvoll' betrachtet, z. B. das Vorhandensein von Objekthomogenität bei Einkaufsumfängen, die zu erwartende Wirkung von Maßnahmen zur Beschaffungskostensenkung oder das zu erwartende Versorgungsrisiko bei Bündelung von Einkaufsumfängen.[147]

Zur Verdeutlichung von Ressourcenkonflikten kann die Verteilung von Softwarelizenzen zur Durchführung von elektronischen Ausschreibungen verwendet werden. Elektronische Ausschreibungen sind, sofern in Bezug auf den Beschaffungsumfang anwendbar, ein Instrument für die effiziente Abwicklung von Ausschreibungen. Wird die E-Procurement in einem Konzern zentral eingekauft und ist die Zahl der verfügbaren Lizenzen begrenzt, so stellt die Zahl der Lizenzen pro Sparte eine Ressource dar, an der Sparte a und b Interesse haben. Es sei angenommen, dass die Durchführung von elektronischen Ausschreibugen für beide Sparten einen positiven Grenznutzen in Form von gespartem Aufwand (Angebotseinholung, Angebotsvergleich etc.) erzeugt.

Im Beispiel reicht die Zahl der verfügbaren Lizenzen X nicht aus, um alle geeigneten Beschaffungsumfänge beider Sparten abzuwickeln. Nun sind Zahl und die Verteilung der Softwarelizenzen umstritten.

Zur Verdeutlichung sei in Abb. 18 eine exemplarische Produktionsfunktion angegeben. Diese Funktion ist im Beispiel die geltende ‚Produktionsfunktion' für die Durchführung von elektronischen Ausschreibungen. Z = f(X) wird rechts für die Sparte a und links für die Sparte b dargestellt. Der Output Z ist die Zahl der durchgeführten Ausschreibungen. Sie sei als Produktionsfunktion für beide Sparten identisch.

In einem Ressourcenkonflikt zwischen zwei Sparten können jetzt zwei Situationen unterschieden werden.

In Situation 1 kontrolliert Sparte a das gesamte Budget an Softwarelizenzen. Sparte a kann die Kapazität X1a zur Durchführung seiner Ausschreibungen in elektro-

147 Vgl. Wenninger, G.: Konfliktmanagement, 1999, S. 561 f.

nischer Form einsetzen. Das ist das gesamte Budget, über das beide Sparten gemeinsam verfügen können.

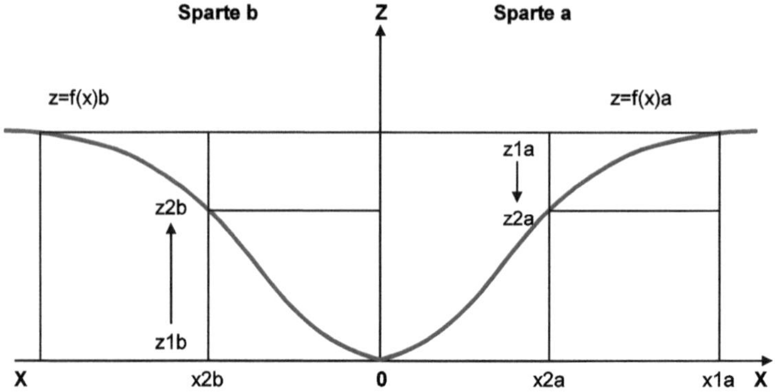

Abb. 18: Kontrollkonflikte in Kooperationen[148]

b verfügt in diesem Beispiel über keine Software, muss demnach Ausschreibungen, Angebotseinholung und Angebotsvergleiche z. B. über Fax oder E-Mail abwickeln. Da der Konzern einen Rahmenvertrag geschlossen hat, geht jede Verteilung von Lizenzen hin zu b geht damit zu Lasten der Sparte a.

Situation 2 zeigt eine solche ‚gerechtere' Verteilung. Nun verfügt Sparte a über die Menge an Lizenzen x2a und Sparte b über die Menge an Lizenzen x2b. Beide Mengen ergeben das gesamte Budget an verfügbaren Lizenzen beider Sparten, die nun die gleiche Zahl an Lizenzen erhalten, mit jedoch einem wesentlichen Unterschied zur Situation 1: Der Verlust von Sparte a für die Zahl an Lizenzen entspricht der Differenz z1a-z2a. Dieser Verlust ist für diese Sparte aber kleiner als der ‚Gewinn' von Sparte b. Der Grund liegt im abnehmenden Grenzertrag der ‚Produktionsfunktion' ‚Elektronische Ausschreibungen'. Das heißt, unter der Annahme einer Funktion mit abnehmendem Grenzertrag hat derjenige, der von einer Ressource weniger kontrolliert, ein relativ höheres Interesse an der Umverteilung der Kontrolle. Bei einem anderen Kurvenverlauf würden die jeweiligen Koopera-

[148] Exemplarisch, vgl. Esser, H.: Situationslogik, 1999, S. 153 f.

tionspartner die Umverteilung der Ressourcen entsprechend anders interpretieren.[149]

Deutlich wird, dass Koordinationsprobleme aus Ertragsverteilungen resultieren, über deren Akzeptanz sich rationale Akteure streiten müssen. Solange sich die Akteure in einem Szenario befinden, in dem Kooperationserträge teilweise erreichbar sind, besitzen ihre Konflikte einen partiellen Charakter. In diesen Fällen motivieren die drohenden Verluste dazu, den Konflikt mit Hilfe von ausgehandelten Kompensationsgeschäften, aber auch durch Teilung der Erträge zu entschärfen. Damit können, vor allem wenn sich Distributionsprobleme über längere Perioden wiederholen, auch die relativ Unterlegenen in Summe mit Erträgen an der Kooperation beteiligt zu sein. Zentraler Faktor ist neben dem Kurvenverlauf der jeweiligen ‚Produktionsfunktion' die Macht, die der einzelne Akteur einsetzen kann, um die Ressourcenverteilung und gegebenenfalls eine Ausgleichsverteilung zu seinen Gunsten zu beeinflussen.[150]

Die spieltheoretische Betrachtung gibt keine Auskunft darüber, worüber Akteure in Konflikte oder Dilemmata geraten. Für den Austausch von Ressourcen zwischen Sparten ist es von Bedeutung, ob diese teilbar sind, bei der Nutzung rivalisieren und ob dem Ausschlussprinzip Geltung verschafft werden kann.[151]

Unteilbarkeit von Gütern liegt dann vor, wenn ein Gut von einer Sparte nur einmal verwendet werden kann. Die Lizenz für die Nutzung einer elektronischen Einkaufsplattform steht nur einer Sparte oder einem Einkäufer in der Sparte zur Verfügung und kann dann von keiner anderen Sparte mehr benutzt werden. Teilbarkeit liegt dann vor, wenn die Verwendung eines Gutes die Verfügbarkeit dieses Gutes für andere Sparten nicht beeinträchtigt. Die Nutzung der von der volkswirtschaftlichen Abteilung erstellten Berichte über die Emerging Markets wird dadurch nicht geschmälert, dass sie mehreren Sparten zur Verfügung stehen.

Ausschließbarkeit bedeutet, dass die Kontrolle über das Gut und seine Verwendung beschränkt werden. Bei den Personalressourcen der Sparten ist die Sachlage offensichtlich: Die divisionalen Einkaufsabteilungen unterliegen der Verfügungs-

[149] Vgl. Esser, H.: Situationslogik, 1999, S. 153 f.
[150] Vgl. Maurer, A.; Schmid, M.: Soziologie, 2010, S. 399 f.
[151] Vgl. Stobbe, A.: Mikroökonomik, 1991, S. 471.

gewalt der Sparten. Gleiches gilt für das dort vorliegende Fachwissen: Es ist im Allgemeinen mit den Personen verbunden. Rivalität um Lieferanten-, Objekt- oder Marktinformationen tritt dann auf, wenn die Nutzung dieser Informationen den Wert des Besitzers/der Besitzer dieser Information schmälert. Dies kann dann der Fall sein, wenn Lieferanten aufgrund herausragender Qualität oder der Beherrschung von bestimmten Technologien eine Sonderstellung einnehmen und die zusätzliche Vergabe von Aufträgen an diese Lieferanten deren Verfügbarkeit einschränkt. Die Weitergabe dieser Information kann die Liefersituation einer Sparte gefährden, wenn die technische oder personelle Kapazität des Lieferanten erreicht oder überschritten ist.

Der alleinige Bezug von Beschaffungsumfängen bei einem Lieferanten, der keine andere Sparte des Unternehmens beliefert, stellt ein exklusives Gut dar. Keine weitere Sparte des Unternehmens ist davon betroffen. Der Vertragsabschluss einer Sparte über die Lieferung eines Produktes mit einem Lieferanten wird im Allgemeinen nicht so günstig ausfallen wie ein Abschluss, der zusammen mit dem identischen Bezugsvolumen der Schwestersparte erfolgt.[152] Solche Resultate einer Beschaffungskooperation entstehen nur im Zusammenwirken von Akteuren. Die ‚Produzenten' dieses Abschlusses sind auch gleichzeitig die Nutznießer. Es handelt sich um ein Kommunalgut.

Die Bereitstellung von Informationen im Konzern wird dann zum Anlass für Konflikte, wenn die Erzeugung der Information und ihre Nutzung auseinanderfallen. Im Gegensatz zum gemeinsamen Einkaufsabschluss können auch solche Sparten von den Informationen profitieren, die an ihrer Erzeugung nicht mitgewirkt haben. Ein derartiger Effekt hat sofortige Rückwirkungen auf die ‚Produktion' des Gutes. Aus Angst, ausgebeutet zu werden, ist es wahrscheinlicher, dass niemand dieses Gut zur Verfügung stellt, obwohl es für das Gesamtunternehmen wünschenswert wäre.[153]

Systeme, Abläufe und Organisationen stellen potentielle Konfliktfelder in Unternehmen dar.[154] Kooperation bedeutet automatisch einen Eingriff in die Autonomie

---

152 Vgl. Eßig, M.: Cooperative Sourcing, S. 80 ff.

153 Vgl. Varian, H.R.: Mikroökonomik, 2004, S. 804.

154 Vgl. Regnet, E.: Konflikthandhabung, 2007, S. 27.

der Einkäufer.[155] Im kurz- bis mittelfristigen Bereich von Kooperationen, wenn noch keine Ergebnisse der Kooperation absehbar sind, können Eingriffe in die Prozesseffizienz einen Gewinn oder Verlust darstellen, den die Sparte durch die Kooperation realisiert. Aus der Perspektive der Koordination sind vor allem wechselseitige Beziehungen, also die Interdependenzen, von Interesse. Im Rahmen der teilprozessbezogenen Analyse sind dabei folgende Sachinterdependenzen zu unterscheiden.[156]

- Eine Dienstleistung (gebündelte Anfrage) umfasst mehrere Teilleistungen, die durch Teilleistungen (verschiedener Sparten) erbracht werden (Leistungsverbund).
- Teilprozesse greifen auf dieselben begrenzt verfügbaren Produktionsfaktoren (lizenzierte Software, Personalkapazität, ausländisches Einkaufsbüro) zurück. Derartige Beschränkungen können zeitlich, räumlich oder quantitativ sein (Ressourcenverbund).
- Die den einzelnen Teilprozessen zurechenbaren Beiträge sind wechselseitig von den jeweiligen Entscheidungen über die Parameter und die Ausführung der Teilprozesse anderer Sparten abhängig: Z. B. schreibt eine Sparte aus, eine Sparte wertet die Ausschreibungen aus, und eine Sparte verhandelt mit den Lieferanten der engeren Wahl (Zielverbund).

Wesentliche prozessbezogene ‚Verluste' aus Kooperationen sind die Folgenden.

- Verzögerungen des Prozessablaufes im Rahmen des Leistungs- oder Zielverbundes, also
  - erhöhter zeitlicher Abstimmungsaufwand,
  - unvollständige zeitliche Synchronisation infolge von Abhängigkeiten zu anderen Funktionalbereichen der Sparten (Entwicklung, Produktion, Vertrieb).
- Aufgaben von Entscheidungssouveränität im Rahmen eines Zielverbundes sind
  - Verlust an Verhandlungsmacht nach innen oder außen,
  - ‚Gesichtsverlust' gegenüber dem Lieferanten,

155 Vgl. Zagler, M.: Einkaufssynergien, 2003, S. 66.
156 Vgl. Corsten, H.; Dresch, K.-M.; Gössinger, R.: Dienstleistungsproduktion, 2007, S. 98.

- Revision bzw. Nachverhandeln von Einkaufsabschlüssen.

– Erhöhte Kosten des Einkaufsprozesses in allen Verbundformen beruhen auf

  - Kommunikationskosten,
  - Reisekosten (insbesondere bei dislozierten Einkaufsstandorten).

Mögliche Gründe für Konflikte zwischen den Sparten sind

– die zeitliche Abhängigkeit der Sparten von den jeweiligen Vorleistungen,
– der relative Aufwand der Prozessschritte und die Kostenträgerschaft,
– die notwendigen und geleisteten Qualitätsstandards an den Schnittstellen,
– Kosten-, Qualitäts- und Risikoauswirkungen von Entscheidungen.

In der Praxis spielen zeitliche Abstimmungsprobleme eine gravierende Rolle. Vertragsabschlüsse für Vorprodukte sind im Allgemeinen zeitkritisch, da Projekttermine für Endprodukte gehalten werden müssen. Nicht selten sind Einkaufsabschlüsse Gegenstand von Qualitätsprüfungen, die im Rahmen einer Produktentwicklung eingehalten werden müssen.[157] Bei langwierigen Verhandlungen mit zum Teil erheblichen technischen Änderungen kommen Abschlüsse mit Lieferanten unter sehr hohem Zeitdruck zustande. In einem solchen Fall ist die Verhandlungsmacht der Sparte sehr gering. Wenn der Lieferant mit der Zusatzforderung ‚auf Zeit spielt', ist eine Verknüpfung von Forderungen schwer möglich.

Grundsätzlich kann eine Sparte zwar bündelungsfähige Beschaffungsumfänge haben, aber es fehlt ein ‚Fenster zum Wechsel': Strukturen, Lieferantenbeziehungen und Verträge verhindern den zeitsynchronen Wechsel des Lieferanten.[158] Nicht alle Entscheidungen zu Beschaffungsumfängen werden von der Einkaufsabteilung getroffen.[159] Hierbei ist wesentlich, dass das ‚Was', ‚Wann' etc. selten von der Einkaufsabteilung autonom bestimmt werden können, sondern von der Entwicklung und der Produktion mitbestimmt werden. Gleichzeitig ist in der dezentralen Gewinnverantwortlichkeit eine Nebenbedingung gegeben, soll die Sparten-

[157] Vgl. Nebl, T.: Produktionswirtschaft, 2007, S. 833.
[158] Vgl. Zagler, M.: Einkaufssynergien, 2003, S. 69.
[159] Vgl. Jones, O.; Rich, N.: Purchasing, 2000, S. 211.

verantwortlichkeit für den erzielten Shareholder-Value nicht aufgegeben werden.[160]

3.3. Soziale Mechanismen der Kooperation

3.3.1. Kooperation durch freiwillige Koordination der Sparten

Eine zentrale Frage für innerbetriebliche Einkaufskooperationen lautet: Sollen die Sparten die Kooperation selbst ‚aushandeln' oder sollen sie von der vorgesetzten Instanz der Gesamtunternehmensleitung angewiesen werden? Sind die Transaktionskosten derartiger ‚Kooperationsverträge' höher als die Transaktionserträge? Die Höhe der Transaktionskosten wird bestimmt durch den Umfang der Unsicherheit der Transaktionsbedingungen, die Höhe der spezifisch dafür nötigen Investitionen, die notwendige technische Infrastruktur und die Transaktionshäufigkeit.[161] Opportunistisches Verhalten ist mit zunehmender Unsicherheit der Transaktion wahrscheinlich und effizienzmindernd.[162] In solchen Situationen versagt der Markt, weil er nur sehr unzureichend in der Lage ist, die dysfunktionalen Effekte hoher Unsicherheit abzufangen. Theoretischen Produktivitätsvorteilen von Markt oder Organisation steht jedoch ein Messproblem gegenüber: Die jeweiligen Transaktionskosten und -erfolge sind nicht separierbar und daher in der Praxis kaum zu ermitteln.[163]

Ist eine dauerhafte Kooperation zwischen den Sparten eines Unternehmens geplant, so sind sie durch ein hohes Erfolgsrisiko und spezifische Investitionen gekennzeichnet. Es ist also naheliegend, das Problem ‚organisatorisch' zu lösen.

3.3.2. Kooperation durch Verhandlungsprozesse

Werden bestimmte Sparten durch kooperative Einkaufsentscheidungen bevorteilt, andere dagegen benachteiligt, können zwischen Sparten untereinander oder zwischen Sparten und Gesamtunternehmen Ausgleichszahlungen verhandelt werden. Ausgleichszahlungen sind Entschädigungen, die die profitierende Sparte derjeni-

---

160 Vgl. Halbleib, M.: Trendfallen, 2005, S. 387.

161 Vgl. Fuchs, W.: Transaktionskostentheorie, 1994, S. 81 ff.; Schreyögg, G.: Organisation, 1999, S. 71 ff.; Pirker, R.: Unternehmung, 2000, S. 67 ff.

162 Vgl. Schreyögg, G.: Organisation, 1999, S. 73.

163 Vgl. Schreyögg, G.: Organisation, 1999, S. 73.

gen zahlt, die einen ‚Schaden' aus der Transaktion hat. Objekte des Konfliktes können sich auf

- das erwartete oder realisierte inhaltliche Ergebnis der Kooperation,
- das prozessuale Ergebnis einer Kooperation oder
- den Wert von übertragenen Ressourcen

beziehen.

Jeweils ein Beispiel soll dies verdeutlichen.

- Die in einer Einkaufskooperation erzielbaren Einsparungen begünstigen nur eine Sparte. Die ‚leistungsfähigere' Sparte des Unternehmens ‚zahlt drauf', das heißt, von ihr werden Ressourcen in Form von Personal, Informationen und Fachwissen abgezogen, sie kann aber aufgrund ihrer Benchmark-Preisstellung wenig von den niedrigeren Einkaufspreisen profitieren.
- Der Prozess der gemeinschaftlichen Beschaffung von Stahlbauteilen erfordert von den teilnehmenden Sparten eine Gleichschaltung der Konstruktions- und Freigabeprozesse. Es entsteht ein Dissens darüber, welche der teilnehmenden Sparten ihre Prozesse abändern soll.
- Eine Sparte verfügt über ein Einkaufsbüro ‚Indien', das Lieferanten und Marktinformationen für andere Sparten bereitstellen könnte. Die Sparte möchte diese Ressource anderen Kooperationsteilnehmern nicht ohne Kostenbeteiligung zur Verfügung stellen. Es entsteht ein Dissens, welche Kosten in welchem Ausmaß von anderen Konzernsparten getragen werden sollen, wenn Informationen über den Beschaffungsmarkt ‚Indien' von diesem Büro beschafft und zur Verfügung gestellt werden.

Haben die Sparten Verhandlungsfreiheit zur Lösung ihrer Interessenkonflikte, ist die Verhandlungssituation zwischen ihnen im einfachsten Fall charakterisiert durch

- N : die Menge der Sparten n, hier: 2,
- U: den Nutzen von Sparte a (u_a) oder Sparte b (u_b) aus der Kooperation,

- F: die Menge aller denkbaren Auszahlungsvektoren u = (u_1,...,U_N) der Kooperation, die den Auszahlungsraum bilden,
- DP: den Punkt, der verwirklicht wird, wenn sich die Sparten nicht einigen können (Konflikt- oder Drohpunkt).
- Der Drohpunkt DP ist gegeben, was bedeutet, dass mindestens eine Sparte die Kooperation ablehnt. In diesem Fall realisieren die Sparten die Auszahlung, die sie ohne Kooperation erzielen würden: Sparte a = 2 und Sparte b = 1, bleiben aber unter dem gemeinsam maximal erzielbaren Nutzen, der durch den Auszahlungsraum (im Falle einer erfolgreichen Kooperation) gegeben ist.[164]

Ein Verhandlungsproblem liegt dann vor, wenn der Auszahlungsraum F in Abb. 19 mindestens ein Element u enthält, das allen Sparten eine größere Auszahlung als DP sichert.

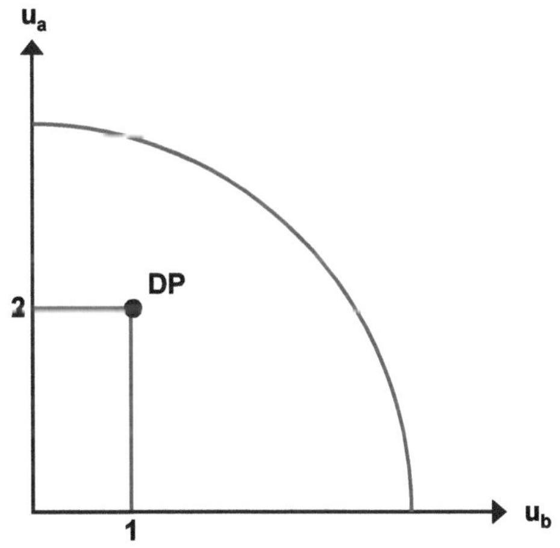

Abb. 19: Verhandlungsraum bei zwei Sparten[165]

Sparten können sich also durch Übereinkommen besserstellen als im Konfliktfall. Das Problem besteht darin, dass nun mehr als ein Vektor u im Auszahlungsraum existiert, der alle Sparten besserstellt als im Konfliktfall. Die Annahme sei zunächst, dass die Sparten die Vorhaben ohne Weisung der Konzernleitung verhan-

---

164 Vgl. Holler, M.; Illing, G.: Spieltheorie, 2009, S. 183 ff.

165 Vgl. Holler, M.; Illing, G.: Spieltheorie, 2009, S. 183 ff.

deln können und dass bei Nichteinigung jeder Sparte ein Vetorecht zusteht. Transaktionskosten seien nicht relevant bzw. werden in die Kalkulation nicht einbezogen. In der Graphik bezeichnet C ein für eine Sparte vorteilhaftes, für eine andere Sparte negatives Vorhaben. Wenn der potentielle Vorteil der gewinnenden Sparte den zu erwartenden Schaden der unterlegenen Sparte übersteigt, kann Sparte a eine Ausgleichszahlung leisten, durch die der Schaden der Sparte b ausgeglichen wird. Aus Konzernsicht lohnt sich so ein Ausgleich nur, wenn der Gesamtnutzen des ‚Geschäftes' größer ist als der Status quo. Deshalb lassen sich in einem solchen Fall Ausgleichszahlungen für Kooperationsprojekte verwirklichen, die in Abbildung 20 oberhalb der Diagonalen K liegen.[166]

Die Punkte C und D bezeichnen jeweils Kooperationserträge, an denen die Sparte b interessiert ist, deren Verwirklichung der Sparte a aber schaden würde. Im dargestellten Beispiel kommt aus Konzernsicht nur die Kooperation C in Frage. Denn nur bei C übersteigt die Summe des Nutzens der Sparte b den ‚Schaden' der Sparte a.

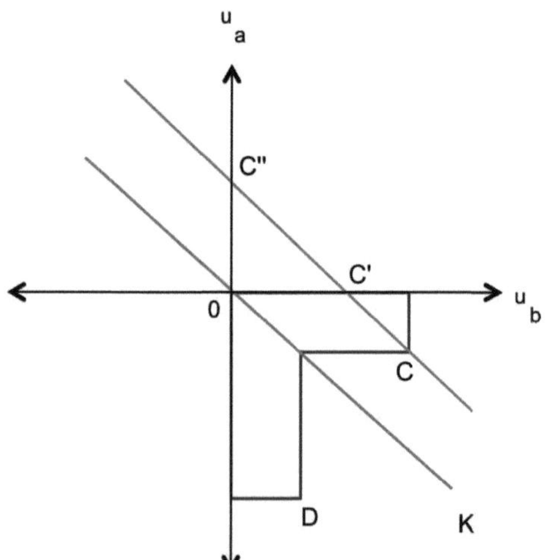

Abb. 20: Ausgleichszahlungen zwischen Sparten bei Vetorechten

Für die Lösung derartiger Probleme hat die analytische Bargaining-Theorie Algorithmen entwickelt, die im Rahmen der vorliegenden exemplarischen Problemstel-

166 Vgl. Scharpf, F.: Koordination, 1992, S. 65 f.

lung nicht vertieft werden sollen. Diese mathematisch abgeleiteten Optimierungen lassen sich als Ergebnis einer Serie von kleinen Verhandlungsschritten interpretieren, mittels derer der für beide Seiten optimale Nutzen auf der Linie C' C'' gefunden werden kann.[167]

Verhält sich die Konzernleitung neutral und lässt man die Annahme eines Vetorechtes fallen, könnte Sparte b nun einseitig beide Vorhaben C oder D gegen den Willen von Sparte a verwirklichen. Das hat zur Folge, dass die beiden Sparten ihre Rollen vertauschen: Sparte a hat jetzt ein Interesse daran, den früheren Status quo wiederherzustellen. Das Projekt D kommt aus Konzernsicht nicht in Frage, da der summarische Nutzen für beide Sparten negativ wäre, wohl aber für Sparte b, wenn diese die Interessen des Konzerns nicht in ihre Überlegungen einbezieht.

Es sei angenommen, dass Sparte b Projekt D aufgrund seiner Schädlichkeit für den Konzern nicht realisiert. Projekt C könnte sie aber gegen Sparte a durchsetzen. Der Nichteinigungspunkt verschiebt sich in nun vom alten Status quo (SQ) zu Projekt C. Dieses verändert die Entscheidungssituation nun dahin gehend, dass Sparte a nun ein Interesse hat, Sparte b durch Ausgleichszahlungen vom Vorhaben C abzubringen.

Sparte a ist nun auf Sparte b angewiesen, dass C nicht realisiert wird. Sparte a ist jetzt wieder an der Wiederherstellung des alten Status quo (SQ) interessiert. Demzufolge geht es nun darum, ob Sparte a in der Lage ist, Sparte b von ihrem Vorhaben durch eine Ausgleichszahlung abzubringen, wobei der ‚Gewinn', aus dem dies zu bestreiten ist, in der Verhinderung des Schadens für a besteht.[168]

Da der Schaden im Punkt C für Sparte a gegenüber SQ gleich 1 ist, besteht die Verhandlungsmasse aus einer Nutzeneinheit. Da Sparte b nur Punkte akzeptieren wird, die oberhalb der ‚neuen' Abszisse liegen, ist eine Verhandlungslösung nur oberhalb des neuen Nullpunktes auf der Strecke C'C''' denkbar.[169]

---

[167] Vgl. Holler, M.; Illing, G.: Spieltheorie, 2009, S. 183 ff.

[168] Vgl. Scharpf, F.: Koordination, 1992, S.68.

[169] Vgl. Scharpf, F.: Koordination, 1992, S.67 f.

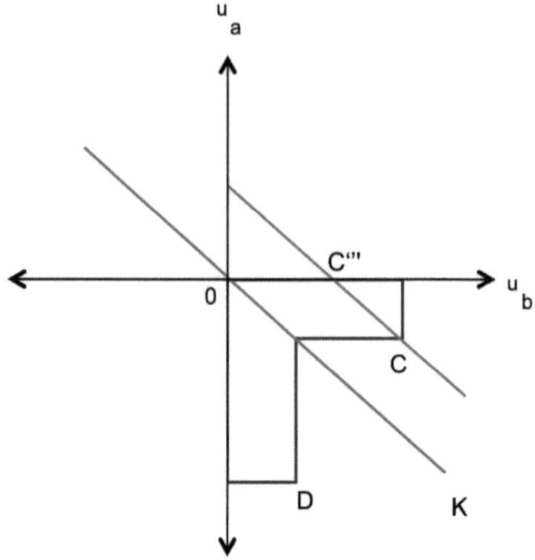

Abb. 21: Ausgleichszahlungen zwischen Sparten bei freier Verhandlung

Zusammenfassend kann festgehalten werden:

- Unterschiedliche Verhandlungsregeln erzeugen unterschiedliche Ergebnisse für den Konzern und für die betroffenen Sparten: Während bei freiwilliger Verhandlungslösung die geschädigte Sparte die schädigende Sparte für den Verzicht des Vorhabens bezahlt, muss unter einem Zwang zu einvernehmlicher Entscheidung bzw. bei Vetorechten der Initiator eines Vorhabens die geschädigte Sparte für die entstandenen Nachteile ausgleichen.[170]
- Bei völliger Verhandlungsfreiheit für die Sparten ohne Einmischung des Konzerns besteht die Gefahr, dass eine Sparte (hier: Sparte b) einseitig ein Projekt (hier: Projekt D) zum Schaden des Konzerns durchsetzt.
- Verhandlungslösungen können bei Ausgleichszahlungen nur links und oberhalb des jeweiligen ‚Nullpunktes' gefunden werden.

Ausgleichszahlungen eignen sich jedoch nicht, wenn der Tausch aus normativen oder technischen Gründen unmöglich ist oder die Ressourcen nicht eindeutig bewertbar sind. In vielen Branchen sind es jedoch insbesondere die intangiblen und

[170] Vgl. Scharpf, F.: Koordination, 1992, S. 68.

nicht oder schwer transferierbaren Ressourcen, die aus der Integration von Geschäftsprozessen langfristig nachhaltige Wettbewerbsvorteile entstehen lassen.[171] Problematisch ist die ökonomische Bewertung von Informationen. In anderen Fällen schließt sich die Vergleichbarkeit der auszutauschenden Ressourcen aus. Das Know-how der Kalkulation von Steuergeräte-Software möchte Sparte a auf keinen Fall preisgeben, und Sparte b möchte bei der Vergabeentscheidung für Spritzgussteile aus Prinzip niemanden mitentscheiden lassen. Entscheidend für diese ‚Koppelgeschäfte' ist, welchen Schaden die jeweils andere Seite zu stiften in der Lage ist.[172]

3.3.3. Kooperation durch hierarchische Weisung

Spätestens, wenn Win/Lose-Situationen bei gemeinschaftlichen Einkaufsprojekten auftreten oder zwischen Sparten um ‚Governancestruktur x' oder um ‚Governancestruktur y' gestritten wird, ist eine Kooperation durch Selbstorganisation nicht mehr zu leisten. Es bedarf einer übergeordneten Autorität für die Lösung des Konfliktes.

Die Vorgehensweise der Konfliktlösung mit Hilfe der Anweisung einer hierarchisch höheren Instanz bzw. der Schließung expliziter Verträge mit der Unternehmensleitung erzeugt jedoch ein Problem: Die Sparten können die Informationsasymmetrien zwischen Unternehmensleitung und Sparte ausnutzen, um die Kooperation ‚hinter den Kulissen' nicht so ernsthaft voranzutreiben, wie die Unternehmensleitung dies wünscht. Pseudokooperation entsteht dadurch, dass die Akteure so handeln, als ob sie ein gemeinsames Anliegen hätten, ‚echte' Interaktion findet nicht mehr statt, die Kommunikation erfolgt nur noch an der Oberfläche.[173] Kommt eine Kooperation zwischen Sparten eines Unternehmens nicht auf der Basis von einzelvertraglichen Regelungen zustande, sondern durch Anweisung der Unternehmensleitung, entspricht die Problemstellung der Grundstruktur eines Prinzipal-Agenten-Problems. Die Unternehmensleitung beauftragt die Sparten, eigenverantwortlich und unternehmerisch selbständig zu agieren.

---

[171] Vgl. Gaitanides, M.: Prozessorganisation, 2007, S. 323.
[172] Vgl. Scharpf, F.: Koordination, 1992, S. 65 f.
[173] Vgl. Spieß, E.: Kooperatives Handeln, 1996, S. 225.

Zur Durchführung einer Einkaufskooperation kann der Vertrag nun so modifiziert werden, dass die Einkaufsbereiche der Sparten den (zusätzlichen) Auftrag erhalten, mit den Kollegen der ‚benachbarten' Sparte zu kooperieren. Dabei bildet ein schriftlicher oder mündlicher Vertrag die Grundlage für die Übertragung von Aufgaben. Entscheidend für die Ausgestaltung der Beziehung der Akteure (Stakeholder) untereinander sind nun die ‚verifizierbaren' Vertragselemente. Die jeweiligen Stakeholder (Unternehmensleitung gegenüber Spartenleitung, zentrale Einkaufsabteilung gegenüber Sparteneinkauf) haben ihre spezifischen Ziele und Interessen. Das Streben nach Nutzenmaximierung auf beiden Seiten führt aufgrund der in Kapitel 2 dargestellten schwierigen Informationslage sehr wahrscheinlich zu Interessenkonflikten und begründet damit die strategische Interaktion zwischen Unternehmensleitung (Prinzipal) und Sparte (Agent). Strategisches und soziales Verhalten implizieren, dass eine Partei bei ihren Entscheidungen die Wechselwirkungen ihrer Interaktionen mit der anderen Partei einbezieht. Die grundlegenden Annahmen, auf denen die Prinzipal-Agenten-Theorie aufbaut, sind seitens des Prinzipals die bestmögliche Durchführung der Aufgabe und seitens des Agenten die Minimierung der Kosten der Aufgabendurchführung.[174]

Dabei werden im Grundmodell der Prinzipal-Agenten-Theorie folgende grundsätzliche Annahmen gebildet: Annahme oder Akzeptanz der verhandelten Vertragsbedingungen (take it or leave it), keine dritte Person, nur ein Prinzipal, der delegiert, der Prinzipal überträgt nur eine Aufgabe, und es geht um die einmalige Durchführung der Aufgabe.

Das Vertragsproblem des Prinzipals ergibt sich nun daraus, dass im Gegensatz zur Kooperationsproblematik zweier Sparten spezifische Informationsasymmetrien sowie aus der Vertragsbeziehung der Akteure (Stakeholder) resultierende Vertragsprobleme bestehen, so dass Interessenkonflikte auftreten.[175] Die drei Grundprobleme des Prinzipal-Agenten-Problems sind:

- Interessenkonflikte,
- Informationsasymmetrie und
- unterschiedliche Risikoeinstellungen der Akteure (Stakeholder).

---

[174] Vgl. Jost, P.-J.: Prinzipal-Agenten-Theorie, 2001, S. 17 f.; Wieland, J.: Organisationsökonomik, 2000, S. 39.

[175] Vgl. Jost, P.-J.: Prinzipal-Agenten-Theorie, 2001, S. 21 f.

Dies führt zur Klassifikation verschiedener Vertragsbeziehungen mit asymmetrischer Information wie ‚moralisches Risiko', ‚Informationsrisiko' und ‚Adverse Selektion'. Die Prinzipal-Agenten-Theorie hat dafür mögliche Lösungen im Unternehmenskontext in Form von Vertragsgestaltungen, Ergebnisbeteiligungen, Sichtbarmachung von Reputation, Gestaltung der Langfristigkeit von Verträgen und vertikaler Integration von Aktivitäten vorgeschlagen. Sie untersucht ferner die Wirkungen von Strafkosten, Leistungs- oder Teamentlohnung und Kennzahlensystemen sowie statische und dynamische Modelle der Ergebnis- und Verhaltenskontrolle.[176]

In einer ausreichend oft wiederholten Auftragsbeziehung lässt sich Unsicherheit der Zufallseinflüsse diversifizieren, der Agent hat die Chance, eine Reputation der Loyalität aufzubauen. Er erhält die Möglichkeit, sich selbst gegen Einkommensunsicherheiten zu versichern, und der Prinzipal kann die Vergütung an Informationen aus mehreren Perioden ausrichten. Die Ergebnisse zeigen, dass die Ergebnis- und Verhaltenskontrolle der Agenten wiederum zu Kosten führt, die von den Kooperationserträgen abgezogen werden müssen. Diese Kosten sind in überschaubaren ‚Netzwerken' vernachlässigbar, steigen jedoch mit der Spezialisierung und Größe der Organisation.

Ebenso wie bei der Spieltheorie sind die analytisch zum Teil aufwendig abgeleiteten Ergebnisse der Prinzipal-Agenten-Theorie sehr von der Modellierung der Akteure abhängig. Verzichtet man auf eine ausdrückliche Charakterisierung der Situation, setzt dies eine extrem restriktive Stilisierung der Akteure voraus – rational und (bedingt) opportunistisch. Diese Eigenschaften sind Standardeigenschaften des ‚homo oeconomicus'. Speziell erwähnenswert ist dabei das unrealistische, wechselseitige Desinteresse der Akteure.

„Dieses Desinteresse schließt nicht nur die Beurteilung von Resultaten unter anderen Kriterien als denen der eigenen Erträge aus (also Neid, Fairness etc.), sondern es schließt die Wahrnehmung des Gegenübers als moralisches Wesen aus – man ärgert sich nicht über Opportunismus, sondern rechnet ganz selbstverständlich mit ihm und versucht lediglich, die notwendigen Vorkehrungen zu treffen (was man

---

176 Vgl. Jost, P.-J.: Prinzipal-Agenten-Theorie, 2001, S. 32 f.

dem Gegenüber zutraut, traut man natürlich auch sich selbst zu – auch die eigene Person wird nicht als moralisches Wesen wahrgenommen)."[177]

Bevor auf wesentliche Aussagen der Prinzipal-Agenten-Theorie im Rahmen der Diskussion selektiver Anreize eingegangen wird, sollen daher die grundsätzlichen Kategorien von Rahmenbedingungen derartiger Entscheidungsprozesse in einen umfassenderen Bezugsrahmen eingeordnet werden.

3.4. Zusammenfassung

Im vorliegenden Kapitel wird das Grundmodell der Situation eingeführt und auf die Problemstellung angewendet. Es wird verdeutlicht, dass das Entscheidungsverhalten für oder wider eine Kooperation nicht allein von reinen sachlogischen Aufwands- und Ertragsschätzungen bestimmt ist (exogene Unsicherheit), sondern auch vom realisierten oder antizipierten Verhalten der Sparten zueinander (strategische Unsicherheit). Der häufigste in der bisherigen Literatur zur Einkaufskooperation angenommene Fall ist die Win/Win-Situation, das heißt, beide Kooperationspartner profitieren (z. B. durch die gemeinsam geteilte Nutzung von Vorteilen aus Größendegression) von der Einkaufskooperation.

Mit Hilfe der Darstellung von Auszahlungen, die aus der Spieltheorie bekannt sind, werden Win/Win-Situationen, Dilemmata und Konflikte geschildert.

Es wird verdeutlicht, dass sich positive oder negative Auszahlungen als Ergebnis von Kooperationen auf drei Tatbestände beziehen können:

- Gewinne oder Verluste von erzielten Einsparungen,
- Gewinne oder Verluste an Prozesseffizienz und
- Gewinne und Verluste von (für die teilnehmende Sparte) wichtigen Ressourcen.

Dilemmasituationen stellen sich ein, wenn sich einzelne Sparten durch die Einkaufskooperation relativ schlechterstellen als ohne Kooperation bzw. ohne Ausgleichsmechanismen für die Kompensation derartiger relativer Verluste. Dies kann auch dann der Fall sein, wenn das Gesamtunternehmen in Summe von einer Einkaufskooperation profitiert.

---

[177] Zintl, R.: Kooperation, 1992, S. 106.

Konfliktsituationen sind dann gegeben, wenn durch die Einkaufskooperation Nutzen in Form von positiven ‚Auszahlungen' ausschließlich verteilt wird, das heißt, wenn es für die beteiligten Akteure nur noch ‚Gewinn' oder ‚Verlust' gibt. Interessen- und Ressourcenkonflikte werden als die zwei zentralen Klassen von Konflikten identifiziert. Einkaufskooperationen können sowohl Interessen- als auch Ressourcenkonflikte hervorrufen. Interessenkonflikte sind allgemein strukturell heftiger als Ressourcenkonflikte. Entscheidend für die Vermeidung von Interessenkonflikten ist die Wahl der ‚richtigen' Governancestruktur einer Kooperation. Zwei Aspekte sind hier von besonderer Bedeutung: Kostenträgerschaft sowie die Messung und Verteilung des Kooperationserfolges.

Grundsätzlich ist Zusammenarbeit im Einkauf zwischen den Sparten auf der Basis von freiwilliger Kooperation, durch Verträge und durch hierarchische Weisung möglich. Für alle drei Formen wurden die Probleme und Grenzen aufgezeigt.

Insbesondere freiwillige Kooperation ist sehr konfliktanfällig, wenn Dilemmasituationen auftreten, und nicht möglich, wenn sich Sparten in Konfliktsituationen befinden. Empirische Forschungen zur lateralen Koordination zeigen eine sehr hohe Konfliktanfälligkeit dieser Kooperationsform. Fehlende Statusdifferenzierung begünstigt ‚Rangkämpfe' zwischen den Beteiligten – insbesondere dann, wenn die ‚bilateralen Austauschbeziehungen' zwischen Sparten nicht symmetrisch gestaltet werden können und bereits in mittelgroßen Organisationen Zeit und Möglichkeiten für vertrauensbildende persönliche Kontakte fehlen. Das Aushandeln von Verträgen zwischen Sparten stößt an Grenzen. Ein Problem von Vertragslösungen ist die Quantifizierbarkeit von Informationen und gegebenenfalls auch Ressourcen. Ausgleichszahlungen eignen sich nicht, wenn der Tausch von Ressourcen aus normativen oder technischen Gründen unmöglich ist. Unterschiedliche Verhandlungsregeln erzeugen unterschiedliche Ergebnisse: Während bei freiwilliger Verhandlungslösung die geschädigte Einheit die schädigende Sparte für den Verzicht des Vorhabens bezahlt, muss bei Vetorechten der Initiator eines Vorhabens die geschädigte Sparte für die entstandenen Nachteile ausgleichen. Bei Verhandlungsfreiheit für die Sparten ohne Einmischung des Konzerns besteht Gefahr, dass eine Sparte einseitig ein Projekt zum Schaden des Konzerns durchsetzt.

Der wahrscheinlichere Fall einer hierarchischen Weisung zur Kooperation durch die Unternehmensleitung des Gesamtunternehmens adressiert zunächst einmal die gleichen Probleme und Lösungsansätze, die aus der Prinzipal-Agenten-Theorie bekannt sind.

4. Von der nicht-kooperativen Spielsituation zur Kooperation im Einkauf

4.1. Einleitung

Ziel des vorliegenden Kapitels ist es, Entscheidungsbedarfe des Kooperationsmanagements und, sofern verfügbar, mögliche Lösungsansätze für die in Kapitel 3 dargestellten Konfliktpotentiale in Einkaufskooperationen zu beschreiben. Die Auswahl der Themengebiete folgt der des entwickelten Bezugsrahmens, an dem sich die Akteure orientieren. Die Vorgehensweise in den untergeordneten Kapiteln dieses Kapitels orientiert sich dabei an folgendem Grundmuster:

- Welche sind die Entscheidungsbedarfe für das Kooperationsmanagement?
- Welche Konzepte stellen betriebswirtschaftliche, soziologische und psychologische Theorien zur Verfügung?
- Welche Gestaltungsoptionen hat das Kooperationsmanagement?

4.2. Kognitive Fassbarkeit des Kooperationseffektes

Die Möglichkeit, den absoluten Kooperationseffekt kognitiv zu erfassen, ist eine zentrale Determinante der Neigung zur Kooperation.[178] Die Entscheidungstheorie unterstellt eine Reihe von Sachverhalten, die in der Realität nur schwerlich anzutreffen sind. Die ‚prominentesten' Annahmen sind, dass es eine diskrete Zahl von einander ausschließenden Alternativen des Handelns gibt und dass die Akteure klar formulierte Präferenzen sowie einen umfassenden Überblick über die Alternativen des Handelns haben.[179] Darüber hinaus stellt die Relation zwischen Akteuren und Ressourcen keine ‚objektive' Realität dar, sondern ist für sich erklärungsbedürftig. Sie ist eine Frage der institutionellen und kulturellen Besonderheiten der jeweiligen Gesellschaft oder Organisation, in der sich die Akteure befinden.[180]

---

178 Vgl. Louis, D.: Theorie, 1979, S. 278.

179 Vgl. Laux, H.: Entscheidungstheorie, 2003, S. 59 f.; Simon, H.: Entscheidungsverhalten, 1981, S. 102 ff.

180 Vgl. Esser, H.: Situationslogik, 1999, S. 46.

Mindestens vier Umstände sind es, die das Vermögen der Akteure, ‚rationale', an ihren Zielen orientierte Entscheidungen zu fällen, einschränkt:

- menschliches Unvermögen bzw. menschlicher Unwille, Entscheidungsalternativen und Handlungskonsequenzen einzuschätzen und entsprechend zu handeln,
- die Überforderung von Akteuren durch Komplexität,
- die äußeren und inneren Bedingungen der Situation (materielle Opportunitäten, Normen, kulturelle Werte sowie die innere Disposition der Entscheidungsträger) und
- die Orientierung von Akteuren an bereits verfügbaren Einstellungen gegenüber ‚Objekten' in Entscheidungssituationen.

Es ist unmittelbar einleuchtend, dass Menschen, im Bewusstsein von Fernzielen und den entsprechenden Zwischenzielen, die zu ihrer Erreichung nötig sind, naheliegende Zustände – wie bei anderen Lebewesen – meist mit höheren Gewichten bewerten als weiter entfernte Ziele. Diese – individuell sehr unterschiedliche – mentale ‚Kurzsichtigkeit' beeinflusst das Entscheidungsvermögen: Werden große Belohnungen zeitverzögert angeboten, sinkt ihr Wert für den Akteur überproportional zur Zeit (‚Spatz in der Hand' statt ‚Taube auf dem Dach').[181] Dieses Problem beeinträchtigt Einkaufskooperationen insbesondere bei einer komplizierten und zeitaufwendigen Ermittlung des Kooperationserfolges. Akteure geben sich mit suboptimalen, ihnen aber ausreichend erscheinenden Lösungen zufrieden und bemühen sich nicht um jeden Preis um die Alternative mit der maximalen Nutzenerwartung (Satisficing). Oder sie dimensionieren ihre Anstrengungen so, dass der empfundene Druck aus der Abweichung vom Optimum nicht größer als die Mühe der ‚Tightness' der Kalkulation einer effizienteren Lösung ist (X-Efficiency). Selbst, wenn sich Akteure nach bestem Wissen und Gewissen anstrengen, eine Aufgabe bestmöglich zu lösen, besteht eine Vielzahl von möglichen Beurteilungsfehlern, die den Alternativenraum und die Konsequenzen von Handlungen betreffen.

Diesbezüglich seien wesentliche Effekte aufgelistet.

---

[181] Vgl. Kirchler, E.: Wirtschaftspsychologie, 1999, S. 28.

- Akteure ignorieren bei ihren Urteilen über Stichproben die Stichprobengröße als wesentliches Merkmal der Grundgesamtheit. Zufällige Stichproben werden eher nach subjektiven Einschätzungen zugeordnet als nach objektiven Wahrscheinlichkeiten (Repräsentations-Heuristik).[182]
- Die sprachliche Formulierung eines Entscheidungsproblems beeinflusst die Entscheidung (Framing-Effekte).[183]
- Menschen berücksichtigen frühere Investitionen in eine Sache bei ihrem gegenwärtigen Handeln. Nach den Annahmen der Nutzentheorie sollten das aber Kosten aus der Vergangenheit sein, die sie nicht weiter stören. Dennoch beachten Entscheidungsträger bei Zukunftsentscheidungen bereits entstandene, ‚versunkene' Kosten (Sunk-Cost-Effekte).
- Menschen haben eine starke Abneigung dagegen, etwas aufzugeben, was sie schon unter ihrer Kontrolle haben (Besitztumeffekte).[184]
- Günstige Ereignisse, die mit Sicherheit auftreten, werden riskanten Ereignissen vorgezogen, auch wenn der Erwartungswert der riskanten Ereignisse deutlich höher ist: Der Spatz in der Hand ist besser als die Taube auf dem Dach (Certainty-Effekte).[185]
- Der durch eine nicht gewählte Alternative entgangene Ertrag zählt weniger als die unmittelbaren Kosten, die die gerade gewählte Alternative nach sich zieht (Opportunitätskosten-Effekte).
- Alternativen werden in Bezug auf einen Referenzpunkt als Gewinn oder Verlust beurteilt. Der Referenzpunkt ist im Zweifel der Status quo. Manchmal wird er durch das sprachliche Framing gesetzt (Referenzpunkt-Effekte).
- Aktuelle spektakuläre und persönlich betreffende Ereignisse werden bei den Entscheidungen systematisch überbewertet (Verfügbarkeits-Bias).
- Menschen können nur sehr bedingt logische Schlüsse ziehen, verzerren objektive Wahrscheinlichkeiten und können auch keine bedingten Wahrscheinlichkeiten berechnen (Repräsentativitäts-Bias).

---

[182] Vgl. Kirchler, E.: Wirtschaftspsychologie, 1999, S. 31.
[183] Vgl. Wiswede, G.: Soziologie, 1998, S. 360.
[184] Vgl. Kirchler, E.: Wirtschaftspsychologie, 1999, S. 35.
[185] Vgl. Kirchler, E.: Wirtschaftspsychologie, 1999, S. 26 ff.

- Akteure handeln nach moralischen Standards. Dies ist nicht zwingend ein ‚Fehler' im Entscheidungsprozess, kann aber dazu führen, dass sich die Akteure selbst schlechterstellen, als es bei der für sie rational besten Lösung möglich wäre.[186]
- Akteure sind in Entscheidungssituationen mit mittlerer bis hoher Komplexität überfordert, ‚rationale' Entscheidungen zu treffen. So erzielt in komplexen Simulationsspielen die Hälfte der Versuchsteilnehmer selbst mit ‚diktatorischen' Entscheidungsbefugnissen schlechte Ergebnisse. Einzelne Maßnahmen werden selektiv überbetont, mittel- bis langfristige Folgen des Handelns werden ignoriert, und Arbeitshypothesen werden nicht an der Realität gemessen.[187]
- Akteure entscheiden habituell, das heißt, sie greifen bei der Auswahl ihrer Handlungen auf unreflektierte, habituelle Prozesse zurück. Fishbein und Aijzen formulieren dies so:

„Although a person may hold a large number of beliefs about any given object, it appears that he can attend to only a relatively small number of beliefs – perhaps five to nine – at any given moment. According to our theory, these salient beliefs are the immediate determinants of the person's attitude."[188]

Als gesichert wird angesehen, dass ein Großteil sozialer Verhaltensentscheidungen nicht das Ergebnis reflektierender systematischer Überlegungen, sondern auf unreflektierte habituelle Prozesse zurückzuführen ist, bei denen spontane Wahrnehmungen von Eigenschaften einer Entscheidungssituation von entscheidender Bedeutung sind.[189]

Es ist in der Soziologie, der Psychologie und in der Neurobiologie umstritten, ob Einstellungen, Emotionen, individuelle Dispositionen von Akteuren (Werte, Wissen, Einstellungen etc.) im Rahmen des Modells der rationalen Entscheidung eine

---

186 Vgl. Wiswede, G.: Soziologie, 1998, S. 361.
187 Vgl. Dörner, D.: Logik, 2006, S. 22 ff.
188 Ajzen, I.; Fishbein, M.: Predicting Social Behaviour, 1980, S. 63.
189 Vgl. Hertel, G.: Verhaltensentscheidungen, 1995, S. 36.

sehr wichtige Rahmenbedingung darstellen oder ob menschliche Entscheidungsprozesse strukturell vollkommen anders ablaufen.[190]

Das Grundmodell der Situation[191] geht davon aus, dass die Fähigkeit zum rationalen Handeln einem vorgelagerten Auswahlprozess folgt, der in Abhängigkeit vom Wiedererkennungswert der Situation (Routine/Ausnahme) ein bereits vorhandenes Reaktionsmuster oder die Suche nach neuen Lösungswegen auf der Basis von Bewertungen und Erwartungen aktiviert. Insbesondere bei der Auslösung einer Kooperationsinitiative hat dies eine hohe Bedeutung: Fraglich ist, welchen ‚Wiedererkennungswert' die potentiellen Kooperationspartner bei einer solchen Initiative haben. Dabei streben Akteure in Situationen mit hoher Wichtigkeit und hohem Neuigkeitsgrad nach optimalen Lösungen bzw. Verhaltensstrategien. Ihr Handeln folgt immer einer subjektiven Definition der Situation. Dabei bleiben auch die anderen Elemente wirksam: die Ziele der Akteure, die ihnen zur Verfügung stehenden Mittel und die ‚Bedingungen', unter denen die Selektion des Handelns erfolgen muss.[192] Das Framing beginnt mit der Beobachtung der in einer Situation objektiv vorhandenen Objekte bzw. ihrer Eigenschaften: die Einkaufsobjekte und ihre Eigenschaften, Beschaffungsmärkte, Lieferanten, Verträge. Der Prozess der Kognition aktiviert und ‚konstruiert' ein im Gedächtnis des Akteurs gespeichertes Modell wie beispielsweise spontane Zustimmung, Ablehnung oder Zweifel. Dieses Modell bildet die Grundlage der Orientierung.

Mit der Orientierung des Akteurs an einem ‚Frame' ist das Handeln aber noch nicht bestimmt. Es muss erst noch geprüft werden, ob es das im Reaktionsrepertoire gespeicherte Modell des Handelns in der betreffenden Situation gibt. Vereinfacht dargestellt, kommt es erst nach der Prüfung, ob ein ‚Match' (Situation bekannt, eine Handlungsanweisung bzw. ein ‚Skript' existiert) oder ‚Miss-Match' vorliegt. Erst dann kommt es zum überlegten Handeln. Die Theorie des Framing geht davon aus, dass der Akteur diese Überprüfung, die jedem Handeln vorgeschaltet ist, nicht unter Kontrolle hat.

---

[190] Zur Vertiefung dieser Paradigmendiskussion vgl. Münch, R.: Grenzen der Erklärungskraft, 1998, S. 89; Fazio, F.; Towles-Schwen, T.: MODE Model, 1999, S. 114; Roth, G.: Entscheidung und Verhalten, 2007, S. 117; Ajzen, I.: Decision Making, S. 298 f.

[191] Vgl. Esser, H.: Situationslogik, 1999, S. 56.

[192] Esser, H.: Sinn und Kultur, 2001, S. 260 f.

Demnach ist die Theorie des überlegten Handelns eine Variante des allgemeinen Modells menschlicher Entscheidungen. Überlegtes Handeln kommt dann zustande,

- wenn es einen ‚Miss-Match' zwischen aktueller Situation und vorhandenen ‚Attitudes' gibt oder
- wenn eine hohe Motivation für eine überlegte Handlung vorliegt.[193]

Für die Anbahnung von Einkaufskooperationen bedeutet dies, dass die rationale Abwägung der Kooperationsrente, wie in Kapitel 2 dargelegt, nur dann erfolgt, wenn bei den betroffenen Akteuren nicht im Vorfeld eine (routinemäßige) ablehnende Vorentscheidung erfolgt, die eine tiefergehende Analyse von Wahrscheinlichkeiten und Aufwand verbietet.

4.3. Bezugsrahmen eines umfassenden Kooperationsmanagements

Kapitel 2 und Kapitel 3 haben die entscheidungslogischen Aspekte der Vorteilhaftigkeit von Kooperationen diskutiert und die ‚strategischen' Situationen aufgezeigt, in denen sich Sparten in ihrem Verhältnis zueinander wiederfinden. Wenn die Rationalität der Akteure beschränkt ist und dadurch andere als die rein sachlogischen Aspekte Entscheidungsrelevanz gewinnen, dann muss aus theoretischer wie aus praktischer Sicht die Frage gestellt werden: Lassen sich die zahllosen Rahmenbedingungen, denen die situative Entscheidungssituation unterworfen ist, ordnen?

Die situativen Rahmenbedingungen bilden den Rahmen, innerhalb dessen das Kooperationsmanagement, die Spartenleitung und die angesprochenen Einkäufer der Sparten ihre Handlungen auswählen können. Mit der Zusammenführung der Problembereiche lässt sich ein allgemeiner Bezugsrahmen der Kooperationssituation formulieren. Die rationale ‚Kalkulation' von Zielen und Nutzen einer Kooperation auf Spartenebene und die äußeren und inneren Bedingungen der Kooperationssituation stellen die Umstände dar, innerhalb derer sich die Akteure (Kooperationsmanagement, Spartenleitung, Sparteneinkäufer) orientieren.

---

[193] Vgl. Fazio, F.; Towles-Schwen, T.: MODE Model, 1999, S. 114.

Wird eine Kooperation initiiert, muss entweder von den ausführenden Akteuren selbst oder von deren vorgesetzter Einheit ein Kooperationsziel formuliert werden. Ausgehend von dem elementaren System der Situation (s. o.) stellt die Festlegung von Zielen den primären Entscheidungsbedarf des Kooperationsmanagements dar. Dies betrifft Zielinhalt, Zielhöhe und die Sicherstellung der Kompatibilität von Zielen mit bestehenden Spartenzielen. Hierzu müssen die Ziele vergleichbar und messbar sein. Werden die Ziele ‚zu niedrig' angesetzt oder ist das Ziel nicht eindeutig messbar, besteht die Gefahr von Sinnhaftigkeitsdebatten zwischen den Sparten: Die (subjektive) Kalkulation des Nutzens einer Kooperation unterschreitet den wahrgenommenen Nutzen bei Autonomie der Sparten. Empirisch belegt ist, dass unter dem Einfluss spezifischer anspruchsvoller und schwieriger Ziele weitaus höhere Leistungen erzielt werden als bei der Vorgabe unspezifischer Ziele. Werden die Ziele für eine Kooperation jedoch ‚zu hoch' oder aus der Sicht der Akteure unrealistisch angesetzt, besteht die Gefahr einer Demotivation der Akteure.[194]

Sind Zielinhalte der Kooperation, wie im vorliegenden Beispiel die Reduktion von Materialkosten, nicht ‚passend' zu den jeweiligen Zielen der Sparte, sind ebenfalls Ablehnung und geringe Motivation zu erwarten.

Wesentlich ist dabei die Schätzung des Kooperationsertrages. Fällt dieser ‚objektiv' zu gering aus oder wird er subjektiv unterschätzt, sind erhebliche Konfliktpotentiale gegeben, wenn die Kooperation von der Unternehmensleitung per Dekret angewiesen wird. Schließlich müssen ‚selektive' Anreize sicherstellen, dass die einzelnen Akteure hinreichend motiviert sind. Dies ist eine einleuchtende Forderung, die, wie im Folgenden zu zeigen sein wird, nicht leicht umzusetzen ist.

Die Bewältigung des Kooperationsaufwandes und der ‚objektiv' erzielbare Kooperationsertrag in Form von Einsparungen werden ganz wesentlich von den objektiven Gegebenheiten einer Einkaufskooperation bestimmt: Objekthomogenität, Lieferantenstruktur, Beschaffungsmärkte und Versorgungsrisiko bilden die Bestandteile der Situation, die die Akteure als Mittel (zum Teil) unter Kontrolle haben bzw. die das ‚Set' an wählbaren Alternativen bestimmen: Volumenbünde-

194 Vgl. Schmidt, K.-H.; Kleinbeck, U.: Zielvereinbarung, 2006, S. 14 f.

lung, Bildung von Verhandlungskartellen oder die Integration von Einkaufsprozessen. Neben diesen ‚externen' Opportunitäten spielen die Fähigkeiten der Akteure selbst eine bedeutende Rolle. Dazu gehören das Fachwissen der Sparten, ihre technologische Ausstattung mit Informations- und Kommunikationstechnologien, materielle Ressourcen (Budgets, Infrastruktur), die verfügbaren Informationen und vor allem die Personalkapazität. Viele Voraussetzungen für Kooperation und Konflikt lassen sich schon allein durch Art und Umfang der Eigenschaften dieser Ressourcen erklären.

Zu den äußeren Bedingungen der Einkäufer gehören weiterhin die institutionellen Regeln, denen die Akteure Rechnung tragen müssen. Normen der Kooperation legen die zugelassenen und die nicht zugelassenen Subziele, Ressourcen und Handlungen fest.

Kooperationsregeln umfassen alle möglichen Normen der Zusammenarbeit: Gewohnheiten, Förmlichkeiten, Sitten, informelle Regeln. Sind keine Normen für eine effiziente Zusammenarbeit vorhanden oder sind sie ineffizient in Bezug auf die Motivation oder Koordination der Akteure, können Verzögerungen und Durchsetzungsprobleme zu Konflikten zwischen den Sparten führen.

Entscheidungen hinsichtlich der Aufbau- und der Ablauforganisation dienen der Gestaltung der Interdependenzen zwischen den beteiligten Sparten. Diese müssen sich als effizient und zu den jeweiligen Voraussetzungen der Sparten kompatibel erweisen. Um Wirksamkeit zu erlangen, müssen die festgelegten Normen mit Sanktionen ‚bewehrt' sein. Derartige Sanktionen dürfen einerseits nicht zu schwach sein, andererseits aber auch nicht ‚überschießen', weil dies zu Demotivationsproblemen der Akteure führen kann.

Die kulturellen Rahmenbedingungen bilden den dritten Bestandteil der äußeren Bedingungen von Situationen in Kooperationen. Werte der Sparten, aber auch des Gesamtunternehmens, sind die jeweils in der Situation vorhandenen kulturell definierten und von den Akteuren mit Sinn belegten und als sinnhaft erkannten Symbole. Sind die Werte der Kooperation inkompatibel zu existierenden Werten der Sparten, sind Loyalitätskonflikte programmiert. Macht und Vertrauen müssen in ‚richtigem' Umfang dosiert sein, so dass kritische Transaktionen einer Einkaufskooperation abgewickelt werden können.

Nicht vorhandenes Vertrauen zwischen den Sparten oder den Sparten und dem Kooperationsmanagement führt damit zwangsläufig zur Ablehnung oder Beeinträchtigung der Kooperation. Schließlich stellen die inneren ‚Bedingungen' der Akteure den unter Umständen entscheidenden Satz an Bedingungen dar, die über Kooperation und Konflikt entscheiden. Unvermögende Informationsverarbeitung ist dabei ein allgemeines Phänomen, was alle Menschen betrifft. Hier sind erhebliche Unterschiede durch Qualifikation möglich, was die Frage aufwirft, wie man Akteure in einer Kooperation von spezifischen Störungen der Informationsverarbeitung ‚schützen' kann.

Von besonderer Bedeutung für das Handeln ist die Identität der Einkäufer in Bezug auf ihre Sparten- bzw. Gesamtunternehmenszugehörigkeit. Neben persönlichkeitsspezifischen Präferenzen haben intraindividuell variierende emotionale Zustände Effekte auf Entscheidungen für oder wider Kooperation. Dabei stellt sich für das Kooperationsmanagement die Frage, ob die Aktivierung spezifischer kognitiver Kategorien oder die Induktion von Stimmungen in Kooperationsteams zum Zweck der Verfolgung des Kooperationsziels möglich ist.

4.4. Rahmenbedingungen von Einkaufskooperationen

4.4.1. Zielrelationen der Sparten zueinander

Der Entscheidungsbedarf für die Ausgestaltung einer Einkaufskooperation beginnt mit der Festlegung der angestrebten Ziele, der ‚objektiv' vorhandenen Charakteristik der Beschaffungsumfänge und der dem Einkauf zur Verfügung stehenden Ressourcen. Ein Sachziel kann als eine Ressource interpretiert werden, an der Akteure Interesse haben, die sie aber nicht oder noch nicht kontrollieren können. Mittel zur Erreichung dieser Ziele sind ebenfalls Ressourcen, die die Akteure kontrollieren und einsetzen können. Die Reduktion von Materialkosten als Ziel ist gleichzeitig ein Mittel zur Maximierung des Shareholder-Value des Unternehmens. Anreize in Form von variabler Vergütung sind Ziele zur Erlangung von persönlicher Wertschätzung oder individuellem Wohlergehen. Ziele sind zugleich auch die Maßstäbe, an denen der Erfolg des Handelns gemessen werden kann. Die betriebswirtschaftliche Entscheidungslogik unterscheidet dabei Sachziele, die angeben, welche inhaltlichen Ziele in Kooperationen erreicht werden sollen (z. B.

Erschließung von Beschaffungsmärkten, Entwicklung von Lieferanten oder – wie hier angenommen – Senkung der Beschaffungskosten), und Formalziele, die festlegen, unter welchen (finanziellen) Rahmenbedingungen die Sachziele zu erreichen sind. Sie dienen dazu, die Kooperation strategisch zu entwickeln und operativ zu steuern. Mithilfe von Zielvorgaben erfolgt eine Koordination der Zusammenarbeit.[195]

Einkaufskooperationen können vielschichtige Ziele haben. Die Diskussion der Voraussetzungen für Konflikt und Kooperation zwingt zu einer Schwerpunktbildung. Den folgenden Ausführungen liegt nur ein inhaltliches Ziel zugrunde: das der Senkung von Beschaffungskosten laufender Einkaufsumfänge. Steht dieses inhaltliche Ziel fest, so sind es zwei Probleme, die im Rahmen der Etablierung von Kooperationszielen gelöst werden müssen:

- die Sicherstellung der Zielkompatibilität zu bestehenden (Einkaufs-)Zielen der Sparten und
- die Definition der Zielhöhe.

Grundsätzlich können drei Typen von Zielrelationen unterschieden werden:

- Zielkomplementarität,
- Zielkonkurrenz (Zielantinomie),
- Zielneutralität (Zielindifferenz).[196]

Wenn zwei Zielkriterien positiv miteinander verknüpft sind, dann vereinfacht das den Umgang mit dem Ziel. Es handelt sich im Falle von Einkaufskooperationen um den in der Literatur am häufigsten angenommenen Fall.[197] Zielkomplementarität liegt dann vor, wenn die Erreichung von Ziel 1(Z 1) auch die Erreichung von Ziel 2 (Z 2) fördert. Die Komplementarität von Zielen kann linear, progressiv oder degressiv sein.

---

[195] Vgl. Winkler, H.: Zielplanung, 2006, S. 241.
[196] Vgl. Grunwald, W.: Konflikt – Konkurrenz – Kooperation, 1981, S. 78 f.
[197] Vgl. Arnold, U; Eßig, M.: Kooperationen, 2005, S. 713.

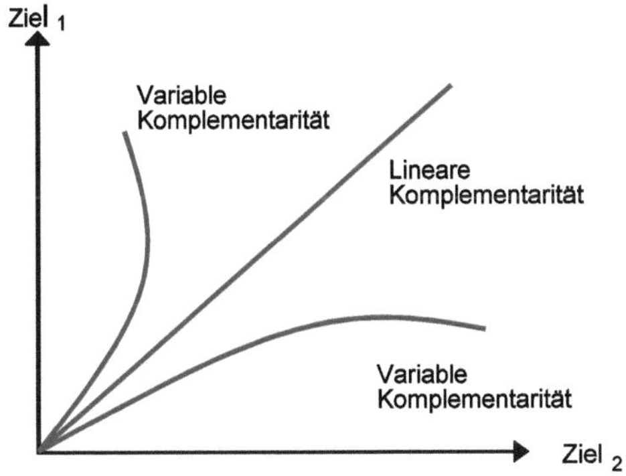

Abb. 22: Zielkomplementarität

Beispiele hierfür sind:

- ‚Economies of Information and Learning': Durch die Teilung von Informationen über Lieferanten und Technologien profitieren alle Einkaufsbereiche des Konzerns.[198]
- ‚Economies of Process': Durch die Nutzung gleicher Prozessstandards werden Prozesskosten aller Sparten gesenkt.
- ‚Economies of scale': Durch die Bündelung von Einkaufsumfängen wächst die Einkaufsmacht aller Sparten.[199]

Zielkonkurrenz liegt vor, wenn die Erreichung von Z 1 mit einer Abnahme von Z 2 einhergeht. Die Zielkonkurrenz kann einseitig oder wechselseitig, vollständig oder unvollständig sein. So führt z. B. bei einseitiger Zielkonkurrenz eine erhöhte Realisierung von Z 1 zu einer Verringerung der Zielerfüllung von Z 2, aber nicht umgekehrt. Bei unvollständiger Zielkonkurrenz ist außerhalb des Bereichs Zielneutralität oder -komplementarität möglich.

Zielkonflikte müssen nicht per se schädlich sein. Sie sind vielmehr hinsichtlich ihrer Bedingungen, Merkmale und Folgen funktional oder dysfunktional, jeweils in Abhängigkeit davon, welche Beurteilungsmaßstäbe angelegt werden: Stabilität vs. Wandel oder Harmonie vs. Konflikt.

---

198 Vgl. Eßig, M.: Cooperative Sourcing, 1999, S. 87.

199 Vgl. Faes, W.; Matthyssens, P.: Global Purchasing Synergy, 2000, S. 541; Eßig, M.: Cooperative Sourcing, 1999, S. 87; Arnold, U; Eßig, M.: Kooperationen, 2005, S. 711.

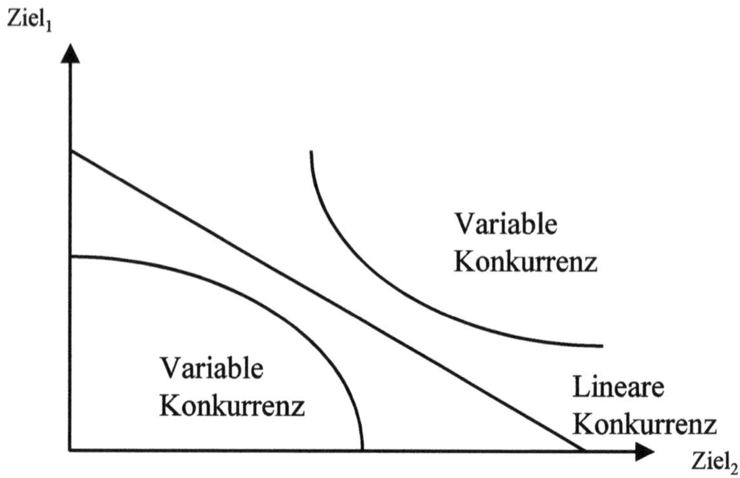

Abb. 23: Zielkonkurrenz

Zielkonflikte sind in Einkaufskooperationen auf drei Arten möglich.

- Konkurrenz um die Kontrolle von wertvollen Zwischenzielen (Kontrollkonflikte)
- Konkurrenz zwischen inhaltlichen Zielen des Sparteneinkaufs und des Kooperationszieles (Interessenkonflikte)
- Konkurrenz zwischen Sparten um identische Ziele (z. B. höchste Einsparungen im Konzern)

Drei Beispiele verdeutlichen dies.

- Sparte a konzentriert in einer Rechnungsperiode die Kapazität der Einkaufsabteilung auf die Einführung eines Systems zur Lieferantenbewertung. Die Personalkapazitäten sind durch dieses Projekt teilweise gebunden. Die Analyse von Einsparungspotentialen und die Bündelung von Beschaffungsumfängen gefährden vollständig oder teilweise den Einführungstermin der elektronischen Beschaffung aufgrund mehrfach belegter Personalkapazitäten.
  Die Ziele ‚Lieferqualität', ‚Beschaffungsrisiko' und ‚Bündelung von Einkaufsumfängen' stehen zueinander in Konkurrenz.

– Die Vergabe eines Beschaffungsumfangs der Sparte a an Lieferant 1 überlastet den Lieferanten. Dadurch kommt es zu Qualitätsproblemen. Sparte b, die ebenfalls von diesem Lieferanten beliefert wird, verfehlt dadurch ihre Qualitätsziele.

Wunderer resümiert dazu:

„In unseren Befragungen wurden in der Natur der Sachaufgaben begründete gegensätzliche Sachinteressen mit anderen Führungsbereichen – also Zielkonflikte und Interessengegensätze zwischen Organisationseinheiten – als belastende Störgrößen lateraler Kooperation bezeichnet – dies besonders von oberen Führungsebenen. Ebenso zählen dazu: Die Zusammenarbeit zwischen Projekt- und Fachabteilungen, zwischen Linien- und Stabsabteilungen sowie zwischen verschiedenen Organisationseinheiten. Konflikte zeigen sich auch bei der Setzung von Prioritäten, der Wahl einzelner Ziele sowie der Wahrnehmung einzelner Rollen und Interessen.“[200]

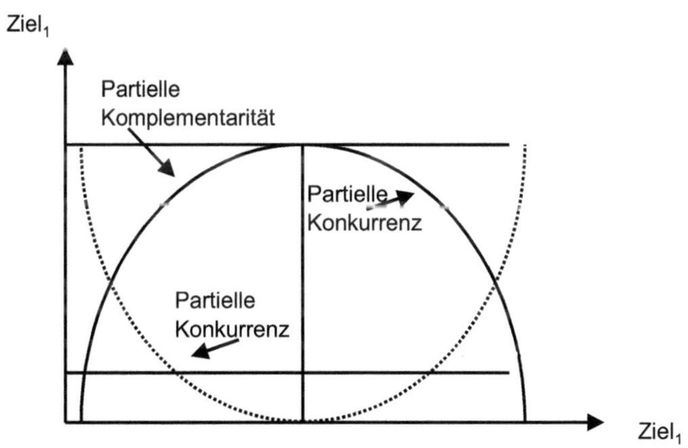

Abb. 24: Antagonistische Kooperation[201]

Zielneutralität besteht, wenn zwischen Z 1 und Z 2 keine Beziehung besteht. In der Realität hat man es jedoch mit Mischformen aus allen drei Zieltypen zu tun, insbesondere mit Kombinationen aus Zielkonkurrenz und Zielkomplementarität.

---

[200] Wunderer, R.: Führung, 2006, S. 484 ff.

[201] Vgl. Grunwald, W.: Konflikt – Konkurrenz – Kooperation, 1981, S. 80 f.

Drei Beispiele sollen den Fall der Komplementarität im Anfangsstadium einer Zusammenarbeit mit zunehmendem Übergang zur Zielkonkurrenz verdeutlichen:

- Sparte a und b stellen Kunststoffspritzgussprodukte her und kaufen Chemiegrundstoffe bei identischen Lieferanten ein. Sparte a realisiert ein wesentlich höheres Bezugsvolumen und deutlich günstigere Preise. Sparte b bündelt mit Sparte a Einkaufsvolumina bei Kunststoffen, indem Sparte b ihre Materialien durch Materialumstellung an die von Sparte a verwendeten Polymeren anpasst (z. B. von Materialtyp 1 auf Materialtyp 2). Dadurch können beide Sparten zusammen größere Mengen einkaufen. Der Preis für die bezogenen Materialien sinkt zunächst für beide Sparten. Eine weitere Umstellung von Materialien bringt aber für Sparte b zunehmende Schwierigkeiten: Die technischen Erfordernisse der Endprodukte erfordern bei weiterer Umstellung von Materialien Qualitätsrisiken, die höhere Garantie- und Kulanzkosten für Sparte b mit sich bringen.

- Sparte b nutzt das bessere Fachwissen der Einkäufer von Sparte a für Angebotsauswertung, Lieferantenselektion und Auftragsvergabe bei elektronischen Steuergeräten. Mit zunehmender Delegation von Einkaufsaufgaben an Sparte a verliert Sparte b die Kontrolle über die eigenen Beschaffungsaktivitäten. Sparte b bewertet den Nutzen einer eigenständigen Vergabepolitik ab einem gewissen Punkt höher als mögliche Kosteneinsparungen durch weitere Kooperation.

- Durch Teilung von Informationen über Beschaffungsmärkte erschließen die beteiligten Sparten a und b neue Lieferanten, an die sie Verträge vergeben können, die im Vergleich zu den Preisen der bisherigen Serienbelieferung deutliche Kosteneinsparungen realisieren. Mit zunehmender Vergabe von Aufträgen und dem Erreichen der Kapazitätsgrenze der jeweiligen Lieferanten entstehen Lieferschwierigkeiten und Qualitätsprobleme.

Zunächst ist es erforderlich, die Zielantinomien auf die Wirkungsart und -richtung ihrer Abhängigkeiten zu untersuchen. Gibt es keine oder keine hinreichende Unterscheidung von zentralen und peripheren Problemen, so kann man die Ziele entsprechend den Kriterien ‚Wichtigkeit' und ‚Dringlichkeit' einordnen.[202] Widersprechen zwei Probleme einander, gibt es nur wenige Gestaltungsoptionen. Dörner[203] nennt drei Optionen für den Umgang mit Zielantinomien:

- Gestaltungsoption 1: Die Akteure können die widersprechenden Teilprobleme balancieren, das heißt, man verlängert z. B. den Abschlusszeitpunkt des einzuführenden E-Procurement-Systems zugunsten der Durchführung einer Beschaffungskooperation.
- Gestaltungsoption 2: Die Akteure können auf die Lösung eines Problems bzw. die Verfolgung eines Zieles ganz verzichten. Dies wäre dann der Fall, wenn man im oben geschilderten Beispiel der Zielantinomie zwischen Lieferantenentwicklung und Beschaffungskostensenkung auf die Entwicklung bestehender Lieferanten ganz verzichtet und im Rahmen von Volumenbündelungen neue Lieferanten mit höherem Qualitäts- und Managementniveau erschließt.
- Gestaltungsoption 3: Die Akteure können versuchen, das Gesamtsystem so umzugestalten, dass die negativen Abhängigkeiten ganz verschwinden.[204] Dies wäre dann der Fall, wenn man die divergenten Interessenlagen und Kontrollbedürfnisse der beteiligten Sparteneinkaufsabteilungen für bestimmte Einkaufsumfänge von der Kooperation ausklammert oder vollständig in eine zentrale Einkaufsabteilung auslagert.

Unterstellt man die Wahl eines Extremierungszieles, so wächst der Nutzen mit zunehmendem Ergebnis streng monoton.[205] Damit verknüpft ist die Fragestellung nach der adäquaten Zielhöhe. Diese Problemstellung soll durch das folgende Beispiel verdeutlicht werden:

Sparte a hat in der abgelaufenen Rechnungsperiode eine Materialkosteneinsparung von 2,5% erzielt, Sparte b 0,5%, (jeweils methodisch normiert um entsprechende Mengen, Wechselkurs- und sonstige Effekte). Die Objekthomogenität ist in 2/3 der Beschaffungsumfänge ‚hoch' bis ‚sehr hoch'. Das Entscheidungspro-

---

202 Vgl. Dörner, D.: Logik, 2006, S. 83.
203 Vgl. Dörner, D.: Logik, 2006, S. 83
204 Vgl. Dörner, D.: Logik, 2006, S. 85.
205 Vgl. Klein, R.; Scholl, A.: Planung und Entscheidung, 2004, S. 92 ff.

blem des Kooperationsmanagements ist nun: Welches Einsparungsziel soll den Einkäufern im Rahmen der Kooperation vorgegeben werden?

Wenn eine Kooperation zwischen zwei vormals unabhängig agierenden Sparten initiiert wird, ist kein Rückgriff auf in der Vergangenheit erzielte Einsparungen möglich, das heißt, die Objektivität von Wahrscheinlichkeiten ist in der vorliegenden Problemstellung nicht erreichbar. Gleichzeitig aber herrscht eine Notwendigkeit zur Quantifizierung von Wahrscheinlichkeiten, weil sonst das obengenannte Mindestkriterium $(E_a - A_a) + (E_b - A_b) < (E_a - A_a) + (E_b - A_b) + ((W_1 * E_K - W_2 * A_K))$ für die Durchführung einer Kooperation nicht zu bestimmen ist.[206]

In einer Situation ohne objektive Entscheidungskriterien haben psychologische oder soziale Faktoren großen Einfluss auf das Resultat. Im Zweifel bestimmt der wahrgenommene oder reale Informationsvorteil von Akteuren oder die Macht, die einer der an der Diskussion beteiligten Akteure hat, das Entscheidungsergebnis.[207]

Denkbare Zugänge zur Lösung des Problems sind:

- Gestaltungsoption 1: Ableitung von Zielen aus Vergangenheitswerten, z. B. die durchschnittlich erzielten Einsparungsniveaus der letzten Abrechnungsperiode(n).
- Gestaltungsoption 2: Ableitung von Zielen aus Zukunftserwartungen (Bottom-up- oder Top-down-ermittelte Prognosen der zu erwartenden Einsparungseffekte).
- Gestaltungsoption 3: Orientierung an empirisch erhobenen Benchmarks (branchen- oder wettbewerberbezogene Einsparziele).
- Gestaltungsoption 4: Festlegung der Zielhöhe auf der Basis ihrer angenommenen Motivationswirkung auf die betroffenen Akteure.

Gestaltungsoption 1 verdeutlicht, dass eine aufwendige Herangehensweise die ‚realistische' Abschätzung von Kooperationserträgen ist. Diese sind jedoch im Allgemeinen den handelnden Personen schwer zu ‚entlocken'. Es fehlen die Kenntnisse zur Objekthomogenität oder zum Versorgungsrisiko der fraglichen Beschaffungsumfänge. Stochastische Wahrscheinlichkeiten für den ‚Nutzen' ko-

---

[206] Betrachtet werden hier aus Vereinfachungsgründen nur Wahrscheinlichkeiten bei Kooperation.
[207] Vgl. Kelley, H.; Holmes, J.; Kerr, N. et al.: atlas, 2003, S. 356 ff.

operativer Beschaffungsaktivitäten sind in den seltensten Fällen zu erwarten. Daher ist das Kooperationsmanagement nicht selten auf intuitive Wahrscheinlichkeiten angewiesen, die – bei Ablehnung der Kooperation aus anderen als den rein sachlogischen Gründen – ein Problem darstellen können: Die Akteure schätzen die Wahrscheinlichkeit der erzielbaren Verbundeffekte aus Objekthomogenität bewusst niedrig, da sie negative Effekte der Kooperation in Bezug auf ihre Arbeitsbelastung oder in Bezug auf Zielkonflikte mit Spartenzielen sehen.

Gestaltungsoption 2 besteht in der Bestimmung von Kooperationszielen durch Orientierung an unternehmensexternen Benchmarking-Informationen.

Benchmarking ist der systematische Prozess der Identifikation von Bestlösungen im Rahmen des Vergleichs der eigenen Leistungen mit den entsprechenden Bestleistungen und des Lernens der ‚besten' Unternehmen. Ziel ist die konsequente Orientierung an sogenannten Bestlösungen.[208] Benchmarking-Aktivitäten können sich dabei auf Beschaffungsumfänge, Vorprodukte und Endprodukte richten oder aber auf Prozesse, Organisationen oder grundsätzliche Strategien von Unternehmen.[209]

Die Literatur zum Thema ‚Benchmarking' thematisiert das Thema ‚Beschaffungskosten' und ‚Beschaffungskostenreduktion' bisher kaum.[210]

Die Anwendung dieser Vorgehensweise setzt drei Sachverhalte voraus:

- die Identifizierbarkeit von ‚besten' Lösungen,
- die Vergleichbarkeit externer Beschaffungsziele,
- die grundsätzliche Beschaffbarkeit dieser Informationen.

Dabei erscheint insbesondere problematisch, die jeweils ‚beste Lösung' zu identifizieren. Aufgrund der Multidimensionalität des Ansatzes und des Fehlens eindeutiger, gesamtheitlicher Maßstäbe dürfte dies in der Praxis mit erheblichen Problemen verbunden sein. Im Falle der Materialkosten ist die Höhe der Beschaffungskosten als eindimensionale Größe bei einzelnen Beschaffungsumfängen durch die

208 Vgl. Mertens, K.; Kohl, H.: Benchmarking, 2009, S. 19 ff.; Siebert, G.; Kempf, S.: Benchmarking, 2002, S. 15.

209 Vgl. Mertens, K.; Kohl, H.: Benchmarking-Techniken, 2009, S. 65 ff.; Siebert, G.; Kempf, S.: Benchmarking, 2002, S. 34 ff.

210 Vgl. Schmidt, F.: Benchmarking, 2000, S. 15 ff.; Straub, R.: Benchmarking, 1997, S. 81 ff.

Kostenanalyse von Konkurrenzprodukten machbar. Auf aggregierter Ebene müssen Beschaffungskostensenkungen ermittelbar sein und vergleichbar gemacht werden. Umsetzbar ist dies am ehesten auf der Ebene einzelner Warengruppen. Die operative Umsetzung dürfte als problematisch einzuschätzen sein, da sich diese – im Allgemeinen – geheim gehaltenen Informationen nicht anhand von Äußerlichkeiten wie Fabrikeinrichtungen, Kundenzufriedenheit oder sichtbaren Prozessschritten messen lassen. In Anlehnung an die von allen Autoren vorgeschlagene Vorgehensweise ist für ein Benchmarking von Beschaffungskostensenkungen bis zur Phase der Zieldefinition ein Prozess der Planung, Analyse und Integration zu entwickeln.[211]

Phase I: Planung und interne Analyse

Schritt 1: Zielsetzungsphase

Schritt 2: Warengruppen auswählen
(Beschaffungsumfänge, Einkaufsvolumen, Zahl der Lieferanten)

Schritt 3: Partner suchen
(Lieferanten, branchenfremde Unternehmen mit ähnlichen Beschaffungsumfängen in derselben Warengruppe, wenn möglich, branchengleiche Unternehmen)

Schritt 4: Informationsbeschaffung
(direkte Ansprache von Unternehmen, durch Intermediäre, wie z. B. Wirtschaftsverbände oder Beratungsunternehmen)

Phase II: Vergleichsphase

Schritt 1: Kostendefinitionen vergleichen
Kostendynamik vergleichen

Schritt 2: Prognose der Kostenentwicklung

Phase III: Maßnahmen und Umsetzung

---

[211] Vgl. Siebert, G.; Kempf, S.: Benchmarking, 2002, S. 70 ff.

Benchmarking, ein dem Lean Management und dem Total Quality Management nahestehendes Konzept, ist ein wesentlich umfassenderer Ansatz als die hier vorgestellte Vorgehensweise zur Setzung von Zielen einer Einkaufskooperation. Die zu erhebenden Daten sind im Allgemeinen unternehmensindividuell und von der jeweiligen Problemstellung abhängig. Das Benchmarking von Einkaufsprozessen kann ein Initiator für weitergehende Struktur- oder Prozessveränderungen im Einkauf sein. Es handelt sich – im Gegensatz zu den anderen Methoden der Zielableitung – um kein ausschließliches, sondern eher um ein ergänzendes Instrument der Zieldefinition von Einkaufskooperationen.

Gestaltungsoption 3 besteht in der Bestimmung der Zielhöhe auf der Basis der angenommenen Motivationswirkung. Die überwiegende Zahl der Untersuchungen zur Spezifität und zum Schwierigkeitsgrad von Zielen belegt, dass unter dem Einfluss spezifischer anspruchsvoller Ziele weitaus höhere Leistungen erzielt werden als unter dem Einfluss vager und unspezifischer Ziele. Diese Zusammenhänge lassen sich sowohl bei Einzelpersonen als auch bei Arbeitsgruppen nachweisen.[212] Neben den Zieleigenschaften hat die Aufgabenkomplexität Einfluss auf die Zielerreichung. Zahlreiche Studien belegen, dass sich die Leistungswirksamkeit von Zielen mit zunehmender Aufgabenkomplexität abschwächt,[213] das heißt, spezifische und herausfordernde Ziele steigern die Anstrengungen der Akteure. Je höher die subjektive Wahrscheinlichkeit und der Wert der Zielerreichung eingeschätzt werden, umso stärker fällt die Zielbindung der eingebundenen Einkäufer aus. Die subjektive Wahrscheinlichkeit und der Wert der Zielerreichung sind als Hauptdeterminanten der Zielbindung von einer Reihe von Faktoren abhängig, die vom Kooperationsmanagement zum Teil beeinflusst werden können.

Darüber hinaus spielen individuelle Eigenschaften von Akteuren eine Rolle: Zutrauen zu wahrgenommenen eigenen Kompetenzen und die persönliche Bindung an ein Ziel sind wesentliche Faktoren, die die Leistungsprozesse zur Zielerfüllung beeinflussen. Als grundlegende Annahme wird in der Literatur zur Zielsetzung die Ansicht vertreten, dass Ziele nicht nur spezifisch und herausfordernd sein sollen, sondern auch von den Organisationsmitgliedern als erreichbar erlebt werden müs-

212 Vgl. Schmidt, K.-H.; Kleinbeck, U.: Zielvereinbarung, 2006, S. 14; Gollwitzer, P.; Moskowitz, G.: Goal Effects, 1996, S. 365.
213 Vgl. Schmidt, K.-H.; Kleinbeck, U.: Zielvereinbarung, 2006, S. 21.

sen.[214] Vorwiegend in der amerikanischen stärker anwendungsorientierten Managementliteratur wird das Thema der ‚Stretch Targets' thematisiert.[215] Das Konzept baut auf der Idee auf, dass die Erreichbarkeit von Zielen relativ zu den Rahmenbedingungen der Akteure ist. Der Ansatz von ‚Stretch Targets' besteht darin, Ziele zu setzen, die unter den gegebenen äußeren Rahmenbedingungen (materielle Opportunitäten, Normen, Unternehmenskultur) der Akteure als nicht erreichbar angesehen werden, sowie darin, die Frage zu stellen, welche Rahmenbedingungen in welcher Weise verändert werden müssen, um das gesetzte Ziel zu erreichen. Übertragen auf die vorliegende Problemstellung, bedeutet dies, Ziele durch Ableitung von Wahrscheinlichkeiten oder durch externe Benchmarks (s. u.) abzuschätzen, um auf dieser Basis bewusst überhöhte Zielstellungen vorzugeben.

Die von den Autoren genannten Rahmenbedingungen, die mit der Anwendung von ‚Stretch Targets' überprüft bzw. geändert werden müssen, sind:

- Autonomie der Arbeitsteams,
- Umfang und Ausmaß der bürokratischen Hindernisse für diese Teams sowie
- strukturelle Anpassung und Entscheidungskompetenzen.

Die ausgesprochenen Gestaltungsempfehlungen konzentrieren sich auf die Schaffung einer ‚größtmöglichen Entscheidungsautonomie' hinsichtlich der Arbeitsteams, Ausnahmeregelungen für Standardprozeduren des Unternehmens (Planungs-, Investitions- und Genehmigungsrichtlinien etc.), die Schaffung einer ‚produktiven' Teamkultur und die Bereitstellung wesentlicher für die Zielerreichung erforderlicher Ressourcen.[216] Auch wenn die Wissenschaftlichkeit dieses Konzeptes als problematisch einzustufen ist, gibt die Vorgehensweise Hinweise auf die Rahmenbedingungen von Entscheidungen, die im Falle der Kooperation vormals unabhängiger Sparten hinterfragt werden sollen. Dabei schließen sich die geschilderten Ansätze zur Ableitung eines Kooperationszieles nicht aus. Entscheidend ist die Identifikation der Akteure mit dem Ziel. Daher ist eine Kombination dieser drei Ansätze im Sinne einer fundierten Begründung einer eindimensionalen Zielableitung und -rechtfertigung vorzuziehen.

---

[214] Vgl. Schmidt, K.-H.; Kleinbeck, U.: Zielvereinbarung, 2006, S. 16 ff.
[215] Vgl. Thompson, K.; Hochwarter, W.; Mathys, N.: Stretch targets, 1997, S. 48 ff.
[216] Vgl. Thompson, K.; Hochwarter, W.; Mathys, N.: Stretch targets, 1997, S. 53 f.

4.4.2. Opportunitäten

Die Opportunitäten beschreiben den machbaren Rahmen der Akteure. Dazu zählen materielle wie auch immaterielle Ressourcen. Der ökonomische Rahmen des Kooperationsvorhabens wird ganz wesentlich durch die kurz- bis mittelfristig gegebene Objekthomogenität und das Versorgungsrisiko der Beschaffungsumfänge bestimmt. Die vorhandenen Ressourcen der Einkaufsabteilungen aller Sparten bzw. des Zentraleinkaufs bestimmen weiterhin die materiellen Möglichkeiten der Kooperation: Wer Budgets, Infrastruktur oder Personalkapazität nicht in ausreichendem Maße besitzt, kann sich nicht auch noch zusätzlichen Kooperationsaufgaben widmen. Informationen spielen eine zentrale Rolle: Wenn keine normierten, vergleichbaren Informationen über Beschaffungsumfänge, Lieferanten, Preise und Warengruppen vorliegen, ist eine Kooperation im Einkauf nicht realisierbar.

Das Gleiche gilt für die Kapazität der vorhandenen IuK-Technologien und das im Gesamtunternehmen vorhandene Fachwissen: Die Sparteneinkäufer müssen in der Lage sein, Preise für Beschaffungsumfänge zu kalkulieren und vergleichbar zu machen. Schließlich ist es die Effizienz der Produktionsfunktion ‚Kooperative Einkaufsleistung', die den materiell möglichen Rahmen der Einkaufskooperation bestimmt: Sie entscheidet, ob durch gemeinsames Vorgehen im Einkauf höhere Einsparungseffekte erzielt werden als bei isoliertem Vorgehen der Sparten.

Die für Einkaufskooperationen interessanten Ressourcen lassen sich anhand des Produktionsprozesses ‚Einkaufsleistung' abgrenzen.

- Verfügbarkeit von vergleichbaren Informationen über Beschaffungsumfänge
- Verfügbarkeit von Informationen über Beschaffungsmärkte und Lieferanten
- Personalkapazität
- Infrastruktur und materielle Ressourcen
- Fachwissen und Technologie

Bei Kooperationsgütern treten drei grundlegende Probleme auf.

- Wie werden sie produziert?
- Wie wird der Kooperationsertrag verteilt?

– Wem werden die Kooperationserträge und -kosten zugeordnet, wenn sich diese nicht den Sparten zuordnen lassen?

Die Bündelungsfähigkeit von Einkaufsobjekten im Rahmen des Materialgruppenmanagements stellt einen zentralen Bestandteil der Situation dar, die die Sparten als ‚Möglichkeitenraum' besitzen.[217] Zwei Problemstellungen sind zu unterscheiden: Die ‚objektive' Bündelungsfähigkeit von Beschaffungsumfängen und die Verfügbarkeit von Informationen über diesen Sachverhalt.

Die Objekthomogenität ergibt sich aus

1. dem Einsatz gleicher Werkstoffe,
2. dem Einsatz gleicher Fertigungsverfahren,
3. der Verfügbarkeit von Patenten,
4. der Verfügbarkeit von Rechten (Vertragsfreiheit),
5. der Verfügbarkeit von Herstellungskapazitäten,
6. der Lieferform (JIT, JIS etc.),
7. und der Servicefähigkeit des jeweiligen Lieferanten.

Beeinflussbar sind viele dieser Faktoren nur oder schwerpunktmäßig in der Produktentwicklungsphase. Viele divergierende Interessen der Sparten lassen sich schon allein aus der Anbindung an bestehende ‚Fakten' erklären: Sparten wollen Einkaufsumfänge bündeln, aber ihr Produktdesign während des aktuellen Lebenszyklus der Einkaufsteile nicht ändern. Der derzeitige Lieferant soll auf keinen Fall geändert werden, oder die entsprechenden Verträge binden eine Sparte an den bestehenden Lieferanten.

Informationen

Zu den ‚materiellen' Voraussetzungen der Bündelung von Einkaufsumfängen zählt neben den Objekteigenschaften auch die Verfügbarkeit von vergleichbaren Informationen über die Beschaffungsumfänge.[218] Die Grundlage des Informationsaustausches zwischen den Sparten besteht in der Verfügbarkeit eines allgemeingültigen Codes, also einer Warengruppensystematik. Kommunikationspro-

---

[217] Vgl. Zagler, M.: Einkaufssynergien, 2003, S. 68; Rüdrich, G.; Kalbfuß, W.; Weißer, K.: Materialgruppenmanagement, 2004, S. 31 ff.

[218] Vgl. Bogaschewsky, R.; Kohler, K.: Organisationsformen, 2007, S. 146.

zesse finden stets zwischen einem Sender und einem Empfänger statt, zwischen denen Zeichen (oder Symbole) ausgetauscht werden. Auf der syntaktischen Ebene dieses Prozesses findet eine Übertragung dieser (physikalischen) Zeichen statt, die auf einer semantischen Ebene eine Bedeutung erlangen. Konkret heißt dies, dass die Teilenummern der lokalen Enterprise-Resource-Systeme der Sparten mit einer Bedeutung belegt sein müssen, die für die kooperierende Sparte interpretierbar sind.

Für die Kommunikation der Eigenschaften von Beschaffungsobjekten ist eine Klassifizierung aller in die Kooperation einbezogenen Teile in eine übergreifende Warengruppensystematik erforderlich. Die Entwicklung standardisierter Warengruppendaten ist mit hohem Aufwand verbunden und gestaltet sich im Allgemeinen sehr schwierig. Der Grund liegt hierfür im Wesentlichen in den unterschiedlichen im Allgemeinen historisch gewachsenen Datenstandards im Einkauf und in den unterschiedlichen Zielsetzungen, die mit der Entwicklung von Standards verbunden sind.[219] Der wesentliche Einflussfaktor für die Entwicklung eines einheitlichen Standards ist ein Interesse, dass ein solcher Standard entwickelt wird. Das Interesse bei der Entwicklung von Datenstandards allgemein ist umso geringer, je höher die Kosten der Teilnahme am Standardisierungsprozess im Vergleich zum Nutzen sind, auch wenn alle Akteure einen positiven Nutzen aus der Verfügbarkeit eines solchen Standards ziehen können.[220] Interessenträger für die Verwendung einheitlicher Standards muss nicht der (Zentral-)Einkauf sein. Auch das Finanz- und Rechnungswesen oder der IT-Bereich des Unternehmens bzw. der Sparten kann ein Interesse an einer Standardisierung haben. Für die Durchsetzung eines Standards gilt analog der in Kapitel 2 dargestellten Entscheidungssystematik nicht der ‚objektive', sondern der subjektiv wahrgenommene Nutzen.

In Anlehnung an Besen und Saloner lassen sich Standardisierungsprozesse anhand typischer Interessenkonstellationen unterscheiden.

219 Vgl. Bogaschewsky, R.; Kohler, K.: Organisationsformen, 2007, S. 146.

220 Vgl. Picot, A.; Reichwald, R.; Wigand, R.: Die grenzenlose Unternehmung, 1998, S. 159.

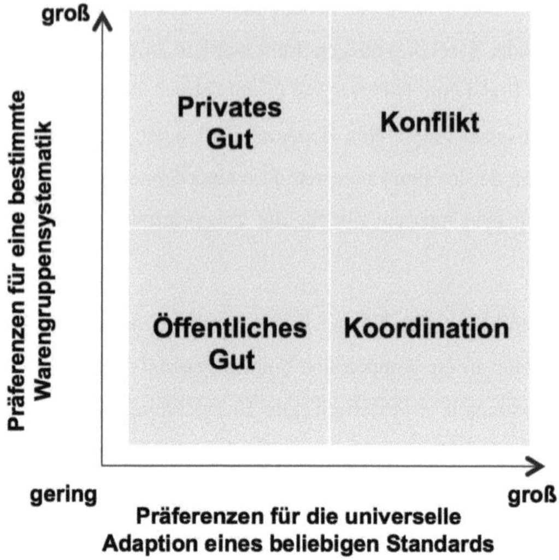

Abb. 25: Konfliktpotential von Warengruppenstandards[221]

Besen und Saloner stellen die Hypothese auf, dass bei Präferenzen für die universelle Adoption eines einheitlichen Warengruppenstandards und bei gleichzeitig hohen Präferenzen für einen bestimmten Standard mit hohem Konfliktpotential (zwischen Sparten) zu rechnen ist.

Wird von den beteiligten Parteien zwar ein universeller Standard angestrebt, bestehen gleichzeitig aber auch starke Präferenzen für jeweils bestimmte Standards, so kann dieser nur durch Koordination zwischen den Parteien erreicht werden. Bei geringem Bestreben, einen universellen Standard im Unternehmen einzusetzen, werden die Parteien (Sparten) bei hoher Präferenz für spezifische Standards ihren jeweiligen Warengruppenstandard gegenüber anderen Sparten nicht offenlegen. Sollten keine Bestrebungen im Unternehmen vorhanden sein, über einheitliche Warengruppenstandards zu verfügen, können Warengruppenstandards als öffentliche Güter gehandhabt werden: Es gibt keinen Nutzungsausschluss für die Verwendung eines spezifischen Warengruppenstandards.[222]

---

221 Vgl. Besen, S.; Saloner, G.: Compatibility Standards, 1988, o. S., zitiert nach Picot, A.; Reichwald, R.; Wigand, R.: Die grenzenlose Unternehmung, 1998, S. 159.

222 Vgl. Besen, S.; Saloner, G.: Compatibility Standards, 1988, o. S., zitiert nach Picot, A.; Reichwald, R.; Wigand, R.: Die grenzenlose Unternehmung, 1998, S. 159.

Kosten für die Schaffung eines einheitlichen Datenstandards entstehen durch den Einsatz von Personalkapazität in Form von Opportunitätskosten, durch das ‚Aushandeln' und Anpassen eines universellen Schlüssels und durch die Umstellung der lokalen manuellen und elektronischen Systeme. Jede Standardisierung ist letztlich mit der Kodierung in einem Datenverarbeitungssystem verbunden. Die Wahrscheinlichkeit, dass dezentrale Datenverarbeitungssysteme als unzureichende Ressource begrenzend wirken, kann als sehr hoch angesehen werden: Entweder lassen sich nicht mehr Datensatzeinträge für die Warengruppencodierung erstellen, oder die Kosten für die Umprogrammierung/Neuanschaffung des Datenverarbeitungssystems sind prohibitiv hoch.

Kosten sind daher den zu erwartenden Erträgen aus der Standardisierung entgegenzusetzen. Eine hohe Wahrscheinlichkeit für einen Konflikt besteht, wenn die Akteure die Kosten für die Standardisierung gegenüber dem zu erwartenden Kooperationsertrag als zu hoch einschätzen. Der Nutzen des gemeinsamen Systems scheint den Sparten oftmals zu langfristig und auch oft nicht garantiert, während der Aufwand einer Systemumstellung enorm ist und zunächst ‚profitlos' zum Tagesgeschäft dazukommt. Eine hohe Präferenz für eine bestimmte Warengruppensystematik und der Zwang zur Definition eines unternehmensweiten Standards bilden ein hohes Konfliktpotential.

Als Gestaltungsoptionen stehen dem Kooperationsmanagement drei Optionen zur Verfügung.

- Gestaltungsoption 1: Schaffung eines Schatten-Standards
- Gestaltungsoption 2: Umstellung auf einen neutralen Standard
- Gestaltungsoption 3: Aushandeln eines unternehmensübergreifenden Standards

Gestaltungsoption 1: Bei der Schaffung eines Schattenstandards behalten die Sparten oder die dezentralen operativen Einheiten der Sparten (Funktionen, Regionen oder Werke) ihre spezifischen Warengruppencodierungen bei, während jeder oder jeder für die Kooperation relevante Beschaffungsumfang parallel mit einer Konzern-Warengruppencodierung versehen wird. Dieses Vorgehen bietet sich insbesondere dann an, wenn die lokalen Warengruppensysteme eng mit den lokalen Logistik- oder Finanzsystemen vernetzt sind und der Aufwand für eine komplette Revision und Neuprogrammierung der Warengruppen vermieden werden soll. Voraussetzung für die Schaffung einer zweiten Warengruppencodierung ist die Kapazität der lokalen Datenverarbeitungssysteme. Sehr problematisch ist die Pflege dualer Standards in den dezentralen Systemen.

Gestaltungsoption 2: Bei Umstellung auf einen ‚neutralen' Standard einigen sich alle dezentralen Einheiten des Konzerns auf einen von einer internationalen Normungsorganisation zur Verfügung gestellten Standard, z. B. PRODCOM[223]. Der Vorteil einer solchen Vorgehensweise liegt in der Vermeidung eines zeitaufwendigen Verhandlungsprozesses, in dem die Sparten oder deren Untergruppen ihre jeweiligen Bedürfnisse einzubringen versuchen. Der Nachteil liegt in der mangelnden Flexibilität eines solchen Standards, auf bestimmte Notwendigkeiten der jeweiligen Branche oder Unternehmung einzugehen. Die ‚Öffnung' des Standards zur Anpassung an spartenspezifische Notwendigkeiten birgt ein sehr hohes Konfliktpotential, da andere Teileinheiten des Unternehmens dann ebenfalls Änderungsrechte geltend machen können.

Gestaltungsoption 3: Die geschilderten Probleme sollen durch die Konzeption eines unternehmensübergreifenden Standards behoben werden. Voraussetzungen für die erfolgreiche Umsetzung eines unternehmensübergreifenden Standards sind neben der nötigen Kompromissfähigkeit der Sparten insbesondere

- Zeit zur Aushandlung eines übergreifenden Standards und
- ausreichende Ressourcen zur Umprogrammierung der dezentralen Systeme.

Wenn Sparten über unterschiedliche Ressourcenausstattungen im Einkauf verfügen, liegt es nahe, diese auszutauschen. Bestimmte Leistungen in Kooperationen, die ausgetauscht werden, haben den Charakter sozialer Güter. Die Akteure haben im Vergleich zu Privatgütern nicht die alleinige Kontrolle, und sie verändern ihre Eigenschaften bei der Übertragung von einem Akteur auf den anderen. Sie sind – insbesondere im Fall von Informationen und Know-how – nicht perfekt teilbar und ausschließbar.[224] Das Problem des Austauschs dieser Leistungen ist, dass sie

---

[223] Vgl. o. V.: Europäische Kommission: PRODCOM, 2000, o. S.
[224] Vgl. Pindyk, R.; Rubinfeld, D.: Mikroökonomie, 2005, S. 868 f.

unterschiedlich gut messbar sind und unterschiedlich starke Mitwirkung des Leistungsempfängers erfordern.

Ressourceninterdependenzen führen in Kooperationen immer zu Externalitäten. Positive oder negative Externalitäten entstehen, wenn der Ressourceneinsatz einer Sparte zugleich die Produktivität der anderen Sparte erhöht (verringert). Zwei Merkmale kennzeichnen gemeinsame Poolressourcen: Rivalität und Nichtausschließlichkeit.[225] Die erfolgreiche Steuerung der Netzwerkressourcen erfordert, dass jeder Akteur das Handeln der anderen Akteure berücksichtigt. Dieses Paradox individueller Rationalität wird auch als die ‚Tragödie der Allmende' bezeichnet.[226] Eine Sparte hat keine Anreize, zur Produktion und Bewirtschaftung des Ressourcenpools beizutragen, solange keine verbindlichen Regeln existieren, wie die aus der Zusammenarbeit resultierenden Externalitäten verteilt werden.

Neben der Schaffung eines Informationsstandards ist die Bereitstellung von Informationsinhalten ein Gestaltungsproblem in Einkaufskooperationen. Die Möglichkeit, dass Teilnehmer innerbetrieblicher Einkaufskooperationen Informationen, aus individuellen oder kollektiven Erwägungen nicht zur Verfügung stellen, wird bisher nicht explizit untersucht.[227]

„The satisfied local staff often pointed to economies of information and learning, such as improved insight in market and learning, improved exchange of information and increases in market power rather than tangible cost savings."[228]

Ungleich verteilte Informationen können ein soziales Dilemma darstellen: Die Erzeugung von Informationen kann mit erheblichen Kosten verbunden sein, und rationales, kommunikatives Verhalten kann für alle beteiligten Sparten unter Umständen zu suboptimalen Ergebnissen führen.

---

225 Vgl. Osterloh, M.; Weibel, A.: Ressourcensteuerung, 1999, S. 89 f.

226 Vgl. Osterloh, M.; Weibel, A.: Ressourcensteuerung, 1999, S. 92; Bierhoff, H.: Kooperation, 1998, S. 30.

227 Vgl. Arnold, U.; Eßig, M.: Kooperationen, 2003, S. 669 ff.; Arnold, U.: Einkaufskooperationen, 1998, S. 1 ff.; Zagler, M.: Einkaufssynergien, 2003, S. 1 f.; Eßig, M.: Cooperative Sourcing, 1999, S. 1 ff.

228 Faes, W.; Matthyssens, P.: Global Purchasing Synergy, 2000, S. 544.

Die Informationen, die im industriellen Einkauf erzeugt werden, können Beschaffungsumfänge und ihre Preise, Eigenschaften von Beschaffungsmärkten (rechtliche, ökonomische, steuerlich soziale, kulturelle Eigenschaften etc.), Lieferanten und Eigenschaften von Lieferanten (Qualität/Technologie/Logistik/Kostenstrukturen etc.) sein. Im Folgenden wird dies am Beispiel von Beschaffungsmarktinformationen erläutert.

Beschaffungsmarktinformationen sind im Einkauf unter Umständen nur schwer zu beschaffen. Für ein vertieftes Verständnis eines Lieferanten müssen ausgiebige Informationsbeschaffungsaktivitäten (Lieferantenbesuche, Zertifizierungen, Auditierungen, Bankauskünfte etc.) durchgeführt werden. Dies erfordert ‚Personal vor Ort' in Form von Einkaufsbüros, im Idealfall langjährige Lieferbeziehungen.

Für die Erzeugung dieser Informationen gilt allgemein:

- Die ‚First-Copy-Cost' sind hoch, das heißt, Informationen müssen erstellt werden. Dafür benötigen die Sparten eine Infrastruktur (Einkaufsbüros, spezialisierte Stäbe etc.). Die Fixkosten sind gegebenenfalls hoch.
- Die Reproduktionskosten sind vernachlässigbar klein.
- Bei Wissenskopien bleibt die Datenqualität stets die Gleiche.
- Hohe Fixkosten stehen minimalen variablen Kosten gegenüber. Ist die Information einmal erstellt, sind die Fixkosten „sunk cost".[229]

Die Weitergabe von Informationen kann für die Sparten ein Dilemma oder einen Konflikt darstellen. Um die Darstellung des Problems möglichst einfach zu halten, sollen wieder zwei Sparten a und b angenommen werden, von der eine die Senderin (Sparte a) und die andere die Empfängerin einer Information (Sparte b) ist. Die Informationsinhaberin kann wählen, ob sie der Schwestersparte eine Nachricht zukommen lässt oder nicht. Behält die Senderin die Information für sich, passiert nichts weiter. Sendet sie die Information (z. B. kostengünstiger Lieferant für Elektronikbauteile), wird angenommen, dass sie die grundsätzlichen Handlungsoptionen der Schwestersparte kennt und die jeweiligen Folgen der Entscheidung abschätzen kann. Nach dem Erhalt der Nachricht kann die Empfängerin entscheiden,

---

[229] Shapiro, C.; Varian, H.: Information, 1999, S. 22.

ob sie ihr Handeln an dieser neuen Information orientiert oder nicht. Im folgenden Modell sei angenommen:

Option 1: Vergabe eines Auftrags an diesen Lieferanten
Option 2: keine Vergabe eines Auftrags an diesen Lieferanten

Führt die empfangende Sparte die neueröffnete Handlungsoption aus, hat dies eine Auswirkung auf ihren eigenen Nutzen wie auch auf den Nutzen der Senderin. Der Nutzen sei für beide Sparten mindestens kardinal messbar.

Damit sind die Auszahlungen dieses ‚Spiels' definiert. Behält die abgebende Sparte die Information für sich, dann ist die Auszahlung für beide Sparten gleich 0. Gibt sie die Information weiter, dann sind die Auszahlungen:

x für die Senderin und

y für die Empfängerin, wenn diese die Handlungsoption realisiert,

0 für beide Sparten, wenn die Empfängerin die Handlungsoption nicht ausführt.

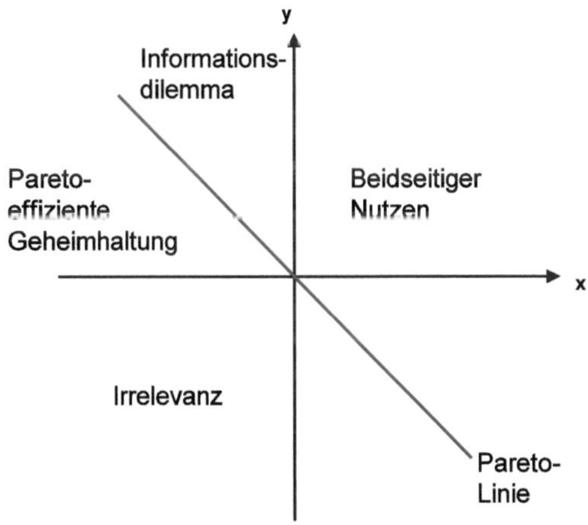

Abb. 26: Handlungsraum zweier Sparten beim Austausch von Informationen[230]

[230] Vgl. Keck, O.: Informationsdilemma, 1991, S. 549.

Zur exemplarischen Darstellung der Analyse der Handlungsoptionen werden in Abb. 26 alle möglichen Kombinationen von x und y durch einen zweidimensionalen Raum mit den Koordinaten x und y gezeigt.

Sind x und y positiv, besteht zwischen der sendenden und der empfangenden Sparte eine Interessenkonvergenz. Es liegt im eigenen Interesse der abgebenden Sparte, die Handlungsoption auszuführen (der Lieferant bietet der abgebenden Sparte einen Nachlass, wenn er weitere Geschäftsbeziehungen im Konzern anbahnen kann). Ist x positiv, y jedoch negativ, dann hat die Empfängerin keinen Anreiz, die neue Handlungsoption zu ergreifen (Lieferant für sie z. B. unbrauchbar).

Der Lieferant kann für die Sparte a ein strategisch wichtiger Lieferant sein, der mit keiner anderen Sparte ‚geteilt' werden soll (z. B. aus Kapazitätsgründen oder exklusiver Verfügbarkeit von Technologien). Sind sowohl x als auch y negativ, (Lieferant ist für Sparte a strategisch wichtig, für Sparte b unbrauchbar), dann ist es weder im Interesse der Senderin noch der Empfängerin, dass die Empfängerin die neue Handlungsoption ergreift. Sparte a wird also für sich entscheiden, die Nachricht für sich zu behalten. Selbst wenn sie die Information der Sparte b mitteilte, hätte diese kein Interesse daran. Die Sparten befinden sich im Bereich des Irrelevanz-Informations-Handlungsraums.

Wenn x negativ ist (für a als exklusiver Lieferant von hoher Bedeutung) und y positiv (für b ein Lieferant, der bei gleicher Qualität und Versorgungssicherheit zu günstigeren Preisen liefern könnte), besteht ein Interessenkonflikt. Wenn die Summe der Nutzen kleiner als 0 ist, befinden sich beide Sparten im Bereich der pareto-optimalen Geheimhaltung. Ist die Summe aber größer als 0, befinden sich die Sparten in einem wirklichen Dilemma, das Sparte a im Zweifel für sich entscheiden wird: Sparte a kann Widerstand gegen die Kooperation ganz einfach durch Nicht-Weitergabe der Information leisten.[231] Ein solcher Widerstand gegen die Kooperation ist der Sparte oder ihren Akteuren nur sehr schwer nachzuweisen.

In der Praxis sind Informationskosten und -nutzen kaum zu ermitteln. Ein typisches Problem der Bewertung stellt das sogenannte Informations-Paradoxon dar.

---

[231] Vgl. Keck, O.: Informationsdilemma, 1991, S. 547 ff.

Die Bewertung einer Information setzt voraus, dass die zu beschaffende Information bekannt sein muss. Wenn jedoch die Information einer Bewertung zugänglich ist, hat der Informationsbeschaffer die Information bereits aufgenommen und muss sie nicht mehr erwerben. In dieser paradoxen Situation kann eine Wertbestimmung also nur ex post erfolgen. Für die Beurteilung der wirtschaftlichen Vorteilhaftigkeit einer Information müsste deren Wert jedoch bereits ex ante vorliegen. Statt einer expliziten Bewertung von Informationen dient häufig Vertrauen in die Informationsquelle als Bewertungssubstitut.[232]

Als Gestaltungsoptionen für den Austausch von Beschaffungsmarktinformationen sind folgende Regelungen denkbar.

- Gestaltungsoption 1: Die Bereitstellung von Informationen erfolgt innerhalb des Konzerns prinzipiell unentgeltlich.
- Gestaltungsoption 2: Die Sparten dürfen Preise (bzw. Kostenübernahmen) von bereitgestellten Informationen verhandeln.
- Gestaltungsoption 3: Informationen werden in einer übergeordneten Stelle (Servicecenter, Stabsbereich etc.) gesammelt bzw. extern beschafft und allen Sparten zur Verfügung gestellt.

Bei der unentgeltlichen Bereitstellung von Informationen entfallen zwar grundsätzlich die monetären Bewertungsprobleme von Informationen, jedoch erübrigt dies nicht Wahrnehmungen zur Fairness und Verteilungsgerechtigkeit. Bei rational handelnden Akteuren wäre im Bereich des Informationsdilemmas kein Kooperationsvorhaben gegen das Ausscheren von dieser Richtlinie gefeit. Das ist umso wahrscheinlicher, je größer und komplexer das Kooperationsvorhaben ist. Ist eine innere moralische Bindung möglich, kann sie unter Umständen als inneres Substitut äußerer Mechanismen, z. B. von Verträgen oder Konventionalstrafen, dienen.[233]

Beim Aushandeln von Preisen für Informationen stoßen die Sparten zwangsläufig auf zwei Probleme: Zum einen ist der ‚Wert' der Information ex-ante nicht bewertbar (Informationsdilemma), zum anderen ist die Zahl der ‚Marktteilnehmer' unternehmensintern begrenzt.

[232] Vgl. Picot, A.; Reichwald, R.; Wigand, R.: Die grenzenlose Unternehmung, 1998, S. 110.
[233] Vgl. Kliemt, H.: Moral, 1993, S. 307.

Dabei gilt allgemein:

- Je enger der Verwendungsbereich einer Information, desto wirkungsvoller sind Outputkontrollen.
- Je wirksamer Informationen durch Outputkontrollen gegen unbefugte Nutzung geschützt sind, desto eher werden diese Informationen über (interne) Märkte gehandelt.
- Je weniger sich die Nutzung von Informationen durch eine Verhaltens- oder Outputkontrolle überprüfen lässt, desto weniger wirkungsvoll sind Rechte der Sparten an ihren Informationen.
- Je weniger bei Informationstransaktionen eine Output- oder eine Verhaltenskontrolle möglich ist, desto weniger können sie weder marktlich noch hierarchisch koordiniert werden, das heißt, sie finden nicht auf der Basis expliziter Verträge statt.
- Je wettbewerbsrelevanter und je weniger geschützt geheim gehaltene Informationen sind, desto weniger werden sie zwischen Sparten auf der Basis expliziter Vereinbarungen weitergegeben.[234]

Sollen Informationen nicht als frei verfügbare Ressource im Konzern gehandelt werden, ist eine Näherungslösung über die Offenlegung von Informationsbeschaffungskosten denkbar. Dies können die die effektiv angefallenen Kosten der dafür spezialisierten Abteilungen (Einkaufsbüros) der Sparten sein. Eine Messung des Outputs kann sich an der Zahl der firmenintern publizierten Dossiers oder am Umfang von zur Verfügung gestellten Datenbanken orientieren. Offensichtlich ist hier, dass sowohl Input- als auch Outputmasse qualitativ und quantitativ sehr schwer greifbar sind.

Eine dritte Gestaltungsoption besteht in der Bewirtschaftung von Beschaffungsmarktinformation als öffentlichem Gut. In diesem Fall werden die Informationen von einer übergeordneten oder ausgegliederten Stelle (Stab, Servicecenter) zur Verfügung gestellt. Dies ist nur praktikabel für solche Informationen, die von einer ‚neutralen' Stelle erzeugt werden können. Wesentliche Informationen, die nur innerhalb der Sparten generiert werden (insbesondere Qualitäts-, Technologie-

[234] Vgl. Vogt, J.: Vertrauen und Kontrolle, 1997, S. 201 ff.

und Logistikkompetenz der bestehenden Lieferanten), lassen sich auf diese Weise nicht oder nur sehr schlecht ‚bewirtschaften'.

Neben Informationen stellt Personal eine wesentliche Ressource für Einkaufskooperationen dar. Aufgrund der Personalintensität von Einkaufsdienstleistungen stellen Personalkapazitäten die wohl wichtigste Ressource in Einkaufskooperationen dar. Der Anteil der Personalkosten beläuft sich in der Regel auf mehr als zwei Drittel der Gemeinkosten (der Abteilung, des Bereiches).[235] Die dem Sparteneinkauf zur Verfügung stehende Personalkapazität begrenzt zunächst einmal die Alternativen: Personaleinsatz ausschließlich für die Belange der Sparte oder Personaleinsatz zum Zweck der Einkaufskooperation.

Die teilnehmenden Sparten müssen sich entscheiden, welche qualitativen und welche quantitativen Personalkapazitäten für die Kooperation bereitgestellt werden.

Personal

Die Kosten des Personaleinsatzes sind – modelltheoretisch – in der entscheidungslogischen Bewertung der Kooperation bereits im Nutzenkalkül enthalten. Aufwand für zusätzliche Personalkapazität A_k ist bereits in die Berechnung der möglichen Kooperationsrente

$$(F_a - A_a) + (F_b - A_b) < (F_a - A_a) + (F_b - A_b) + ((W_1 * E_K - W_2 * A_K))$$

eingerechnet.

Kapitel 2.2 hatte dargestellt, dass es gerade die Aufwendungen sind, die früher anfallen und die mit höherer Wahrscheinlichkeit abgeschätzt werden können. Es ist daher naheliegend, dass die Sparten beschließen, bis zum Nachweis einer positiven Kooperationsrente die Personalkapazität der Einkaufsabteilungen zunächst nicht auszuweiten.

In der denkbar einfachsten Situation hat die Einkaufsabteilung einer Sparte nur einen Mitarbeiter. Der Möglichkeitsraum besteht aus dem von diesem Einkäufer kontrollierten Zeiteinsatz, entweder zugunsten der Einkaufsarbeit innerhalb seiner Sparte oder zugunsten der kooperativen Erzielung von Beschaffungskostenreduk-

[235] Vgl. Hapke, W.; Jung, A.: Beschaffungsfunktion, 2005, S. 31.

tionen. Zur Wahl stehen jeweils verschiedene Kombinationen des Zeiteinsatzes von 200 Arbeitstagen A_S und A_K pro Jahr. Im Extremfall arbeitet der Mitarbeiter ausschließlich für die Sparte (A_S) oder ausschließlich für die Einkaufskooperation (A_K). Diese beiden Grenzfälle des Arbeitseinsatzes sind in der nachfolgenden Abbildung durch eine Linie verbunden. Die Linie ist die geometrische Darstellung der Zeitkombinationen, bei denen die Personalkapazität des Einkäufers vollständig eingesetzt wird.

Es gilt: $A = p \cdot as + p \cdot a_K$

mit A = Aufwand für Personaleinsatz

p = Kosten des Arbeitseinsatzes, gemessen in Personenjahren (oder: Full-Time-Equivalent)

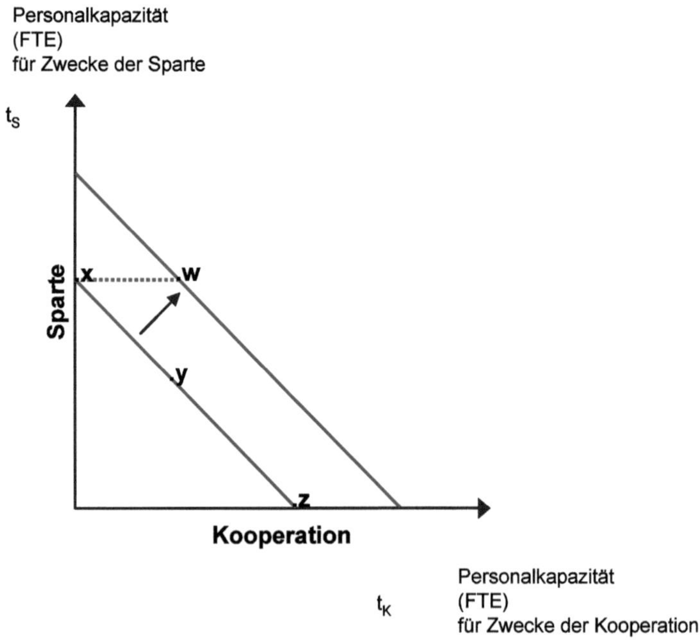

a = Arbeitseinsatz

Abb. 27: Kooperationsalternativen und Möglichkeitenraum

Die mit der Gleichung angegebene Linie von Arbeitseinsatz-Kombinationen teilt das Diagramm in Abb. 28 in zwei Bereiche und definiert die Alternativen, die realisierbar bzw. unmöglich sind. Im Punkt y verwendet der Sparteneinkäufer einen Teil seiner Zeit für die Bearbeitung spartenspezifischer Einkaufsumfänge und einen Teil seiner Zeit auf die Einkaufskooperation.

Zwei Möglichkeiten kommen dabei als Folgewirkungen in Betracht.

1. Die Sparte erzielt durch Kooperation Synergiepotentiale. Das heißt, durch die Aufteilung der Personalkapazität, z. B. im Rahmen der Bündelung von Einkaufsvolumina, werden Beschaffungskostenreduktionen erzielt, die höher sind als in x. In diesem Fall entstehen für die Sparte keine Opportunitätskosten. Opportunitätskosten sind hier definiert als relative, bedingte Verluste entgangener Alternativen infolge der Entscheidung für eine Alternative x.[236]

2. Die Sparte erzielt keine oder nur geringere Beschaffungskostenreduktionen durch die Kooperation. Dann stellt der Zeiteinsatz y eine Fehlentscheidung dar. In diesem Fall wären die möglichen Einsparungen bei Ablehnung der Kooperation höher gewesen.

Dies sind theoretische Gesamtbetrachtungen. Kooperationsaufwendungen und -erträge stehen jeweils zum Entscheidungszeitpunkt fest. Wie aber verhält es sich, wenn Kooperationsaufwendungen und -erträge umstritten sind? Weist die Sparten- oder die Unternehmensleitung bei gleichbleibender Personalkapazität zur Kooperation an, tritt ein klassischer Kontrollkonflikt ein. Es entsteht ein Entscheidungsproblem, wo die knappe Ressource ‚Zeit' verwendet werden soll: für die Einkaufsarbeit in der Sparte oder für die Einkaufsarbeit im Kooperationsprojekt?

In einem solchen Fall sind Konflikte (zwischen Sparteneinkauf und Spartenleitung oder zwischen Sparten und Unternehmensleitung) wahrscheinlich, wenn es nicht gelingt, die Personalkapazität für die Kooperation zu erhöhen. Dies wäre der Fall, wenn durch Verschiebung der Budgetgeraden zusätzliche Kapazität geschaffen wird. Aus der Sicht rational handelnder Akteure bei hoher Unsicherheit ist dann z. B. der Punkt w wünschenswert. Durch ihn lassen sich die Kapazitätsbe-

[236] Bamberg, G.; Coenenberg, A.: Entscheidungslehre, 2006, S. 39.

darfe des Sparteneinkaufs nach wie vor realisieren und gleichzeitig Kapazität für die Kooperation schaffen. Abbildung 27 verdeutlicht die Gestaltungsoptionen: Beibehaltung der Personalkapazität der Sparten. Die Sparte muss nun zwischen der Aufwendung von Personalressourcen für die Sparte oder für die Kooperation entscheiden. Oder: Erhöhung der Personalkapazität durch Parallelverschiebung der Linie xz. Dies wirft im Gegenzug aber die Frage nach der Kostenträgerschaft dieser Kapazitätserwartung auf. Rational orientierte Spartenvertreter werden bei Kooperationsinitiativen, die durch die Unternehmensleitung ‚angewiesen' werden, darauf drängen, dass die Kosten für diese Kapazitätsausweitung dem Konzern übertragen werden.

Neben dem quantitativen Personaleinsatz spielt die Qualifikation der entsandten Mitarbeiter eine Rolle. ‚Personalqualifikation' bezieht sich auf das Fachwissen, die Sozialkompetenz und die Motivation von Mitarbeitern. Sparten können Kooperationsvorhaben dadurch unterlaufen, dass sie zwar die nötigen quantitativen Personalressourcen zur Verfügung stellen, aber (aufgrund angezweifelter Synergieeffekte, strategischer Dilemmasituationen zwischen Sparten) die Kompetenz bzw. ‚Qualität' der entsandten Mitarbeiter so niedrig wie möglich halten. Dieses Problem ist theoretisch wie auch praktisch sehr schwer greifbar. Zur Vermeidung einseitiger Defektion in einem solchen Dilemma kommt als Gestaltungsoption ein Vetorecht des Kooperationsmanagements gegen Personalbesetzungen in den Warengruppenteams in Frage.

4.4.3. Normen

Normen sind mit Ansprüchen versehene Erwartungen. Normen haben eine Doppelnatur: Sie sind einerseits Teil der äußeren Bedingungen der Situation, andererseits sind sie Teil der Kultur eines Unternehmens mit sehr hohem Symbol- und Signalcharakter.[237]

Zwischen den in Kapitel 3 vorgestellten sozialen Situationen (Koordination, Dilemma und Konflikt) und unterschiedlichen Typen von Normen bestehen systematische Zusammenhänge:[238] Koordinationsprobleme werden mit sogenannten

[237] Vgl. Berthel, J.; Becker, F.: Personalmanagement, 2010, S. 43.
[238] Vgl. Esser, H.: Soziales Handeln, 1999, S. 109.

konventionellen Normen gelöst.[239] Typische konventionelle Normen sind gemeinsames Wissen und Symbole, die über Verständigung und Kommunikation vermittelt werden. Dilemma-Situationen, bei denen individuelle und kollektive Interessen auseinanderfallen, sind mit konventionellen Normen nicht ohne weiteres lösbar. Zur Lösung von Dilemmasituation – z. B. zur Vermeidung von Defektion – sind Sanktionen oder die Internalisierung von moralischen Prämien. Zur Lösung von Konflikten, bei denen die Lösung im Zweifel gegen den Willen der unterlegenen Partei abgesichert werden muss, werden repressive Normen benötigt.[240]

Normen und Organisation

Die Aufbauorganisation hat sehr starken normativen Charakter. Sie strukturiert die Entscheidungsfreiheit der Akteure, das heißt, sie schränkt die relevante Menge an zulässigen Handlungen ein, und sie segmentiert den Entscheidungsraum, das heißt, sie verteilt den Entscheidungskomplex auf mehrere Entscheidungseinheiten (Akteure).[241] Mit dem Entscheidungsraum des einzelnen Akteurs korrelieren sehr häufig die materielle Vergütung und der ‚Rang' des jeweiligen Akteurs innerhalb eines Unternehmens. Ganz allgemein strukturieren Organisationen Entscheidungen, indem sie die Menge der möglichen Handlungen (Einkauf, Disposition, Logistik) beschränken; sie segmentieren Entscheidungen, indem sie Entscheidungsräume verteilen.[242]

Aus Sicht der Sparteneinkäufer ist die Aufforderung zur spartenübergreifenden Kooperation eine Zusatz-Beauftragung, das heißt, es werden Zusatz-Entscheidungsräume und Zusatz-Entscheidungskomplexe erzeugt, deren Erfüllung leicht in Konflikt mit bestehenden Leistungsprozessen geraten kann.

Grundsätzlich kommen für die Organisation des Einkaufs in divisionalisierten Unternehmen drei Möglichkeiten der Aufbauorganisation in Betracht:

- die vollständige Autarkie der Einkaufsaktivitäten,
- die teilweise Zentralisation von Einkaufsaktivitäten durch Zentralbereiche,

[239] Vgl. Esser, H.: Institutionen, 1999, S. 129f.

[240] Vgl. Esser, H.: Institutionen, 1999, S. 112; Maurer, A.; Schmid, M.: Soziologie, 2010, S. 329 f.

[241] Vgl. Frese, E.: Organisation, 2005, S. 133.

[242] Vgl. Frese, E.: Organisation, 2005, S. 133.

– die vollständige Zentralisation von Einkaufsaktivitäten[243].

Die Bildung von zentralen Einkaufsbereichen entsteht dadurch, dass eine – verglichen mit der ausschließlichen Einkaufshoheit der Sparten – modifizierte Zuweisung von Einkaufsaufgaben erfolgt. Die Aufgaben der Sparten werden beschränkt und dem zentralen Bereich zugewiesen. Als Argumente für eine teilweise oder vollständige Zentralisierung von Einkaufsaktivitäten werden die stärkere Einkaufsmacht der zentralen Einkaufsabteilung, die Möglichkeit der Gestaltung einer einheitlichen Einkaufsstrategie und die effizientere Abwicklung der Einkaufskoordination genannt.[244] Zentrale Einkaufsbereiche können hierarchisch gleichstehend ‚neben' oder hierarchisch übergeordnet ‚über' den Sparten installiert werden.[245] Vollständig zentralisierte oder vollständig dezentrale Einkaufsstrukturen sind jedoch in der Praxis nicht sehr häufig anzutreffen.[246]

Das Modell des Richtlinienbereiches (Center-led-Purchasing) sieht die Verankerung von Aufgaben in mehreren Einheiten vor, die teils zentral und teils dezentral angesiedelt sind. Der Richtlinienbereich ist für Grundsatzentscheidungen entscheidungsbefugt und gegenüber den Einkaufsabteilungen in den Sparten weisungsberechtigt.[247]

Ein Matrixmodell ist dann gegeben, wenn die Einkaufsaufgabe sowohl in den Unternehmungsbereichen als auch in der zentralen Einkaufseinheit verankert ist. Der Einkauf einer Sparte kann nicht allein, sondern nur mit dem zentralen Koordinator entscheiden. Der Matrixausschuss trifft wie der Richtlinienbereich Entscheidungen für untergeordnete Einkaufsabteilungen und schränkt deren Handlungsspielräume ein. Der Entscheidungsausschuss unterscheidet sich vom Richtlinienmodell dadurch, dass dort auch Vertreter hierarchisch nachgeordneter Einkaufsabteilungen vertreten sein können.

---

243 Vgl. Bogaschewsky, R.; Kohler, K.: Organisationsformen, 2007, S. 149 f.

244 Vgl. Matthyssens, P.; Faes, W., Coordinating Purchasing, 1997, S. 327.

245 Vgl. Frese, E.: Organisation, 2005, S. 491 f.

246 Vgl. Johnson, P.F.; Leenders, M. R.; Fearon, H.E., Supply's Growing Status and Influence, 2006, S. 33 ff.

247 Vgl. Frese, E.: Organisation, 2005, S. 491 f.

Eine Besonderheit im Einkauf ist das Konzept des Lead-Buyers.[248] Bei dieser Organisationsform nehmen dezentrale in den Sparten verankerte Einkäufer oder Einkaufsbereiche zentrale Supply-Management-Aufgaben für das Gesamtunternehmen wahr. Das Konzept des Lead-Buyers sieht vor, dass ein Supply-Management-Bereich oder ein Einkäufer, der dezentral und operativ für eine Unternehmenseinheit arbeitet, zentrale Aufgaben für das Gesamtunternehmen wahrnimmt.[249] Der operative in einem Unternehmensbereich platzierte Lead-Buyer ist in diesem Sinne eine dezentral verankerte zentrale Einkaufsstelle mit zentralen, in Teilen sogar strategischen Supply-Management-Aufgaben.[250] Dieser Lead-Buyer kann als permanenter Einkäufer (als fokale Sparte) für eine Warengruppe und ausgewählte Aufgaben die Verantwortung innehaben. Als Zuordnungskriterium (Sparte/Warengruppe) bietet sich als der jeweilige größte Verbraucher des Beschaffungsumfanges an. Möglich ist auch die Zuordnung nach geographischen Kriterien. Verhandlungsführer ist die Sparte mit Sitz in dem Kontinent/Land des jeweiligen Lieferanten.[251]

Das Modell des Servicebereiches hat für Aufgaben mit Dienstleistungscharakter (Personal, Einkauf etc.) eine große Bedeutung. Die charakteristischen Merkmale dieses Modells bestehen in der Zuordnung bestimmter Kompetenzarten zu einer zentralen Einheit (zentrale Kalkulationsabteilung, Stabstelle Beschaffungsmarketing o. ä.). Die Einkaufsabteilungen der Sparten können entsprechende Aufträge an die Serviceabteilung stellen, das heißt, sie entscheiden selbständig, wann und wie sie den Zentraleinkauf bzw. Lead-Buyer in Anspruch nehmen.[252]

Im Falle des Stabsmodells nimmt der zentrale Bereich Aufgaben der Entscheidungsvorbereitung wahr (Entwicklung von Technologie- und Beschaffungsstrategien) und dient damit der informationellen und informatorischen Unterstützung der Einkaufsbereiche der Stäbe.

---

248 Vgl. Arnolds, H.; Heege, F.; Tussing, W.: Materialwirtschaft, 2010, S. 342; Voegele, A.: Global Sourcing, 2003, S. 591; Jahns, C.: Supply Organisation, 2003, S. 30.

249 Vgl. Jahns, C.: Supply Organisation, 2003. S. 30; Bogaschewsky, R.; Rollberg, R.: Prozessorientiertes Management, 1998, S. 239.

250 Vgl. Jahns, C.: Supply Organisation, 2003, S. 30.

251 Vgl. Matthyssens, P.; Faes, W.: Coordinating Purchasing, 1997, S. 335.

252 Vgl. Frese, E.: Organisation, 2005, S. 491 f.

Faes und Matthyssens[253] haben in einer umfassenden Studie verschiedene Ansätze zur Bündelung von Einkaufsumfängen untersucht und bemerken zur Selbstwahrnehmung zentraler Einkaufsabteilungen:

„Generally speaking, satisfaction levels of coordination managers are higher than for all other people involved (and probably overrated). Local plant managers or general managers show the lowest satisfaction levels. In the case of local managers, this reflects their ‚local rationality‘; coordination will always remain a partial infringement on their autonomy.“[254]

Rozemeijer und van Weele[255] haben, aufbauend auf fünf Fallstudien, eine Heuristik vorgeschlagen, bei der die optimale Organisationsform des Einkaufs in dezentral organisierten Unternehmen von den intermittierenden Variablen ‚Purchasing Maturity‘ (s. o.) und ‚Corporate Coherence‘ abgeleitet werden kann. Neben der Variablen ‚Purchasing Maturity‘ ist für die Wahl der Koordinationsform die ‚Ähnlichkeit‘ von Prozessen ausschlaggebend. Die ‚Corporate Coherence‘ oder der ‚Grad der Vereinheitlichung‘ eines dezentral organisierten Unternehmens ist unter anderem umso höher, je

- ähnlicher die vom Unternehmen abgedeckten Produkt-/Marktkombinationen sind,
- stärker das Unternehmen organisch gewachsen ist,
- geringer die Spartenautonomie ist,
- stärker spartenübergreifende Kooperation generell von der Unternehmensleitung gefördert wird,
- stärker Führungskräfte der Sparten auf der Basis übergreifender Synergien entlohnt werden und je
- mehr das Gesamtunternehmen eine starke Corporate Identity besitzt.

Die Wahl der Einkaufsorganisation in dezentralen Unternehmen ist nach Meinung der Autoren eine Funktion der ‚Purchasing Maturity‘ und der ‚Corporate Coherence‘.

---

253 Vgl. Faes, W.; Matthyssens, P.: Global Purchasing Synergy, 2000, S. 539 ff.

254 Faes, W.; Matthyssens, P.: Global Purchasing Synergy, 2000, S. 544.

255 Vgl. Rozemeijer, F.; Weele van, A.: Corporate Advantage, 2000, S. 6.

Matrixorganisation, Richtlinienbereich, Stabsmodell oder ‚Center-led-Purchasing": Organisationskonflikte sind die unmittelbare Folge von Interdependenzen und Interessengegensätzen zwischen den involvierten Parteien. Nicht alle Konflikte sind jedoch zwangsläufig dysfunktional. Es ist die Aufgabe des Kooperationsmanagements, diese Konflikte so zu beeinflussen, dass das Kooperationsziel nicht gefährdet wird.[256] Dazu stehen dem Kooperationsmanagement prozessuale Normen, Anreize, Symbole und – in bestimmten Grenzen – die Einwirkung auf die Unternehmenskultur zur Verfügung, die im Folgenden näher untersucht werden sollen.

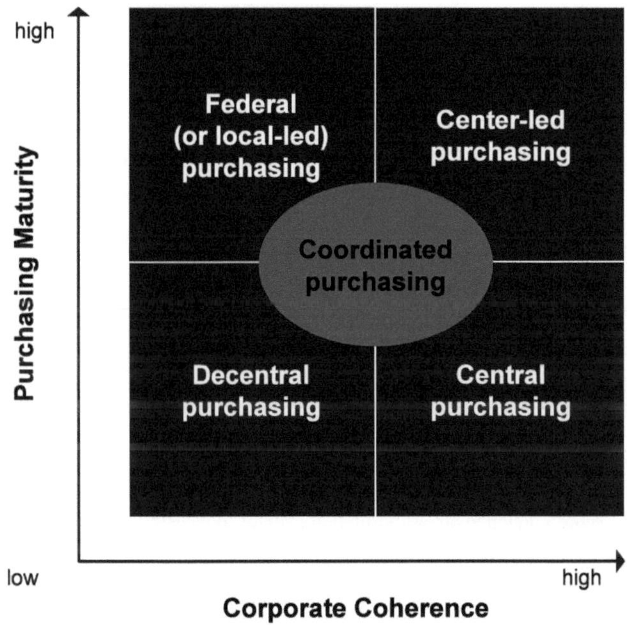

Abb. 28: Das Konzept von Rozemeijer/van Weele[257]

Normen und Einkaufsprozesse

Neben der Wahl der Aufbauorganisation einer Einkaufskooperation besteht Entscheidungsbedarf in Bezug auf die Einkaufsprozesse. Sequentielle oder parallele Verknüpfungen des Einkaufsprozesses finden in Einkaufskooperationen in Form

[256] Vgl. Jost, P.-J.: Konfliktmanagement, 1998, S. 46.
[257] Vgl. Rozemeijer, F.; Weele van, A.: Corporate Advantage, 2000, S. 6.

eines Co-Produktionsprozesses statt. Die Sparten nutzen grundsätzlich gleiche Geschäftsprozesse – Beschaffungsmarktforschung, Bedarfsermittlung, Auftragsausschreibung, Auftragsvergleich, Angebotsverhandlung, Beschaffungsentscheidung sowie Vertragsverhandlung – und teilen diese, wie in Kapitel 2 beschrieben, unterschiedlich auf: durch Beauftragung, durch Co-Spezialisierung oder durch gemeinsamen Einkauf.[258]

Die Teilung von Einkaufsprozessen erzeugt zwangsläufig eine Verteilung von Risiko und Verantwortung der Akteure. Daraus ergibt sich die Notwendigkeit, die speziellen Schnittstellen der kollektiv durchgeführten Einkaufsaktivitäten zu definieren und allgemeine Normen der Zusammenarbeit zu etablieren.

Die Definition von Schnittstellen kommt der Aufteilung von Informations- bzw. Entscheidungsinhalten und von Informations- bzw. Entscheidungsrechten gleich. Informationsrechte und -pflichten der Stabsabteilung ‚Einkauf‘ oder des Lead-Buyers lassen sich entlang des Prozesses ‚Einkaufsentscheidung‘ strukturieren.

Wesentliche Entscheidungs- und Informationsinhalte sind:

- Lieferantenklassifikation,
- Warengruppenstrategie (unter anderem make or buy),
- Anfragen,
- Anfrageauswertungen,
- Vergabe.

Informationsrechte können zwar grundsätzlich als Hol- oder Bringschuld des Kooperationsmanagements bzw. der betroffenen Sparten definiert werden. Regelungen, die die Informationsrechte des zentralen Kooperationsmanagements als Holschuld definieren, erzeugen erhebliches Potential für die Konflikte. Die Sparten wären nicht verpflichtet, Informationen über anstehende Bedarfe, Anfragen und Vergaben weiterzugeben.

Entscheidungen sind Auswahlhandlungen. Die Fähigkeit zur Entscheidung setzt die Existenz von Handlungsalternativen voraus. Entscheidungsrechte können sich auf Entscheidungsinhalte (Alternativen), Abstimmungsrechte und auf die einbezogenen Entscheidungsträger beziehen. Die Aufteilung von Entscheidungsinhal-

---

[258] Vgl. Jones, O.; Rich, N.: Purchasing, 2000, S. 213.

ten ist durch die Aufbauorganisation (s. o.) schon gesetzt. Je nach gewähltem Organisationsmodell besitzen zentrale Einheiten abgegrenzte Entscheidungsbefugnisse oder Mitwirkungsrechte an Entscheidungen.

Als Gestaltungsoptionen für die Vergabe von Entscheidungsrechten zwischen zentralen Stäben und dezentralen, operativen Einheiten kommen in Frage:

- Gestaltungsoption 1: unilaterale Entscheidungsrechte für einzelne Teilaspekte der Vergabe,
- Gestaltungsoption 2: bilaterale Entscheidungsrechte für einzelne Teilaspekte der Vergabe,
- Gestaltungsoption 3: unilaterale Entscheidungsrechte für alle Teilaspekte der Vergabe,
- Gestaltungsoption 4: bilaterale Entscheidungsrechte für alle Teilaspekte der Vergabe.

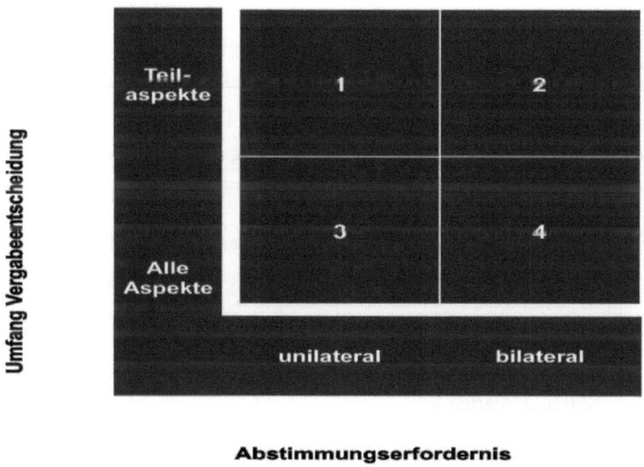

Abb. 29: Gestaltungsoptionen zur Bestimmung von Entscheidungsrechten bei Vergabeentscheidungen zwischen zentralen und dezentralen Einheiten

Gestaltungsoption 1: Bei unilateralen Entscheidungsrechten für einzelne Teilaspekte einer Vergabe kann die zentrale Einheit alleinig, z. B. über die Entscheidungsinhalte ‚Lieferantenklassifikation' und ‚Warengruppenstrategie', entscheiden, während die Sparte über die Anfrageauswertung und die Vergabe entschei-det.

Gestaltungsoption 2: ‚Bilaterale Entscheidungsrechte' entsprechender Gestaltungsoption 1, allerdings dahin gehend abgeschwächt, dass die zentrale Instanz (oder die Sparte) bei z. B. der Lieferantenklassifikation und der Warengruppenstrategie ‚mitentscheiden' darf. Das Recht zur Mitentscheidung kommt einem Vetorecht gleich: Trägt eine Instanz die Entscheidung nicht mit, werden Eskalationsregeln benötigt.

Gestaltungsoption 3: ‚Unilaterale Entscheidungsrechte' für alle Teilaspekte entsprechen der völligen Zentralisation oder der völligen Dezentralisation.

Gestaltungsoption 4: Alle Entscheidungsinhalte werden gemeinsam entschieden: Sparte und zentrales Kooperationsmanagement (Stab, Lead-Buyer). Auch hier gilt: Können sich die Einheiten in einem Teilaspekt nicht einigen, benötigen sie Eskalationsregeln.

Typische Konflikte sind in der Übernahme von Verantwortung für Fehllieferungen bei Lieferantenwechsel oder den Versorgungsunterbrechungen möglich, die durch Volumenbündelungen hervorgerufen werden. Hier werden die operativen Einheiten in den seltensten Fällen die Gelegenheit haben, Mehrkosten in der Logistik oder Produktion auf zentrale Stäbe abzuwälzen. Je autonomer zentrale Stäbe Lieferantenentscheidungen gegen die operativen Interessen der Sparten treffen können, desto intensiver dürften solche Konflikte ausgetragen werden. In der Praxis wird die Wahl der Gestaltungsoption abhängig von den situativen Gegebenheiten des Unternehmens Ergebnis eines Aushandlungsprozesses zwischen Kooperationsmanagement und Sparten sein.

Neben Normen zu Entscheidungsbefugnissen sind Verhaltensnormen sowohl für die Steuerung als auch für die Beurteilung von Verhalten ein zentrales Problem in kooperativen Prozessen. Verhaltensnormen können Handlungsanweisungen geben, welche Verhaltensweisen in Fällen von Kooperation oder Defektion anzuwenden sind.

Über den von Axelrod erbrachten Nachweis, dass eine auf symmetrischer Erwiderung basierende Handlungsstrategie in zahlreichen, wenn auch nicht in allen Fällen ein probates Mittel des Aufbaus von Kooperation und der Erzielung eines Kooperationsgewinns ist,[259] gibt es Ansätze, die der Frage nachgehen, wie Spannungen zwischen Kooperationspartnern reduziert werden können. Typische Normen, die kooperative Prozesse in Dilemma- oder Konfliktsituationen regeln, werden im Rahmen des GRIT-Ansatzes (Graduated and Reciprocated Initiatives in Tension Reduction) empfohlen. Das Konzept ist ein normativer Ansatz mit den Zielen, umsichtigere Entscheidungen mit möglichst vielen Alternativen zu treffen und Wahrnehmungsverzerrungen einzudämmen, die zu Misstrauen und Verdächtigungen führen können.[260]

- Bezugsrahmen
  Schaffe in Kooperationen eine übergreifende Einkaufsstrategie je Warengruppe, die die Interpretation von Einkaufsentscheidungen nicht zu isolierten Ereignissen werden lässt.

- Klare Bekanntgabe jeder Initiative
  Vermeide Missinterpretation aufgrund vager, mehrdeutiger oder unbestimmter Aussagen und Handlungen. Stelle Verbindungen zu einem allgemeinen Problem her. Demonstriere Übereinstimmung mit grundsätzlichen Normen, z. B. mit warengruppenspezifischen Prioritäten für Kosten, Qualität, Technologie und Logistik.

- Ausführung der Initiativen, so wie angekündigt
  Schaffe objektive Glaubwürdigkeit. Einkaufsentscheidungen müssen planmäßig ablaufen und dürfen nicht von den mittelbar beteiligten Funktionalbereichen der Sparte (Entwicklung, Produktion, Finanzen etc.) unterlaufen oder blockiert werden.

- Reziprozität erwünscht, aber nicht gefordert
  Konziliante Initiativen wie z. B. die Preisgabe von Lieferanten- und oder Preisinformationen sollten eine ausdrückliche Einladung zur Erwiderung beinhalten, indessen sollte keine Verpflichtung zur Erwiderung von der Schwestersparte verlangt werden. Die initiierende Sparte geht hier also

---

[259] Vgl. Axelrod, R. M.: Kooperation, 2000, S. 47.
[260] Vgl. Lindskold, S.: GRIT-Ansatz, 1981, S. 246.

bewusst das Risiko der Verletzbarkeit ein, indem sie ohne die Gewissheit der Reziprozität Vorleistungen erbringt.

- Fortgesetzte Initiativen ohne Reziprozität
  Initiativen müssen sich über eine gewisse Zeitspanne erstrecken, selbst wenn es an einer Win/Win-Situation oder der Möglichkeit einer Ausgleichszahlung fehlt. Sowohl die Glaubwürdigkeit als auch die Konsistenz der allgemeinen Erklärung manifestieren sich durch ihre Beharrlichkeit.

- Einkaufsinitiativen und deren Erfolge der Verifikation unterwerfen
  Einkaufserfolge, und ihre Zurechnungen müssen von einer neutralen Stelle (Controlling- bzw. Finanzbereich) verifiziert werden. Verträge und Nebenabsprachen mit gemeinsamen Lieferanten müssen offengelegt werden.

- Aufrechterhaltung der Fähigkeit zur Klage oder Sanktion
  Konzilianz kann gewählt werden, jedoch nicht als einzige Strategie. Vergeltung kann in der Verweigerung von künftigen Kooperationsbegehren der Schwestersparte bestehen. Klagen sollten gegenüber einem legitimierten Lenkungsausschuss oder der Unternehmensleitung vorgebracht werden. Die Etablierung eines solchen Lenkungsausschusses wird von mehreren Autoren vorgeschlagen[261] und ist insbesondere bei ‚kleinen' Normenverstößen wichtig, wenn diese unter der Schwelle liegen, die die Einschaltung der Unternehmensleitung nicht rechtfertigen.

- Diversifikation der Einkaufsinitiativen
  Verschiedene kooperative Aktivitäten der Sparten ermöglichen Trade-offs und Abhängigkeiten, die wiederum Anreize für faires Verhalten darstellen. Normenverstöße der Schwestersparte sollten nicht mit eigenen Normenverstößen ‚beantwortet' werden.

- Berücksichtigung von Reziprozität bei zukünftigen Initiativen.[262]
  Dies ist eine notwendige Voraussetzung für die Entstehung von dauerhaftem Vertrauen.

[261] Vgl. Eßig, M.: Cooperative Sourcing, 1999, S. 149.
[262] Vgl. Lindskold, S.: GRIT-Ansatz, 1981, S. 248.

Sich selbst verstärkende Prozesse einer Wettbewerbshaltung, ganz besonders reduzierte – bis zur Feindseligkeit gesteigerte – Kommunikation, ‚Fehlurteile und Missverständnisse, besonders die Perzeption eingeschränkter Alternativen, ‚vorprogrammierte' Reaktionen, Tendenzen zur Polarisierung und das Entstehen von Gerüchten können dazu führen, dass Konflikte ausufern.[263]

Um zu verhindern, dass emotionale Aspekte potentielle oder bereits eingetretene Konflikte überwuchern, sind folgende Ansätze vorgeschlagen worden.

- Glaubhafte Selbstbindung – beobachtbare, wiederholte Selbstbindung an, explizit formulierte oder sichtbar nachvollziehbare Handlungsweisen (Spielzüge)[264]
- Ent-Emotionalisierung von Konflikten und Reduktion auf den (objektiven) Konfliktgrund[265]
- Aufdecken, Thematisieren und Vermeiden von Manipulationen (unschlüssiges Argumentieren, Behinderungen, Sinnentstellung etc.)[266]
- Zerlegung der Konfliktfrage in Einzelfragen, Feststellung der Bedeutungsschwere von einzelnen Konfliktfragen[267]
- Betonung kooperativer Chancen, insbesondere das Herausstellen gemeinsamer Interessen sowie Verweis auf eine günstigere Kosten-Nutzen-Bilanz bei Kooperation[268]
- Verstärkte Kommunikation bzw. Anstrengungen, abgebrochene kommunikative Prozesse wieder in Gang zu setzen[269]
- Betonung einer übergreifenden gemeinsamen Gruppenzugehörigkeit
- Klärung von Wertkonflikten, die sich hinter sachlichen Konflikten verbergen[270]

---

263 Vgl. Kreyenberg, J.: Konfliktmanagement, 2008, S. 126 ff.; Fischer, L.; Wiswede, G.: Sozialpsychologie, 2009, S. 702.

264 Vgl. Ullrich, C.: Coopetition, 2004, S. 196.

265 Vgl. Fischer, L.; Wiswede, G.: Sozialpsychologie, 2009, S. 702.

266 Vgl. Berkel, K.: Konflikttraining, 2008, S. 87.

267 Vgl. Deutsch, M.: Konfliktregelung, 1976, S. 181.

268 Vgl. Dewitte, S.; Cremer, D.: Cooperation, 2001, S. 133 ff.

269 Vgl. Deutsch, M.: Konfliktregelung, 1976, S. 197; Fallgatter, M.J.; Koch, L.: Kooperation, 1998, S. 13 ff.; Ullrich, C.: Coopetition, 2004, S. 199 f.

270 Vgl. Berkel, K.: Konflikttraining, 2008, S. 88 f.

- Inventarisieren, Fraktionieren und Transponieren (quantitative oder qualitative Kompensation für inhaltlich nicht direkt lösbare Belastungen einer Konfliktpartei) der Streitgegenstände[271]
- Anrufung sozialer Normen, insbesondere Kanalisierung des Konfliktes in institutionelle Bahnen[272]
- Einschaltung von Schiedsrichtern[273]

Mit der vorsorglichen Senkung von Konfliktpotentialen haben sich zahlreiche Studien befasst. Darunter fallen die Maßnahmen[274]

- Minderung des Kooperationszwangs,
- Schaffung von Handlungsspielräumen,
- Klare Kompetenzverteilung,
- Meidung von Nullsummen-Spielen,
- Nachvollziehbare Verteilungsregeln,
- Homogenisierung der Konfliktparteien in Bezug auf Werthaltungen und Einstellungen,
- Transparenz des Entlohnungssystems,[275]
- Partizipation an Entscheidungen.

Darüber hinaus existieren zahlreiche Forschungsergebnisse, die der Frage nachgehen, ob Akteure erfolgreiche Kooperationsverhältnisse nicht beschleunigen können, indem sie sich bemühen, noch vor Aufnahme der Kooperation die kooperationsfreundlichen Absichten ihrer Mitakteure möglichst zuverlässig zu identifizieren bzw. sich selbst in überzeugender Weise als Kooperationspartner darzustellen. Neben Zeremonien und Symbolen, die als allgemeiner Ausdruck der Unternehmenskultur gelten (siehe Kapitel 4.4.4), existiert eine Vielzahl von spezifischen Signalen, die die Akteure benutzen können, um ihre Gegenüber dazu zu bewegen, Bedenken gegen die Kooperation zurückzustellen.[276] Demnach werden

---

[271] Vgl. Glasl, F.: Konfliktmanagement, 2004, S. 355.

[272] Vgl. Posner, E.: social norms, 2002. S. 172 ff.; Maurer, A.; Schmid, M.: Soziologie, 2010, S. 312 ff.

[273] Vgl. Kreyenberg, J.: Konfliktmanagement, 2008, S. 110 ff.; Berkel, K.: Konflikttraining, 2008, S. 98 ff.; Glasl, F.: Konfliktmanagement, 2004, S. 399.

[274] Vgl. Fischer, L.; Wiswede, G.: Sozialpsychologie, 2009, S. 703; Rostenstiel, L. von: Organisationspsychologie, 2007, S. 319.

[275] Vgl. Güth, W.; Kliemt, H.; Ockenfels, A.: Fairness, 2003, S. 465 ff.

[276] Vgl. Maurer, A.; Schmid, M.: Soziologie, 2010, S. 307.

die Kosten für Kooperation dann ganz wesentlich gesenkt und Verluste aus einseitiger Defektion vermieden, wenn es ‚gutwilligen' Kooperateuren gelingt, gleichgesinnte, ‚gute' Kooperateure zu finden und für die Kooperation zu selektieren.[277] Dieser Selektionsvorteil steht den möglichen Signalisierungskosten entgegen. Akteure signalisieren ihre Vertrauenswürdigkeit ganz allgemein durch beobachtbares und gegebenenfalls durch demonstratives Verhalten (einhalten von nicht sanktionierten Regeln, ‚Spenden' an gemeinnützige Initiativen, freiwillige Aufgabe von einseitigen Vorteilen, unentgeltliches Einbringen von Ressourcen in einen gemeinsam genutzten Pool).[278]

Das Vertrauensproblem ist ein omnipräsentes Problem bei nahezu jeder Art von Kooperation.[279] Vertrauen bezieht sich auf die Transaktion von zwei Akteuren. Es definiert sich als die einseitige Erbringung einer Vorleistung bei dem bewusst eingegangenen Risiko, dass diese Vorleistung vom Transaktionspartner nicht erwidert wird. Man kann diese Transaktion auch als einen zeitlich gestreckten Tauschvorgang interpretieren: Wer Vertrauen schenkt, trifft – aus entscheidungslogischer Sicht – eine auf den eigenen Nutzen bedachte riskante Entscheidung. Drei Faktoren nehmen dabei maßgeblichen Einfluss auf das Vertrauen, das Akteure zueinander haben:

- der ‚Schatten der Zukunft',[280]
- die Legitimation der Akteure,
- die Transparenz von Verhandlungsergebnissen.

Vertrauensprobleme entstehen aus strategischen Situationen, die einem Gefangenendilemma entsprechen. In einem Gefangenendilemma sind die möglichen Auszahlungen bei beidseitiger oder einseitiger Kooperation bzw. Defektion so verteilt, dass der Akteur, der eine Vorleistung erbringt, durch einen nichtkooperativen Spielzug des anderen Akteurs übervorteilt werden kann. Er verliert seine Vorleistung oder erleidet einen Verlust in Form einer negativen ‚Auszah-

[277] Vgl. Posner, E.: social norms, 2002. S. 175.

[278] Vgl. Posner, E.: social norms, 2002. S. 175.

[279] Vgl. Nooteboom, B.: Trust, 2005, S. 37; Beckmann, M.; Mackenbrock, T.; Pies et al.: Vertrauen, 2005, S. 61.

[280] Vgl. Frings, C.: Soziales Verhalten, 2010, S. 179.

lung‘.[281] Handelt es sich hierbei um ein wiederholtes Spiel bei rational agierenden Akteuren, müssen beide Spieler die Summe künftiger Auszahlungen bei der Wahl ihrer Handlungen bedenken: Diese ist gleichzusetzen mit der Summation einer endlosen Reihe von Auszahlungen, gewichtet mit einem Diskontierungsfaktor.[282] Diese auf einen Bezugszeitpunkt abdiskontierte Summation aller ‚Auszahlungen‘ wird auch als ‚Schatten der Zukunft‘ bezeichnet. Der Diskontierungsfaktor gibt an, wie früh das Spiel abgebrochen wird bzw. welchen Wert die Spieler gegenwärtigen Ereignissen gegenüber zukünftigen beimessen.

Bei wiederholten Gefangenendilemmata und einem langen Schatten der Zukunft führen die Vergeltungsmaßnahmen des Spielgegners zu einer kleineren Summe an kumulierten Auszahlungen als bei kooperativem Verhalten. Bei einem kleinen Schatten der Zukunft lohnt es sich nicht, zu kooperieren, selbst wenn der andere Spieler die Kooperation erwidert. Soll sich die Kooperation als stabil erweisen, muss der Schatten der Kooperation hinreichend groß sein. Das bedeutet, dass das Gewicht der nächsten Begegnung zweier Individuen groß genug sein muss, um eine Defektion für den Fall zu einer unprofitablen Strategie zu machen, dass der andere Spieler provozierbar ist.

Um zur Förderung der Kooperation unter Organisationsmitgliedern beizutragen, müssen Beziehungen so strukturiert sein, dass es häufige und dauerhafte Interaktionen zwischen spezifischen Individuen gibt.[283]

Zusammenfassend können folgende Forderungen an die Inhalte normativer Regelungen in Kooperationen gestellt werden, um Konflikte zu vermeiden bzw. zu begrenzen.

- Verhandlungsbeziehungen zwischen Sparten müssen reziprok sein.
- Die strategische Situation zwischen den Sparten darf kein Nullsummenspiel sein.
- Arbeitsbeziehungen zwischen Akteuren sollten dauerhaft sein, um einseitiges ‚Defektieren‘ zu erschweren.

---

281 Vgl. Wiswede, G.: Soziologie, 1998, S. 241.

282 Vgl. Axelrod, R.: Kooperation, 2000, S. 114 ff.; Frings, C.: Soziales Verhalten, 2010, S. 179.

283 Vgl. Axelrod, R.: Kooperation, 2000, S. 153 ff.

- Vergangenheit und Ergebnisse der Aushandlungsprozesse müssen transparent sein.
- Es muss ein Sanktionierungssystem zur Verfügung stehen, um wesentliche Normen der kooperativen Zusammenarbeit zu erzwingen.
- Entscheidungen in kooperativen Einkaufsprozessen müssen einem definierten Normengerüst entsprechen (unilaterale oder bilaterale Entscheidungskompetenzen, jeweils bezogen auf entweder *einzelne* oder *alle* Teilentscheidungen im Rahmen einer Vergabe).
- Koordinationserträge müssen messbar und zuzuordnen sein.
- Operative Risiken und Konsequenzen aus zentralen oder zentral beeinflussten Einkaufsentscheidungen müssen zentralen Stäben zuzuordnen sein. Ist die Verrechnung von Kosten für Mehraufwand durch eingetretene Risiken nicht möglich, so sind alternativ qualitative Leistungsbeurteilungen der beteiligten operativen Einheiten zwischen Kooperationsmanagement und Sparten zu verhandeln.

4.4.4. Kultur

Kulturelle Ziele sind solche Objekte, Zustände und Ressourcen, die für alle Mitglieder einer Gruppe oder Organisation von primärem Interesse sind. Die kulturellen Ziele bilden also den primären Rahmen, um den sich alle spezifischen Interessen der Akteure in einer Organisation drehen. Sie erzeugen systematisches Streben nach gewissen, in einer Gemeinschaft allgemein geschätzten Ressourcen, Eigenschaften und Leistungen. Es entsteht ein Bewertungssystem, das in der jeweiligen Gruppe, Gesellschaft oder Organisation von der Mehrheit der Mitglieder geteilt wird.[284]

In der Literatur zur Unternehmenskultur spielt bis heute das Konzept des amerikanischen Organisationspsychologen E. Schein eine wesentliche Rolle.[285]

---

284 Vgl. Esser, H.: Sinn und Kultur, 2001, S. 5 ff.; Schreyögg, G.: Organisation, 1999, S. 440.

285 Vgl. Buß, E.: Managementsoziologie, 2009, S. 209; Schmidt, S.: Unternehmenskultur, 2004. S. 27 ff.; Voigt, K.-I.: Unternehmenskultur, 1996, S. 45 f.; Rau, A.: Unternehmenskultur, 2007, S. 7; Landenberger, I.: Unternehmenskultur, 2006, S. 31; Hungenberg, H.: Unternehmensführung. 2004, S. 86; Rössler, B.: Kultur, 2011, S. 20; Hentze, J.: Personalführungslehre, 2005, S. 478; Maas, P.; Schüller: Organisationskultur, 1990, S. 167.

Das Modell von E. Schein geht davon aus, dass sich die Unternehmenskultur auf einer ‚oberen' Ebene, der Symbolebene, durch bedeutungstragende Gegenstände, Informationen oder Vorgänge zeigt, die zwar sichtbar und beschreibbar, aber unterschiedlich schwer interpretierbar sind.[286]

Die ‚mittlere' Ebene findet ihren Ausdruck in teils sichtbaren und teils unbewussten Werten. Die ‚untere' Ebene umfasst schließlich die grundlegenden Annahmen der Akteure. Akteure entwickeln in sozialen Situationen bezüglich einer Reihe von Problemfeldern Annahmen, die für ihr persönliches Sein und Handeln wichtig sind. Diese beziehen sich nach Ansicht von Schein auf ihre Beziehung zur Organisation (Dominanz, Unterordnung, Harmonie), die Ansichten über unzweifelhafte und zweifelhafte Fakten, die elementaren Beweggründe von Menschen und die Beziehung des Menschen zu seiner natürlichen und zur sozialen Umwelt.

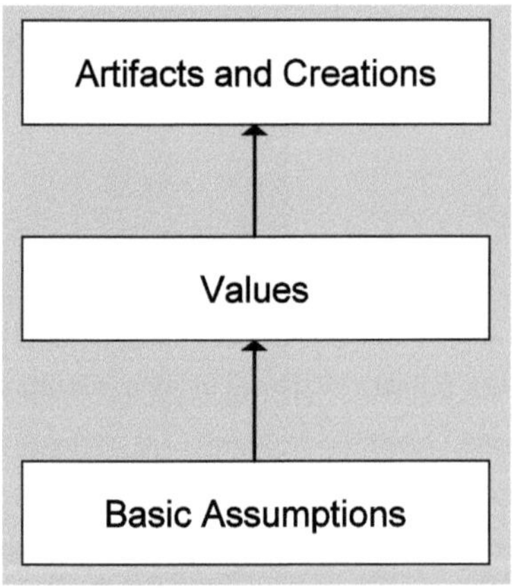

Abb. 30: Kulturebenen in Unternehmen[287]

Werte geben den Interessen der Akteure eine grundsätzliche Orientierung, sie ermöglichen es, Interessen zu ordnen. Ein Wert stellt einen allgemeinen Standard dar, der das gesellschaftlich oder organisatorisch Erwünschte definiert. Interessen definieren das Gewünschte, Werte das Erwünschte. Werte sind somit besondere Formen eines verbreiteten mentalen Modells, das die gemeinsame Einstellung auf

---

[286] Vgl. Schein, E.: Unternehmenskultur, 1995, S. 30; Jänicke, G.: Unternehmenskultur, 2005, S. 94; Ochsenbauer, C.; Klofat, B.: Unternehmenskulturdiskussion, 1997, S. 98; Beyer, H.; Fehr, U.; Nutzinger, G.: Unternehmenskultur, 1995, S. 72 f.

[287] Vgl. Ochsenbauer, C.; Klofat, B.: Unternehmenskulturdiskussion, 1997, S. 98.

bestimmte Situationen definiert. Sie sind Teil der sozialen Identität und damit relativ konstant. Werte können dabei allgemeine gesellschaftliche Werte sein (Individualismus, Freiheit, Leistungsorientierung) oder spezifische für Unternehmen oder für deren Teilbereiche gültige Werte. Sie ‚übergreifen' die spezifischen Interessen der Akteure und erzeugen eine orientierende, hierarchische Ordnung der Wünschbarkeit.[288]

Entsprechend den Ebenen des Modells der Unternehmenskultur können Möglichkeiten der Beeinflussung auf der Stufe der Symbole, der Normen und der grundlegenden Werte ansetzen. Dabei sind einer gezielten Neugestaltung der Unternehmenskultur klare Grenzen gesetzt. Entwicklungsprozesse lassen sich nur bedingt steuern. Aufgrund des komplexen Charakters organisatorischer Kulturen ergeben sich aus Anstößen zur Kulturerneuerung häufig überraschende ungeplante Wirkungen.[289]

Denkbar ist, vor Beginn einer Einkaufskooperation eine Erhebung der geteilten Werte innerhalb und zwischen den beteiligten Sparten durchzuführen. Für eine Erfassung der Ausgangssituation bedarf es dabei zunächst eines allgemeinen Konzeptes von Werten. Die Theorie des Wertwissens unterscheidet dabei vier grundlegende Handlungsbezüge als Wertwissensklassen in Organisationen.[290]

- Selbstbezug (Zuverlässigkeit, intrinsische Motivation)
- Aktivitäts- oder Ergebnisbezug (Eigeninitiative, Führungsanspruch, Wettbewerbsorientierung)
- Fach- und Methodenbezug (fachliche Professionalität, Detailorientierung)
- Interaktionsbezug (Kollegialität, Kompromissfähigkeit, Harmonisierungstendenz, Sozialorientierung)

Von der Vielzahl möglicher Wissensbestände spielen insbesondere die Entscheidungsprozesse in Organisationen eine ‚entscheidende' Rolle. Entscheidungsprozesse sind unter den Gesichtspunkten der Bewältigung von Unsicherheit und der Anwendung von Macht von besonderem Interesse. Entscheidungen lassen sich als Ausdruck einer kollektiven Wertwissensdynamik interpretieren. Dazu gehören die

[288] Vgl. Esser, H.: Soziales Handeln, 1999, S. 135.
[289] Vgl. Schreyögg, G.: Organisation, 1999, S. 471.
[290] Vgl. Meynhardt, T.: Wertwissen, 2004, S. 166.

Pointierung von bestimmten Entscheidungsparametern, ihre Sichtbarkeit und Nachvollziehbarkeit, die Anwendung von sachbezogener Rationalität im engeren Sinne gegenüber übergeordneten ‚politischen' Argumenten sowie die Gewichtung individueller und kollektiver Entscheidungen im Gruppenprozess. Das heißt, Entscheidungsprozesse sind von fundamentaler Bedeutung für das Wertwissen einer Organisation.

Typische Entscheidungsbedarfe bei kooperativen Entscheidungsprozessen im Einkauf sind die Anwendung von Vergabeverfahren (Direkt-, Wettbewerbsvergabe), die Priorisierung von Entscheidungskriterien (z. B. ausschließliche Bevorzugung des günstigsten oder technologisch besten Lieferanten) sowie die einbezogenen Entscheidungsträger (Hierarchie, beteiligte Ressorts). Charakteristika von kooperativen Entscheidungsprozessen im Einkauf sind:

- die Gewichtung widerstrebender Spartenziele bei strategischen Einkaufsentscheidungen (z. B. Globalisierung vs. Lokalisierung),
- die Priorisierung von spartenbezogen unterschiedlichen Entscheidungskriterien für Vergabeentscheidungen, z. B.
  - ausschließliche Bevorzugung des günstigsten Lieferanten,
  - ausschließliche Bevorzugung des technologisch besten Lieferanten,
  - ausschließliche Bevorzugung des qualitativ besten Lieferanten,
  - sonstige Gründe (Geschäftsbeziehung, persönliche Gründe),
- die Kongruenz von Vergabeentscheidungen mit vereinbarten Entscheidungsnormen
  - entsprechend vereinbarten (normierten) Entscheidungsrichtlinien,
  - abweichend von vereinbarten Entscheidungsrichtlinien.

Wesentlich für eine Eingrenzung von Handlungsfeldern ist die Bestimmung der Ausgangspositionen der Sparten. Bemühungen, organisationsspezifisches Wertwissen rekonstruierend zu erfassen und für praktische Zwecke handhabbar zu machen, stehen vor zwei Herausforderungen. Zum einen muss der Erhebungsaufwand ‚gerechtfertigt' werden, zum anderen muss eine ökonomisch und soziale ‚akzeptable' Erhebungsform angewendet werden.[291] Die Auseinandersetzung von Akteuren mit den Werten der bestehenden Unternehmenskultur und den vom Ko-

[291] Vgl. Meynhardt, T.: Wertwissen, 2004, S. 184; Schreyögg, G.: Organisation, 1999, S. 469.

operationsmanagement vertretenen Werten hängt davon ab, inwieweit die entsprechenden Werte (Autonomie vs. Kooperation) beim Akteur ‚verankert' und auf welche Weise sie legitimiert sind.

Gussmann und Breit haben dazu ein Konzept vorgestellt, das Hinweise auf das Konfliktpotential bei der Genese von ‚Werten' gibt. Demnach wirken Maßnahmen zum Wertewandel, wie sie etwa in der populärwissenschaftlichen Literatur zum ‚Change Management' vorgeschlagen werden, nur dann, wenn die Akteure Vor- und Nachteile eines solchen Wandels kalkulierend abwägen. Soll die Unternehmenskultur durch kurzfristige Maßnahmen verändert werden, sind Konflikte als Folge eines ‚Wertedrills' wahrscheinlich.[292]

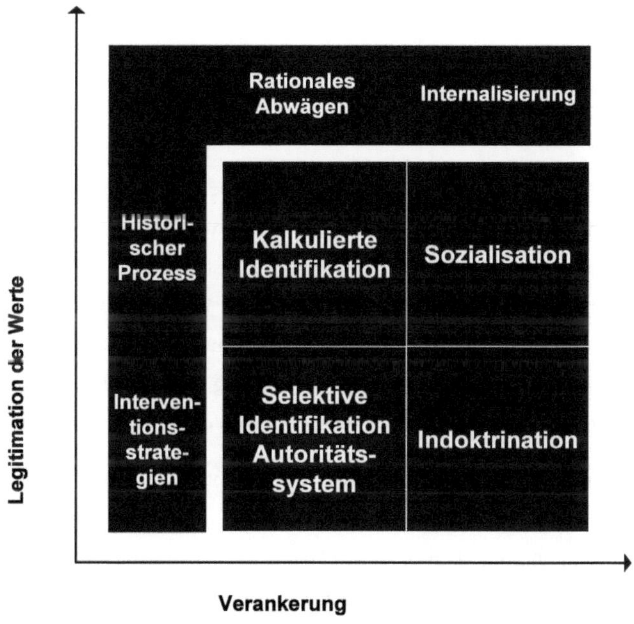

Abb. 31: Verankerungsgrad und Legitimation von Unternehmenskulturen [293]

Begreift man die angestrebte Kooperation vormals unabhängiger Geschäftsbereiche als Intervention, werden sich rational orientierte Akteure selektiv mit den

[292] Vgl. Gussmann, B; Breit, C.: Unternehmenskultur, 1997, S. 126.
[293] Vgl. Gussmann, B; Breit, C.: Unternehmenskultur, 1997, S. 126.

Werten der spartenübergreifenden Kooperation assoziieren. Orientieren sich die Akteure der Sparten ausschließlich an historisch gewachsenen Werten, ist die Gefahr einer versuchten und letztlich ineffizienten Indoktrination gegeben. Problematisch ist bei diesem Konzept, dass die intermittierenden Variablen ‚Verankerung' und ‚Legitimation' nicht operationalisiert werden.

Soll die Durchsetzbarkeit eines Kooperationsvorhabens in Bezug auf die herrschende Unternehmenskultur ausführlicher analysiert werden, ist die Anwendung einer Werteanalyse denkbar.

Hierzu hat Meynhardt eine Erfassungsmethode in zwei Schritten vorgeschlagen.[294]

- Aufzählung subjektiv wichtiger, kultureller Besonderheiten im unmittelbaren beruflichen Umfeld anhand von Gegensatzpaaren
- Einschätzung vordefinierter Objekte (z. B. Organisationseinheiten, Lieferanten) in den vier Wertwissensklassen

Pro Wertwissensklasse (Selbstbezug, Aktivitätsbezug, Fachbezug, Interaktionsbezug) sollen im Rahmen einer Befragung die Betroffenen dabei folgende Angaben machen: anzustrebende zukünftige Werte, anzustrebende Werte des Status quo, abzulehnende mögliche Werte, zu vermeidende Werte, abzulehnende Werte des Status quo. Nach Ansicht von Meynhardt soll mit Hilfe dieser Analyse in Form einer Datenrückkopplung ein Wertwissensdialog angeregt werden, um damit in die gezielte Auseinandersetzung mit speziellen Wertdilemmata einzutreten.

Die Anwendung einer solchen Methode beruht letztlich auf einer Aufwand-Nutzenabwägung der Unternehmensleitung bzw. des Kooperationsmanagements. Diese oder andere Vorgehensweisen können interessante Rückschlüsse auf kooperative Beschaffungsprozesse ermöglichen, jedoch letztlich keine Gestaltungsoption einer Einkaufskooperation im engeren Sinne.

Auch wenn Werte und Wertwissen nicht explizit erfasst werden können (oder sollen), so geben Symbole und symbolische Handlungen Hinweise auf zugrundeliegende kollektive Orientierungen. Institutionelle Regeln haben für den Akteur zunächst oft nur ‚äußere' Geltung. Eine Verbindung des äußeren Bezugsrahmens

[294] Vgl. Meynhardt, T.: Wertwissen, 2004, S. 236.

gibt es ohne weiteres nicht. Die Situation muss vor einer Entscheidung durch den Akteur erst einmal ‚definiert' werden. Das heißt, es muss ein Bezugsrahmen aktiviert werden, der die gedanklichen, von den Akteuren kollektiv geteilten Modelle des sozial ‚richtigen' Denkens darstellt. Diese gedanklichen Modelle sind dabei mit gewissen typischen ‚objektiven' und erkennbaren Merkmalen von Situationen, also mit Symbolen assoziiert.[295] Derartige Schemata dienen nicht nur dem Verstehen der Realität, sie ermöglichen es auch, Ereignisse zu antizipieren und zu erinnern.[296]

‚Situationen' sind generell zu komplex für Akteure, um alle darin dargebotenen Informationen auszuwerten.[297] Aus Symbolen ziehen Akteure Schlüsse über weitere, nicht unmittelbar feststellbare Eigenschaften der Situation. Sie helfen ihnen, zu erkennen, welche Eigenschaften einer Situation vorliegen sowie welche Alternativen möglich bzw. welche institutionellen Regeln vorgegeben sind und stellen damit Verbindungen zu typischen Mustern der Orientierung her.[298] Symbole zeigen Akteuren einen kulturell definierten Zusammenhang, der einen Bezugsrahmen bildet, unter den die Situation gestellt und durch den sie definiert ist. Aus Symbolen ziehen die Akteure ohne großen Aufwand Schlüsse über angemessenes Handeln in Situationen: Die Teilnahme des Vorstandsvorsitzenden am Kick-off-Meeting, ob ein Vortrag vom Spartenleiter oder seinem Stellvertreter gehalten wird, Klatschen oder schwache Zustimmung bei der Demonstration von Einsparungserfolgen, eine gemeinsame Präsentation der Vertreter zweier verschiedener Sparten etc. zeigen an, wie die jeweilige Situation zu interpretieren ist und welches Handeln in der gegebenen Situation angemessen wäre.

Gussmann und Breit argumentieren, dass Symbolen unterschiedlich abgestufte Fassbarkeit zukommt.

---

[295] Vgl. Gollwitzer, P.; Moskowitz, G.: Goal Effects, 1996, S. 365; Esser, H.: Sinn und Kultur, 2001, S. 1; Nerdinger, F.: Grundlagen, 2003, S. 58.

[296] Vgl. Nerdinger, F.: Grundlagen, 2003, S. 60 f.

[297] Vgl. Gollwitzer, P.; Moskowitz, G.: Goal Effects, 1996, S. 362.

[298] Vgl. Buß, E.: Managementsoziologie, 2009, S. 260; Esser, H.: Situationslogik, 1999, S. 51 ff.

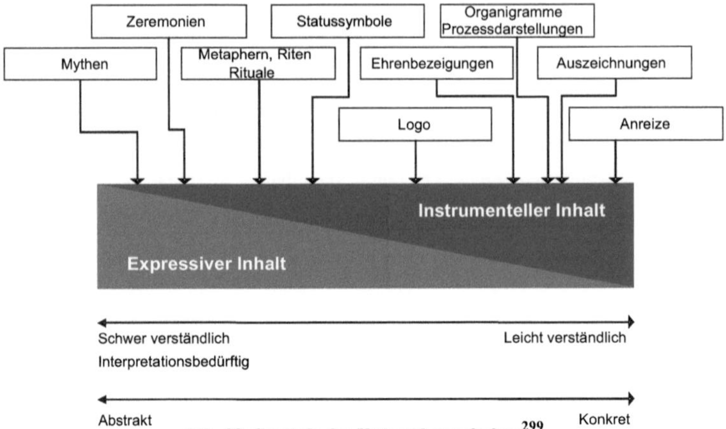

Abb. 32: Symbole der Unternehmenskultur[299]

Für die vorliegende Problemstellung stellt sich dabei die Frage, welche der überwiegend expressiven Symbole der Unternehmenskultur (des Gesamtunternehmens) gezielt in Bezug auf die Förderung von Kooperation zwischen den Sparten gesetzt werden können.

Geschichten oder Anekdoten sind mehr oder weniger ausgeschmückte Berichte über unternehmensspezifische Geschehnisse, die sich in der Vergangenheit zugetragen haben und denen – durch die implizite Kommunikation essentieller Werte – eine vergleichsweise größere Überzeugungskraft zugesprochen wird als expliziten Verständigungsformen. Sie verdeutlichen traditionelle Wege der Problemlösung und zeigen Akteuren auf, welche Handlungsweisen von ihnen in bestimmten Situationen erwartet werden.[300] Ihre Eignung zur aktiven Gestaltung von Kooperationsvorhaben ist kritisch zu beurteilen.

Mythen stellen idealisierte, überhöhte Darstellungen einzelner unternehmensspezifischer Geschehnisse dar. Sie besitzen im Allgemeinen keine streng rationale Basis, ihre Inhalte sind sehr häufig subjektiv geprägt. Wird der Glaube an diese Inhalte von den Organisationsmitgliedern geteilt, so bestimmten diese Inhalte nicht zuletzt, welche Handlungsweisen in Organisationen als legitim erachtet

---

[299] Vgl. Gussmann, B.; Breit, C.: Unternehmenskultur, 1997, S. 110.
[300] Vgl. Gussmann, B.; Breit, C.: Unternehmenskultur, 1997, S. 113 f.

werden und welche als Verstoß gegen grundsätzliche Regeln zu bewerten sind.[301] Zu unterscheiden sind dabei Geschichten und Mythen, die sich auf reale Geschehnisse beziehen, und solche, die frei erfunden werden. Die Eignung von Geschichten, Anekdoten und Mythen als Instrumente der aktiven Beeinflussung von Unternehmenskulturen ist skeptisch zu beurteilen: Kommunikationsarbeit ist – insbesondere in Konzernen – auf verschiedene Abteilungen und Hierarchieebenen verteilt. Zudem fehlt in Unternehmen vielfache eine Stelle, die für den Integrationsprozess der Kommunikation verantwortlich ist.[302]

Die Aufgabe von Logos kann darin bestehen, viele Aspekte und Merkmale einer Thematik, eines Projektes oder einer Unternehmensinitiative in einem prägnanten Zeichen zu vereinen.[303] Dabei werden Logos als Symbole benutzt, vermittels derer ein System gemeinsamer unternehmensbezogener oder auch abteilungs- oder projektbezogener Werte weitergegeben wird. Über diese und andere Symbole sollen Organisationsmitgliedern die für die Unternehmen relevanten Werte und Normen vermittelt werden.[304]

Eines der wirksamsten Mittel gegen Unsicherheiten hinsichtlich des Übergangs von einer Sinnwelt (hier: Sparte) in eine andere (hier: zentrales Einkaufsteam) ist dabei das Ritual – stets verbunden mit deutlichen Symbolen und Zeremonien.[305] Aus diesem Grund wird in vielen Unternehmen der Beginn von Projekten, ‚Kick-off-Meetings' oder vergleichbaren Initiationsriten begonnen, mittels derer die bisherige Vorgehensweise (Phase der autarken Stellung des Einkaufs) beendet und in die Phase der Erweiterung, Differenzierung und Generalisierung der Sinnwelt überführt wird. Lieferantentage, Einkäufertagungen, Kick-off-Meetings sind derartige symbolisch markierte Übergänge.

Von zentraler Bedeutung für die Wirksamkeit symbolischer Übergänge sind auf der Ebene der kulturellen Werte

[301] Vgl. Gussmann, B; Breit, C.: Unternehmenskultur, 1997, S. 115 f.
[302] Vgl. Boenigk, M.: Kommunikation, 2005, S. 109 f.
[303] Vgl. Alexander, K.: Kommunikation, 2007, S. 37.
[304] Vgl. Gussmann, B; Breit, C.: Unternehmenskultur, 1997, S. 119 f.
[305] Vgl. Gussmann, B; Breit, C.: Unternehmenskultur, 1997, S. 117.

- eine für die Akteure auf der Basis ihrer individuellen und kollektiven Nutzenerwartungen gemeinsame, nachvollziehbare und anspruchsvolle Zielstellung,
- ein normativer Rahmen, der keine essentiellen Konflikte zu den bestehenden normativen Rahmungen der Akteure erzeugt.

4.4.5. Identität der Akteure

Beobachtbares Handeln von Akteuren ist nicht das ausschließliche Ergebnis rational kalkulierender Überlegungen. Einstellungen und Emotionen haben unter anderem auf das Verhalten von Akteuren nachhaltigen Einfluss.

In Anlehnung an Fittkau[306] lassen sich beobachtbare, kooperationsförderliche ‚Verhaltensweisen‘ in Bezug auf das Informations-, Entscheidungs- und Kommunikationsverhalten von Sparteneinkäufern veranschaulichen.

- Initiative und Aktivität der Sparteneinkäufer: Vorgehensweise vorschlagen, neue Ideen vorbringen, neue Definitionen eines gegebenen Problems versuchen, neues Inangriffnehmen des Problems, Neuorganisation von Daten und Beschaffungsumfängen
- Informationssuche: Beschaffungsmarktinformationen austauschen, Forderung nach ergänzenden Tatsachen und Informationen zu Produkten, Technologien und Lieferanten
- Meinungserkundung: Versuche, bestimmte Einschätzungen von Mitgliedern zu bekommen, die sich auf Abklärung von Werten, Vorschlägen oder Ideen beziehen
- Informationen geben: Angebot von Tatsachen oder Generalisierungen, Verbinden der eigenen Erfahrung mit dem Gruppenproblem, um daran bestimmte Punkte und Vorgänge zu erläutern
- Meinung geben: Äußern einer Meinung oder Überzeugung, einen oder mehrere Vorschläge betreffend,
- Ausarbeiten: Abklären, Beispiele geben oder Bedeutungen entwickeln, Einschätzung von Vorschlägen, insbesondere, wie diese sich auswirken, wenn sie angenommen werden

[306] Zitiert nach Wimmer, P.; Neuberger, O.: Organisationsklima, 1981, S. 192 f.

- Übereinstimmung prüfen: Versuchsweise nach der Gruppenmeinung fragen, um herauszufinden, ob die Gruppe sich einer Übereinstimmung bei einer anstehenden Entscheidung nähert, ‚Versuchsballons' loslassen, um die Gruppenmeinung zu testen
- Koordinieren: Aufzeigen der Beziehungen zwischen verschiedenen Ideen oder Vorschlägen; Versuch, Ideen oder Vorschläge zusammenzubringen; Versuch, die Aktivität verschiedener Untergruppen oder Mitglieder zu vereinigen
- Zusammenfassen: Sammeln verwandter Ideen oder Vorschläge, Nachformulierung von bereits diskutierten Vorschlägen zur Klärung

Konkurrenzförderliche (nicht notwendigerweise dysfunktionale) Verhaltensweisen sind nach Wimmer und Oswald demgegenüber:[307]

- Beharren auf eigenen Standpunkten, sich nicht uniformieren, harmonisieren, gleichschalten lassen
- Sich (aus Prinzip) wehren
- Kontern
- Konfrontieren, anzweifeln, Gegensätze klar herausarbeiten
- Streiten
- Spannungen erzeugen, Widersprechen
- Grenzen allgemeiner Höflichkeitsnormen überschreiten (Lachen, Argumente des Gegenübers ins Lächerliche ziehen, Ironie)

Derartige Verhaltensweisen können Folge unkooperativer Einstellungen sein. Ein zentrales Problem des Kooperationsmanagements ist, wie mit abwehrenden Einstellungen der Akteure umzugehen ist. Es gilt als allgemein anerkannt, dass Einstellungen Verhalten beeinflussen.[308] Einstellungen sind durch Lernen erworbene Dispositionen, ein bestimmtes Objekt oder eine Situation in konsistenter Weise positiv oder negativ zu beurteilen.[309] Zwischen Einstellungen, den umfassenden Werthaltungen eines Individuums und den Subkulturen, in denen sie sich bewegen, besteht ein enger Zusammenhang: Einstellungen werden in Subkulturen wie z. B. den Sparten eines Unternehmens (oder deren Abteilungen) erlernt und verfe-

---

[307] Vgl. Wimmer, P.; Neuberger, O.: Organisationsklima, 1981, S. 196.

[308] Vgl. Bandura, A.: Behaviour Modification, 1969, S. 595.

[309] Vgl. Wiswede, G.: Wirtschaftspsychologie, 1991, S. 82.

stigt.[310] Für die Kooperation von Akteuren sind dabei insbesondere soziale Orientierungen von Interesse.

Soziale Orientierungen sind Einstellungen zu sozialer Interaktion bzw. Kooperation: ‚Kooperativ' orientierte Personen verfolgen primär die Maximierung gemeinsamer Nutzeninteressen und ‚kompetitiv' orientierte Personen die Maximierung der Differenz eigener und fremder Gewinne. In ‚extremen' Fällen sind Altruismus, Aggression und Destruktion als ‚Verteilungsziele' von Akteuren denkbar. Gründe für derartige individuelle Haltungen zur Kooperation können in eingeschränkter Rationalität, der Interpretation von sozialen Konfliktsituationen, in Einstellungen wie auch in Machtmotiven oder fehlender Anerkennung liegen.[311]

Frühere Studien zur sozialen Orientierung von Akteuren gingen davon aus, dass konkurrenzbezogene Akteure sich grundsätzlich konkurrierend verhalten, unabhängig davon, wie die anderen Akteure sich verhalten. Kooperationsbereite verhalten sich demnach wie die anderen, mit denen sie interagieren: kooperativ gegen Kooperierende und konkurrierend gegen Konkurrierende, sie sind also in ihren Verhaltensstrategien generell flexibler.[312] Kooperationsbereite Akteure neigen entsprechend dazu, im Falle von Konkurrenz zu überreagieren, das heißt, sie verhalten sich konkurrierender als ihre konkurrenzbezogenen Partner. Kooperationsbereite Akteure nehmen die verursachende Rolle, die ein Konkurrenzbezogener spielt, deutlicher wahr als konkurrenzbezogene Akteure. Kooperationsbereite und Konkurrenzbezogene sehen ihre Partner in einem ganz unterschiedlichen Licht: Kooperationsbereite sehen die Welt als eine, die sowohl aus Kooperativen als auch aus Konkurrierenden besteht, Konkurrenzbezogene sind der Meinung, dass die Anderen einheitlich konkurrierend eingestellt sind.[313]

Bei der Änderung von Einstellungen bestehen Zusammenhänge zwischen

- Botschaft (wesentliche inhaltliche Argumente),
- Empfänger (Motivation, Fähigkeit) und

---

[310] Vgl. Pelzmann, L.: Wirtschaftspsychologie, 2006, S. 55.

[311] Vgl. Hertel, G.: Verhaltensentscheidungen, 1995, S. 9; Spieß, E.: Kooperation und Konflikt, 2004, S. 201.

[312] Vgl. Bierhoff, H.: Kooperation, 1998, S. 30; Brüch, A.: Individualismus-Kollektivismus, 1998, S. 184.

[313] Vgl. Reber, G.: Voraussetzungen, 1981, S. 114; Spieß, E.: Kooperation und Konflikt, 2004, S. 195.

- Kontext (Ablenkung).

Einstellungsänderungen sind eher dann dauerhaft, wenn Akteure motiviert sind und die Gelegenheit haben, die wesentlichen inhaltlichen Argumente einer Kommunikation zu verarbeiten. Von der Motivation der Akteure hängt es ab, ob diese die vorgetragenen Argumente genauer prüfen oder nicht. Je stärker Akteure bei der Informationsverarbeitung abgelenkt sind, umso mehr gewinnen Vermutungen an Bedeutung.[314]

Als empirisch gesichert kann angesehen werden, dass Akteure ihre Einstellungen im Sinne eines Beeinflussungsversuches ändern, je nachdem, ob diese Einstellung weniger oder mehr in umfassenden Werthaltungen verankert ist. Wenn Einstellungen einen hohen Änderungswiderstand haben (z. B.: ‚Spartenautonomie ist wichtiger als Kooperation'), ist nach Aussage der Theorie der kognitiven Dissonanz von einer hohen Wahrscheinlichkeit auszugehen, dass die Akteure bestrebt sind, durch Suche nach sozialer Unterstützung die angegriffene Einstellung wieder zu stabilisieren. Sie suchen soziale Unterstützung nicht nur, wenn ihre eigene Einstellung in Frage gestellt wird, sondern auch dann, wenn sie aufgrund von Beeinflussung ihre Meinung ändern.[315] Dabei kann empirisch nachgewiesen werden, dass nach einem Beeinflussungsversuch Unterstützung dort gesucht wird, wo konsonante Einstellungen und Informationen (hier: Sparte) zu erwarten sind. Gruppen können in dem Fall bei gescheiterten Beeinflussungsversuchen ihren Standpunkt ausbauen und versuchen, Anhänger für diesen Standpunkt zu rekrutieren.[316]

Während ältere Forschungen soziale Orientierungen als vorwiegend dauerhaft annahmen (s. o.), ist die emotionale situative Befindlichkeit und deren Auswirkung auf Kooperation und Konflikt erst in neuerer Zeit genauer untersucht worden.

Koster und Sanders konnten in einer empirischen Studie nachweisen, dass reziproke Verhaltensweisen von Vorgesetzten und gleichrangigen Kollegen kooperative bzw. unkooperative Einstellungen von Akteuren beeinflussen.[317]

Hertel hat experimentell nachgewiesen, dass neben sozialen Orientierungen einer Person auch die situative Aktualisierung ‚kategorialer Kontexte' die Kooperati-

---

314 Vgl. Petty, R.; Wegener, D.: Elaboration Likelihood Model, 1999, S. 41 ff.

315 Vgl. Pelzmann, L.: Wirtschaftspsychologie, 2006, S. 55.

316 Vgl. Hertel, G.: Verhaltensentscheidungen, 1995, S. 30.

317 Vgl. Koster, F.; Sanders, K.: Reciprocial relationships, 2006, S. 519 ff.

onsbereitschaft von Akteuren durch Priming signifikant verändern kann. Priming ist die gezielte Aktivierung von kognitiven Konzepten, z. B. über die bewusste Wahrnehmung oder das Lernen von Adjektiven (‚konstruktiv', ‚kameradschaftlich' oder ‚opportunistisch', ‚abhängig' etc.), die von Akteuren durch frühere Erfahrungen erworben wurden.[318] Bewertungen werden dabei durch Voraktivierung (Darbietung von erfreulichen oder unerfreulichen Reizen) ‚gebahnt'. Dadurch wird die Bewertung des Zielworts automatisch und unwillkürlich im Gedächtnis abgerufen.[319]

Die Betonung positiver Aspekte von Kooperation sowie die Betonung negativer Aspekte von Wettbewerb durch Priming führten in Experimenten zu einer Steigerung kooperativen Verhaltens. Demgegenüber hatte die Aktualisierung negativer Aspekte von Kooperation und positiver Aspekte von Wettbewerb eher kompetitives Verhalten zur Folge. Personen kategorisieren danach – wie auch im Grundmodell der Situation formuliert – in Entscheidungssituationen das soziale ‚Setting' und darin enthaltene Verhaltensoptionen in Abhängigkeit von verfügbaren Konzepten. Hat ein Akteur danach subjektiv die Wahl, ‚fair' oder 'egoistisch' zu handeln, erscheint kooperatives Verhalten deutlich wünschenswerter.[320]

Für einen antizipativen und konstruktiven Umgang mit Widerständen sind folgende Gestaltungsempfehlungen gegeben worden.

- Rechtzeitige und offene Information der Organisationsmitglieder und damit Sensibilisierung für die Notwendigkeit der Kooperation
- Einbindung der ausführenden Einkäufer in die
    - Abschätzung von Kooperationsertrag, Kooperationsaufwand und Versorgungsrisiko, differenziert nach Warengruppen
    - Festlegung der Einsparungsziele je Warengruppe
- Vermeidung revolutionärer Ansätze
- Vermeidung der Überforderung der Akteure mit Komplexität
- Aktive Beteiligung der vom Wandel betroffenen Akteure an der Planung und Realisation der Veränderungsprozesse

---

318 Vgl. Hertel, G.: Verhaltensentscheidungen, 1995, S. 34; Hertel, G.; Neuhof, J; Theuer, T.: Mood effects, 2000, S. 465 ff.

319 Vgl. Fischer, L.; Wiswede, G.: Sozialpsychologie, 2009, S. 145.

320 Vgl. Hertel, G.: Verhaltensentscheidungen, 1995, S. 132 ff.

- Partizipation der betroffenen Akteure an wandlungsrelevanten Entscheidungen
- Schutz von Personen, die von der Kooperation negativ betroffen sind
- Differenzierte und regelmäßige Würdigung der Leistungen
- Sicherung der Stabilität des Umfeldes durch Berücksichtigung langjähriger Arbeits- und Sozialbeziehungen bei organisatorischen Neugestaltungen
- Zulassen von Fehlern, um die Bereitschaft zu erhöhen, neue Lösungen zu suchen und umzusetzen
- Kontinuierliche Feedback-Gespräche
- Nachhaltige Stabilisierung erzielter Veränderungen[321]

4.5. Zusammenfassung

Das Grundmodell der Situation[322] postuliert vier grundsätzliche Klassen von Rahmenbedingungen, die bei jeder Entscheidung eines Akteurs ganz allgemein Einfluss nehmen: Opportunitäten, Normen, Kultur und die innere Identität der Akteure. Obwohl das Modell keine integrierende, geschlossene Theorie darstellt,[323] gibt es wertvolle Orientierungen für die Suche nach theoretischen Grundlagen zur Steuerung von Entscheidungen allgemein und zur Identifikation von Entscheidungsbedarfen in Bezug auf die Rahmenbedingungen einer Kooperation.

Zielrelationen der Sparten in Bezug auf Einkaufsziele stellen ein wesentliches Konfliktfeld in Einkaufskooperationen dar. Vollständige Zielkomplementarität zwischen Sparten und Kooperationsinitiativen wird in verbundenen Unternehmen in den seltensten Fällen gegeben sein. Bei antagonistischen Zielen oder bei partieller Zielkonkurrenz zwischen Sparten (z. B. Lieferqualität, Beschaffungsrisiko stehen bei einer oder mehreren Sparten in Konkurrenz zur Bündelung von Einkaufsumfängen) können Kooperationsziele mit Spartenzielen balanciert werden,

---

[321] Vgl. Beyer, H.; Fehr, U.; Nutzinger, G.: Unternehmenskultur, 1995, S. 158 f.; Küpers, W.; Weibler, J. Emotionen, 2005, S. 151; Dörner, D.: Logik, 2006; Cremer, D. de; Tyler, T., Am I respected or not?, 2005, S. 121 ff.; Meeker, B.: Self-Esteem, 1990, S. 205 ff.; Rhoades, L.; Eisenberger, R.; Armeli, S.: Affective commitment, 2001, S. 825 ff.; Müller, G. F.; Nachreiner, F.: Kooperationsförderung, 1981, S. 274 ff.

[322] Vgl. Esser, H.: Situationslogik, 1999, S. 56.

[323] Vgl. Maurer, A.; Schmid, M.: Soziologie, 2010, S. 144 f.

oder es wird auf die Verfolgung von Spartenzielen völlig verzichtet. Denkbar ist der Versuch, das Gesamtsystem so umzugestalten, dass die negative Abhängigkeit von Teilzielen ganz verschwindet.

Die Höhe des Kooperationsziels (hier: die Höhe der zu erzielenden Beschaffungskostenreduktionen) besteht in der Abschätzung von ‚realistisch' erreichbaren Kooperationserträgen auf der Basis der geschilderten Gütereigenschaften ‚Objekthomogenität' und ‚Versorgungsrisiko'. Daneben können Kooperationsziele auch aus externen Benchmarks abgeleitet werden. Darüber hinaus ergibt sich die Möglichkeit, Kooperationsziele so festzulegen, dass die ‚maximale' Motivation der Beteiligten erzielt wird. Alle drei Ansätze sind schwer operationalisierbar.

Opportunitäten beschreiben den ‚machbaren Rahmen' der Akteure. Dazu zählen materielle und immaterielle Ressourcen. In dem in Kapitel 2 beschriebenen Dienstleistungsprozess ‚Einkauf' stellen Informationen und Personalkapazität die wichtigsten Begrenzungen des Handlungsrahmens in Kooperationen dar. Verteilungskonflikte nehmen in ihrer Wahrscheinlichkeit zu, wenn die materiellen und immateriellen Opportunitäten für die Erfüllung der Kooperationsaufgabe entweder überhaupt nicht oder nur unzureichend zur Verfügung stehen.

Informationsstandards haben ein umso höheres Konfliktpotential, je größer die Präferenzen für eine spartenspezifische Warengruppensystematik und je höher die Präferenzen für eine universelle Adaption eines Standards sind.

Informationen stellen den zweiten großen Bestandteil des Möglichkeitenraums in kooperativen Einkaufsprozessen dar. Informationsdilemmata zwischen Sparten treten dann auf, wenn weitergegebene Informationen bei der empfangenden Sparte zu Nutzen, bei der abgebenden Sparte zu Schaden führen. Auch wenn Informationen materiell nicht bewertet werden können, entstehen Fairness- und Gerechtigkeitswahrnehmungen bei den Beteiligten, die bei Unausgewogenheiten zu Konflikten führen können.

Normen betreffen in Kooperationen die Aufbau- und Ablauforganisation ebenso wie die Regelung von Zusammenarbeit und Einkaufsentscheidungen. Während das Feld der Aufbauorganisation in bereichsübergreifenden Organisationseinheiten schon relativ weit untersucht ist, gibt es bisher wenige Ansätze zur Beschreibung von Zusammenarbeitsnormen. Der vorgestellte Ansatz von Wimmer, Oswald und Fittkau[324] stellt einen heuristisch abgeleiteten Versuch dar, Normen für die Steuerung und Bewertung qualitativer inputorientierter Kooperationsleistungen zu definieren.

Kulturelle Ziele sind solche Objekte, Zustände und Ressourcen, die für alle Mitglieder einer Gruppe oder Organisation von primärem Interesse sind. Symbole und symbolische Handlungen spielen in Unternehmenskulturen allgemein und in Kooperationen im Besonderen eine bedeutende Rolle. Durch mehr oder weniger expressive Symbole (Mythen, Zeremonien vs. Prozessdarstellungen oder konkrete Auslobung bestimmter Verhaltensweisen) schließen Akteure auf weitere Eigenschaften von Situationen. Zu den bekannten und in der einschlägigen Literatur beschriebenen Symbolen von Unternehmenskulturen werden hier Eigenschaften kooperativer Einkaufsentscheidungen als wesentliches kulturbildendes Merkmal eingeführt. Diese sind die Gewichtung widerstrebender Spartenziele bei der Entscheidung, die Priorisierung von spartenbezogen unterschiedlichen Entscheidungskriterien für Einkaufsentscheidungen und die Kongruenz von Vergabeentscheidungen mit vereinbarten Entscheidungsnormen.

Von den zahlreichen die Rahmenbedingung kooperativer Prozesse bildenden Eigenschaften individueller Akteure wurden die Einstellungen von Akteuren hervorgehoben. Es gilt als allgemein anerkannt, dass Einstellungen Verhalten beeinflussen. Unkooperatives Verhalten von Individuen kann – in bestimmten Grenzen – durch Priming und Framing beeinflusst werden. Bei der Änderung von Einstellungen bestehen enge Zusammenhänge zwischen den Eigenschaften der Botschaft, denen des Empfängers und dem Kontext. Empirisch belegt ist, dass Einstellungsänderungen dann wahrscheinlicher sind, wenn Akteure motiviert sind und die Gelegenheit haben, die wesentlichen inhaltlichen Argumente einer Kommunikation zu verarbeiten. Dies sind gleichzeitig zentrale Gestaltungsempfehlungen für das Management von Einkaufskooperationen.

---

[324] Vgl. Wimmer, P.; Neuberger, O.: Organisationsklima, 1981, S. 192 f.

5. Kooperation durch monetäre Anreize

5.1. Einleitung

Ziel dieses Kapitels ist es, einfache und kombinierte leistungsabhängige Lohnsysteme in Bezug auf ihre Vor- und Nachteile darzustellen, um darauf aufbauend Vorschläge zu entwickeln, wie kombinierte Leistungslohnsysteme gestaltet werden können, um innerbetriebliche Kooperation im Einkauf zu stimulieren. Die neu vorgestellten Konzepte werden dann in Bezug auf ihre Leistungsfähigkeit zur Lösung des dargestellten Kooperationsproblems bei Dilemma- und Konfliktsituationen diskutiert.

Kooperation ist, wie in Kapitel 3.3 dargestellt, durch Selbstorganisation ohne externe Anreize oder Direktiven seitens der Unternehmensleitung möglich. Insbesondere die Gruppengröße hat darauf einen großen Einfluss. In kleinen Gruppen, in denen der Beitrag des Einzelnen nicht nur sichtbar, sondern auch für alle Beteiligten nachvollziehbar ist, benötigt Kooperation unter Umständen keine zusätzlichen Anreize.[325]

Das Ziel variabler Vergütungssysteme ist, Anreize für spezifische Leistungen und spezifischen Erfolg zur Verfügung zu stellen. Prämienlohn liegt vor, wenn zu einem vereinbarten Grundlohn planmäßig ein zusätzliches Entgelt – die Prämie – gewährt wird, dessen Höhe auf objektiv und materiell feststellbaren Mehrleistungen des Akteurs beruht, die bei reiner Zeitlohnarbeit ohne Leistungszulagen in der Regel nicht erwartet werden können.[326]

In Anlehnung an von Eckardstein[327] lassen sich Leistungen und Erfolge wie folgt strukturieren.

[325] Vgl. Olson, M.: Logik, 1992, S. 49.
[326] Vgl. Böhrs, H.: Leistungslohngestaltung, 1980, S. 158.
[327] Vgl. Eckardstein, D. v.: Variable Vergütung, 2001, S. 7.

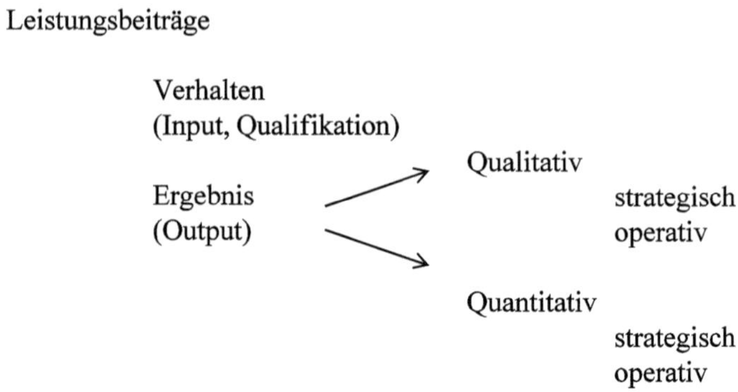

Abb. 33: Leistungsbeiträge von Mitarbeitern[328]

Dabei liegt der Schwerpunkt der Betrachtung im Folgenden auf den operativ-quantitativen Ergebnissen einer Einkaufskooperation: Als Input werden Verhaltensweisen und Eigenschaften der Akteure verstanden, deren Vorhandensein bzw. Einsatz zur Erreichung der Outputleistung bzw. eines Erfolges beiträgt. Allgemein wird als Ergebnis verstanden, was durch einen Akteur bewirkt werden soll. Hierzu zählen etwa die Erzeugung bestimmter Einsparungen, die Verlängerung von Zahlungszielen oder die Erweiterung des Lieferantensets. Ergebnisleistung und Erfolg sind unterschiedliche Sachverhalte. Auf eine Ergebnisleistung kann der Akteur unmittelbar einwirken, der Erfolg selbst hängt von dritten Faktoren ab (Verhalten des Lieferanten, technische Substituierbarkeit von Werkstoffen, Nachfrage– und Angebotsmacht von Lieferant und Abnehmer).[329]

5.2. Leistungsabhängige Lohnsysteme

Je nachdem, welche Leistungsbeiträge erbracht wurden oder einzelnen Akteuren zuzurechnen sind, kommt es mit anwachsender Gruppengröße tendenziell zum Konflikt, wenn der Beitrag des Einzelnen sehr klein und nicht nachweisbar ist. Als ‚soziales Bummeln' oder ‚social Loafing' wird die Neigung definiert, in der

---

[328] Vgl. Eckardstein, D. v.: Variable Vergütung, 2001, S. 7.
[329] Vgl. Eckardstein, D. v.: Variable Vergütung, 2001, S. 8.

Leistung nachzulassen, wenn man in der Gruppe arbeitet, und zwar unabhängig davon, ob die Aufgabe interessant und bedeutungsvoll ist.[330]

Die negative Auswirkung des sozialen Bummelns besteht darin, dass nicht nur weniger gearbeitet, sondern auch weniger Verantwortung übernommen wird. Dies kann zu Konflikten innerhalb von Kooperationsteams führen und somit die effektive Kooperation beeinträchtigen.[331] Soziales Bummeln oder die Verweigerung der Mitarbeit entspricht in der Grundstruktur dem Gefangenendilemma: Aus Angst vor einseitiger Ausbeutung kommt es zur ‚Defektion' der Beteiligten, was in Summe für alle ein suboptimales Gleichgewicht bedeutet.

„Eine mittelgroße Gruppe ist eine Gruppe, in der einerseits kein einzelner einen genügend großen Anteil am Gewinn erhält, um sich veranlasst zu sehen, das Gut selbst bereitzustellen, die aber andererseits nicht so viele Mitglieder zählt, dass niemand bemerken würde, ob ein Mitglied zur Erreichung des Kooperationszieles inhaltlich beiträgt oder nicht. Eine große Gruppe ist dagegen dadurch gekennzeichnet, dass kein Mitglied fühlbar betroffen wird, wenn irgendein Mitglied zur Bereitstellung des Gutes beiträgt oder nicht beiträgt, und deshalb niemand einen Grund hat, darauf zu reagieren."[332]

Eine Konkretisierung des Leistungs- und Erfolgsbeitrages ermöglicht die Festlegung von auf Gruppen oder Individuen bezogenen Zielen im Rahmen des Management by Objectives. Zumeist werden mittels Zielvereinbarungen Beiträge zu einem Ziel oder einem Zielbündel zusammengefasst und nach angestrebter qualitativer oder quantitativer Ausprägung festgelegt. Am Ende einer Periode wird das Ausmaß der Zielerreichung festgestellt. Dies stellt das Ausmaß des Erfolges dar. Eine Übererfüllung der vereinbarten Ziele bedeutet einen entsprechend höheren Zielerreichungsgrad, eine Unterschreitung einen niedrigeren.[333]

Drei Arten selektiver Anreize zur Motivation von Akteuren zum kooperativen Handeln sind zu unterscheiden: materielle, soziale und moralische Prämien.[334] All

---

[330] Vgl. Barnes, C.; Hollenbeck, J.; Dustin, J. et al.: Incentives, 2010, S. 2.
[331] Vgl. Spieß, E.: Kooperation und Konflikt, 2004, S. 198.
[332] Olson, M.: Logik, 1992, S. 49.
[333] Vgl. Eckardstein, D. von: Variable Vergütung, 2001, S. 8.
[334] Vgl. Esser, H.: Soziales Handeln, 1999, S. 217.

ihre vielfältigen, individuellen und idiosynkratischen Bedürfnisse nach sozialer Wertschätzung können Menschen in Unternehmen nicht oder nicht direkt befriedigen. Vielmehr müssen sie sich an den vom Unternehmen zur Verfügung gestellten Zwischengütern orientieren.

Die Literatur zur Personalführung differenziert dabei überwiegend zwischen materiellen und nicht-materiellen Vergütungsbestandteilen.[335]

Materielle Vergütung ist das in der Betriebswirtschaftslehre primär untersuchte ‚Tauschgut' für die eingebrachte Arbeitsleistung. Soll es zu einer Aktivierung der Einkäufer in einer Kooperation kommen, so müssen individuelle Anreize geboten werden.

M. Eßig schreibt in Bezug auf Einkaufskooperationen:

„Motivationsfördernde Anreize dienen dazu, die wünschenswert hohe Identifikation von Mitarbeitern mit der Beschaffungskooperation nicht nur zu Beginn des Arbeitsverhältnisses herzustellen, sondern darüber hinaus eine positiv-maximale Arbeitsleistung im Sinne des Cooperative Sourcing dauerhaft fortzuführen."[336]

Ökonomische Modelle leistungsabhängiger Kompensation nehmen an, dass eine höhere Leistung (performance) einen höheren Arbeitseinsatz (effort) benötigt oder dass diese in anderer Weise mit dem Arbeitsleid (disutility) auf der Seite der Arbeiter zusammenhängt.

Die Agenturtheorie zeigt formal, dass Interessenkonflikte zwischen Auftraggebern und angestellten Managern (agents) durch erfolgsabhängige Vergütungsverträge entschärft werden können. Dabei ist die Grundannahme, dass die vom ‚agent' erbrachte Leistung von seinem erbrachten Arbeitseinsatz abhängt. Dieser Arbeitseinsatz erzeugt beim Auftragnehmer ‚Arbeitsleid', z. B. in Form von entgangener Freizeit. Der Agent ist nun grundsätzlich an einer möglichst hohen Entlohnung interessiert, befindet sich aber im Zielkonflikt zwischen dem Anstrengungsniveau bzw. ‚Arbeitsleid' und der Entlohnung, die er durch seine Arbeit erzielen

---

335 Vgl. Oechsler, W.: Personal, 2000, S. 497; Klimecki, R.; Gmür, M.: Personalmanagement, 2005, S. 289.

336 Eßig, M.: Cooperative Sourcing, 1999, S. 157.

kann. Die Agenturtheorie nimmt nun an, dass die Agenten als rationale Akteure von den zur Verfügung stehenden Alternativen (Arbeit/Freizeit bzw. Anstrengung/Passivität) diejenige wählen, die für sie am vorteilhaftesten ist.[337]

Beispielsweise werden demnach Arbeitnehmer bei zwei zur Auswahl stehenden Jobs mit identischer fixer Bezahlung denjenigen auswählen, für den geringere Anstrengungen nötig sind. Die Arbeitgeberin (hier: der Konzern) möchte dagegen grundsätzlich für die erforderliche Arbeitsleistung einen möglichst geringen Preis in Form einer Entlohnung zahlen. Unter einem variablen Entlohnungssystem wird ein outputbasiertes Schema verstanden. Die Grundidee outputbasierter Entlohnung besteht darin, dass die Entlohnung von einer Ergebniskennzahl abhängt, nicht von einem in den Leistungsprozess eingebrachten Maß an Zeit oder Mühe: Das (als Funktion beschreibbare) mit zunehmendem Arbeitseinsatz steigende Arbeitsleid wird einer variabel steigenden Vergütung gegenübergestellt.[338]

Nimmt man einen funktionalen Zusammenhang zwischen dem Arbeitseinsatz des Agenten, dem (messbarem) Output und dem ‚Arbeitsleid' an, so lässt sich für unterschiedliche Problemstellungen (das heißt mit und ohne externe Umweltrisiken, mit und ohne Risikoneutralität bei den Vertragspartnern) formal der Punkt ableiten, an dem die Mitarbeiter (agents) das Niveau der Anstrengung wählen werden, bei dem die marginalen Kosten der Arbeitsausführung ihrer marginalen, variablen (Netto-) Vergütung entsprechen. Ergebnisabhängige Entlohnungssysteme bieten demzufolge Anreizwirkungen, die Leistung zu steigern. Eine grundlegende Aussage der Agenturtheorie ist: Wenn Vergütungssysteme (Pay-Plans) höhere variable Vergütungen ausloben, werden Mitarbeiter höhere Niveaus an Leistungserbringung wählen.

Outputbasierte Entlohnungsschemata können unter Umständen die Zahl ‚talentierter' Mitarbeiter steigern, die sich von derartigen Gehaltssystemen angezogen fühlen, und/oder sie bewegen ineffiziente Mitarbeiter zum Verlassen der Firma.[339] Wenn sie exakt nach ihrem Output bezahlt werden, kündigen sie, so die Annah-

337 Vgl. Backes-Gellner, U.; Wolff, B.: Personalmanagement, 2001, S. 395 ff.

338 Vgl. zur Annahme linearer und alternativer Funktionsverläufe: Lazar, C.: Managementvergütung, 2007, S. 14 f.

339 Vgl. Backes-Gellner, U.; Wolff, B.: Personalmanagement, 2001, S. 411; Dohmen, T.; Falk, A.: Performance Pay, 2011, S. 556 ff.

me, sobald ihre Entlohnung unter die Entlohnung des nächstbesten für sie erreichbaren Arbeitsplatzes fällt. Damit sind sie auch diejenigen, die aus Effizienzgründen dort bleiben sollten. Durch die Steigerung der variablen leistungsabhängigen Vergütungsanteile werden nach dieser Theorie Selektionsmechanismen ausgelöst, die Mitarbeiter mit höherem Willen zu individueller Leistung von solchen selektieren, die geringere Motivation zur Leistung zeigen.[340]

Eine Übertragbarkeit dieser Überlegung auf die Praxis ist jedoch ohne weiteres nicht möglich. Maßgeblich für das Verhalten der Akteure ist dabei – neben den diskutierten Rahmenbedingungen der Situation – die subjektive Definition des Nutzens der Zusatzentlohnung, gemessen an der subjektiven Einschätzung des Nutzens der erwarteten Leistung. Messkosten, Opportunismus oder unvollständige Informationen können diese Ergebnisse verzerren.[341]

Die Agenturtheorie weist auf vier Probleme leistungsabhängiger Bezahlungsschemata hin.

- Hohe variable leistungsabhängige Vergütungsanteile führen dann zu Unsicherheiten auf der Seite der Agenten, wenn sich die Leistung nicht oder nur schwer steuern lässt. Vergütungssysteme mit hohen variablen Vergütungsanteilen führen bei schwer messbaren Leistungen zu negativen Effekten.
- Leistungsabhängige variable Vergütungen sind in ihrer Wirkung durch die Messbarkeit der Leistung beschränkt. Schwer messbare Leistungen oder inkorrekte Ursache-Wirkungsannahmen hinsichtlich des Verhältnisses von erbrachter Leistung und Arbeitsergebnis (Performance) stellen einen Anreiz für Agenten dar, bei der Leistungsmessung unberücksichtigte Aspekte auszunutzen bzw. zu vernachlässigen.
- Subjektiv wahrgenommene Ungerechtigkeiten von Leistung und Bezahlung im Vergleich veranlassen Mitarbeiter (agents) unter Umständen dazu, entweder persönlichen Arbeitseinsatz zu unterlassen oder gar negative Leistungen (Sabotage) zu erbringen.

---

340 Vgl. Backes-Gellner, U.; Wolff, B.: Personalmanagement, 2001, S. 413.
341 Vgl. Zenger, T.; Marshall, C.R.: Incentive Intensity, 2000, S. 150.

- Führungskräfte haben die Möglichkeit der Verminderung der Anreizhöhe in Abhängigkeit von der erbrachten Leistung, wenn Mitarbeiter (agents) das Potential ihrer Leistungsfähigkeit bewiesen haben. Dies kann zu ‚strategischen' Handlungen der Mitarbeiter dahin gehend führen, ihr volles Leistungsniveau nicht auszuschöpfen.

Die Wirksamkeit der Prinzipal-Agenten-Theorie ist in Theorie und Praxis umstritten. Cadsby, Song und Tapon sehen in ihren empirischen Befunden, die sich auf nordamerikanische Unternehmen beziehen, klare Belege für höhere Produktivitäten von Firmen, die variable Vergütungskonzepte anwenden, im Vergleich zu solchen, die fixe Gehälter bezahlen.[342]

Empirische Arbeiten, die als Evidenz für die Stabilität und Generalität des Optimierungskalküls von Prinzipalen und Agenten angeführt werden, sind jedoch aufgrund der methodischen Vorgehensweise in ihrer Aussagekraft begrenzt. Neben den starken kulturellen Unterschiedlichkeiten in der Beziehung zu Geld ist die Kontextabhängigkeit ein weiteres begrenzendes Kriterium bezüglich der Generalisierbarkeit der von der Prinzipal-Agenten-Theorie postulierten Aussagen. Studien zur Vergütung ergeben meist sehr geringe Bestimmtheitsmaße und sehr hohe Inter-Unternehmensdifferenzen in den geschätzten Parametern.[343]

Beziehungen zu Geld sind sehr stark kulturell geprägt.[344] Wie die Höhe der Bezahlung erlebt wird, darüber entscheidet nicht der absolute Wert des ausgezahlten Geldbetrages, sondern der soziale Vergleich. Dabei vergleichen Akteure die Höhe der eigenen Bezahlung mit derjenigen von Personen, mit denen man sich bezüglich Position und Art der Tätigkeit glaubt, vergleichen zu können. Die Einschätzung von Geldzuwendungen durch Akteure erfolgt aufgrund der wahrgenommenen Gerechtigkeit.[345]

Nur in einem ganz speziellen Zusammenhang kann Geld offensichtlich als Motivator wirken, und zwar dort, wo es einen unmittelbaren und auch zeitnahen Zu-

---

342 Vgl. Cadsby, C.; Song, F.; Tapon, F.: pay for performance, 2007, S. 387 ff.

343 Vgl. Winter, S.: Managemententlohnung, 2001, S. 534 f.; Wieland, J.: Organisationsökonomik, 2000, S. 521.

344 Vgl. Comelli, G.; Rosenstiel, L.: Motivation, 2003, S. 154.

345 Vgl. Adams, J.S.: inequity, 1963, S. 422 ff.; zitiert aus: Comelli, G.; Rosenstiel, L.: Motivation, 2003, S. 156.

sammenhang zwischen der im Rahmen der Tätigkeit erbrachten Leistung und der dafür gezahlten finanziellen Zuwendung gibt.[346] Keser und Willinger untersuchten in einem empirischen Experiment ein Prinzipal-Agenten-Modell, bei dem der Prinzipal das Anstrengungsniveau des Agenten beobachten konnte und aufgrund der erwarteten Auszahlungsstruktur bei der Vergabe von Arbeitsverträgen klar im Vorteil war. Der Agent konnte bei Annahme des Arbeitsvertrages nur Auszahlungen realisieren, die knapp über dem Wert der ‚Outside Option' waren. Die Auszahlungen, die Wahrscheinlichkeiten und die Kosten für das Arbeitsleid des Agenten waren dabei so gewählt, dass der Prinzipal fast die gesamte Kooperationsrente abschöpfen konnte.[347] Die hohe Differenz der zu erwartenden Auszahlungen der beiden Vertragsparteien war eine Folge der extrem ungleichen Verteilung der Verhandlungsmacht und der Partizipationsbedingungen.

Die theoretische Vorhersage, dass die Prinzipale diesen Vorteil für sich ausnutzen würden, wurde im empirischen Experiment von Keser und Willinger allerdings nicht bestätigt.[348] Allgemein wurden nur wenige Verträge angeboten, die für den Agenten (bei rationaler Wahl) eine Maximierung seines Gewinns bedeutet hätten. Die Daten von Keser und Willinger stehen damit im Widerspruch zur Vorhersage der Prinzipal-Agenten-Theorie. Die Aufteilung der Kooperationsrente war wesentlich ausgeglichener als von der Prinzipal-Agenten-Theorie vorausgesagt. Dies kann als Indiz gewertet werden, dass neben unterschiedlichen Risikopräferenzen von Prinzipalen und Agenten ungleiche Verteilungen der Kooperationsrente als unfair empfunden wurden (Fairnesshypothese).[349]

---

[346] Vgl. Comelli, G.; Rosenstiel, L.: Motivation, 2003, S. 155.
[347] Vgl. Königstein, M.: Wirtschaftsforschung, 2001, S. 545.
[348] Vgl. Keser, C.; Willinger, M.: Principal-Agent Relationships With Hidden Action, 2002, S. 6.
[349] Vgl. Königstein, M.: Wirtschaftsforschung, 2000, S. 545.

5.3. Anwendung leistungsabhängiger Lohnsysteme auf Einkaufskooperationen

5.3.1. Prämienlohnsysteme

Bonus- oder auch Prämienkonzepte haben im leistungs- und erfolgsorientierten Ansatz einen hohen Stellenwert und werden in der Praxis häufig angewendet.[350] Prämienkonzepte beziehen sich im Gegensatz zu Tantiemen auf im Voraus festgelegte Beitragsdimensionen (hier: Einsparungserfolg) sowie auf damit verbundene Mess- oder Beurteilungsverfahren. Neben der Festlegung von Messgröße und Messverfahren bedarf es der Definition einer Verlaufskurve, die darstellt, wie sich die Prämie in Abhängigkeit vom Zielerreichungsgrad entwickelt. Hierbei ist wesentlich, dass sich diese Erfolgsgrößen auf Vergangenheitswerte beziehen.[351]

Grundsätzlich unterscheidet man zwischen leistungsorientierten und erfolgsorientierten Vergütungssystemen.[352] Bei erfolgsorientierten Vergütungssystemen erfolgt die Entgeltfindung final. Basis für die Bemessung der Vergütung ist der Output eines Gesamtunternehmens oder einer Organisationseinheit. Bei leistungsorientierten Vergütungssystemen erfolgt die Entgeltfindung kausal. Eingangsgrößen können das Verhalten oder die Zielerreichung eines Akteurs oder einer Gruppe von Akteuren sein.[353]

Der hier gewählte erwartungswertorientierte Ansatz geht von der Annahme von Verhaltensneigungen aus, die in direktem Zusammenhang mit der ausgelobten (variablen) Prämie stehen. Er setzt voraus, dass die Akteure eine rationale Kalkulation anstellen, welche von mehreren möglichen Handlungen für sie den höchsten Nutzen hat. Dieser Ansatz fußt auf der Annahme, dass Akteure im Rahmen ihrer Fähigkeiten und des Handlungskontextes durch ihre Handlungen erwünschte Ergebnisse als Ausdruck von Leistungs- und Erfolgsgrößen bewirken.[354]

---

350 Vgl. Branch, W.; Haskins, M.: Pay for Performance, 2011, S. 82; Frey, B.: Motivation, 2002, S. 61.

351 Vgl. Eckardstein, D. v.: Variable Vergütung, 2001, S. 13.

352 Vgl. Becker, F.; Kramarsch, M.: Vergütung, 2006, S. 3.

353 Vgl. Becker, F.; Kramarsch, M.: Vergütung, 2006, S. 3.

354 Vgl. Eckardstein, D. v.: Variable Vergütung, 2001, S. 17.

Der Einsatz der Personalkapazitäten für eine Kooperation stellt für jede beteiligte Sparte ein Entscheidungsproblem dar, da dieselbe Personalkapazität für die Erzielung spartenspezifischer Einsparungen oder für die Erzielung kollektiver Einsparungen verwendet werden kann. Das Problem ist der Analyse von Haushaltsgleichgewichten ähnlich, bei der Nutzenmaxima bei gegebenen Güterverteilungen analysiert werden.[355] In der vorliegenden Problemstellung liegen demgegenüber aber keine bekannten oder angenommenen Nutzenverläufe vor. Es soll daher im Folgenden untersucht werden, wie eine zusätzliche variable Vergütung gestaltet sein kann, *um auch bei Unkenntnis des künftigen Nutzenverlaufes* einer Kooperation Motivation für eine spartenübergreifende Einkaufskooperation zu erzeugen.

Der Prämienlohn ist eine anforderungs- und leistungsabhängige Lohnform. Zum Grundlohn, der ein Tariflohn, ein Arbeitswertlohn oder ein anderer vereinbarter Lohn sein kann, kommt eine Prämie hinzu, die von einer vom Arbeitnehmer zu beeinflussenden Mehrleistung oder einer anderen objektiv bestimmbaren Bezugsgröße abhängt. [356] Praktiziert werden Prämienlohnsysteme jeglicher Form.

Die Spanne reicht von Mengen-, Qualitäts-, Nutzungs-, Wertschöpfungsprämien bis hin zu Ersparnisprämien.[357] Die definitorische Trennung zwischen Bonus und Prämien ist nicht präzise: Bonussysteme werden als Abwandlung von Prämienlohnsystemen genannt, die für Gruppenarbeitsstrukturen entwickelt wurden, bei denen das individuelle (subjektiv bewertete) Leistungsverhalten des Mitarbeiters und die erreichte Qualität im Arbeitsteam in Form von variablen Zahlungen Ausdruck finden.[358] In den nachfolgenden Ausführungen stehen daher variable Prämiensysteme, die Zahlungen in Abhängigkeit von erreichten Einsparungserfolgen ausloben, im Mittelpunkt der Betrachtung.

Die Steuerungswirkung leistungsorientierter Gehaltssysteme wird im Wesentlichen durch zwei Faktoren beeinflusst: das Anteilsverhältnis fixer und leistungsva-

---

[355] Vgl. Woll, A., Volkswirtschaftslehre, 2011, S. 113.

[356] Vgl. Hentze, J.; Graf, A.: Personalwirtschaftslehre, 2005, S. 132.

[357] Vgl. Bauer, S.: Anreizsysteme, 2003, S. 1066.

[358] Vgl. Bauer, S.: Anreizsysteme, 2003, S. 1067.

riabler Gehaltsbestandteile und die Verlaufskurve des Leistungsentgeltes.[359] Generell lassen sich lineare und nicht-lineare Prämienfunktionen unterscheiden:[360]

- lineare,
- progressive,
- degressive,
- s-förmige.

Im Folgenden sollen die Grundformen der Prämienlohnsysteme und die angenommenen Motivationswirkungen auf rationale Akteure diskutiert werden. Darauf aufbauend sollen kombinierte Prämiensysteme diskutiert werden. Kombinierte Prämiensysteme können dazu verwendet werden, spartenspezifische und kooperationsbezogene Einsparungserfolge gleichzeitig zu belohnen.

Lineare Prämienkurve

Im einfachsten Fall wird eine Prämie als lineare Funktion ausgelobt. $P(E_a)$ sei eine lineare Prämienfunktion ohne fixes Grundgehalt.

Es gilt:

$P(E_a) = \alpha \cdot E_a$,

wobei α den Auszahlungsfaktor darstellt, z. B. den Prozentanteil der erreichten absoluten Einsparungen[361], die an den Mitarbeiter ausgezahlt werden.

Bei einer linearen Prämienkurve ohne fixen Grundlohn ist die Gehaltslinie streng monoton steigend, der Grenzlohn ist konstant. Die Linie P beschreibt die Gehaltslinie in Abhängigkeit von der erbrachten Leistung. Die Grenzlohnlinie P‘ ist mathematisch die erste Ableitung und beschreibt den zusätzlichen Lohn für jede weitere erzielte Einsparung (Leistungseinheit) bei einem bestimmten Leistungsniveau.

---

[359] Vgl. Klimecki, R.; Gmür, M.: Personalmanagement, 2005, S. 310.

[360] Vgl. Drumm, H.J.: Personalwirtschaft, 2007, S. 500; Stelter, D.; Krammer, C.: Vergütung, 2001, S. 81; Kumlin, R.: Vergütungssysteme, 2010, S. 71.

[361] Alternativ: z. B. Prämie pro erreichten Prozentpunkt an Einsparungen.

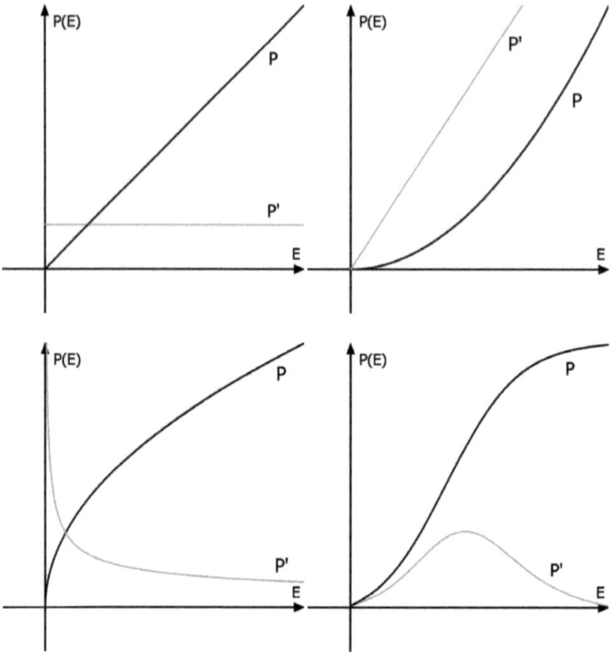

Abb. 34: Variable Prämienkurven[362]

Im Falle einer linear steigenden Prämienkurve ist die Grenzlohnkurve konstant, das heißt, der Leistungsanreiz besteht zwar, bleibt aber konstant, er kann also nicht durch zusätzliche Erfolge bzw. durch mehr Leistung gesteigert werden.

Progressive Prämienkurve

Im Falle einer progressiven Prämienkurve steigt der Grenzlohn kontinuierlich mit jedem Zuwachs an Leistung, das heißt, die Prämienkurve und die Grenzlohnkurve steigen beide streng monoton. Es handelt sich hier um ein aggressiveres Entlohnungsmodell, was – ausgehend von einem rationalen Akteur – ein leistungsmaxi-

[362] Vgl. Hentze, J.; Graf, A.: Personalwirtschaftslehre, 2005, S. 132.

mierendes Verhalten fördert, mit der Gefahr, dass alle weiteren Kriterien der Aufgabenerfüllung vernachlässigt werden.[363]

Es gilt dann:

$P(E) = \alpha \cdot E^{\beta}$ mit $0 < \alpha < 1$ und $\beta > 1$.

α stellt auch hier den Auszahlungsfaktor dar, der den Prozentanteil der erreichten Einsparungen bestimmt, die an den Mitarbeiter ausgezahlt werden. β ist der Parameter, der die Steigungsgeschwindigkeit der Funktion festlegt.

Die Grenzlohnlinie $P'(E) = \alpha \cdot \beta \cdot E^{\beta - 1}$ hat einen steigenden Verlauf, diese Entgeltgestaltung ist daher nur sinnvoll, wenn eine quantitative Maximierung des Erfolges bzw. der erbrachten Arbeitsleistung die Qualität die Arbeitsleistung nicht wesentlich beeinflusst.[364]

Degressive Prämienkurve

Bei einer degressiven Prämienkurve fällt mit zunehmendem Leistungsniveau die Grenzlohnkurve, das heißt, der Leistungsanreiz besteht zwar, nimmt aber kontinuierlich ab.

Es gilt:

$P(E) = \alpha \cdot \sqrt[\beta]{E}$ mit $0 < \alpha < 1$ und $\beta > 1$

α bestimmt erneut den Prozentanteil der erreichten Einsparungen, die an den Mitarbeiter ausgezahlt werden. β ist der Parameter, der die Steigungsgeschwindigkeit der Funktion regelt.

Abgeleitet wird die Grenzlohnfunktion wie folgt.

---

[363] Vgl. Baker, G.; Jensen, M.; Murphy, K.: Compensation and Incentives, 1988, S. 598.

[364] Vgl. Klimecki, R.; Gmür, M.: Personalmanagement, 2005, S. 310.

$$P(E) = \alpha \cdot \sqrt[\beta]{E} = \alpha \cdot E^{\frac{1}{\beta}}$$

$$\Rightarrow P'(E) = \alpha \cdot \frac{1}{\beta} \cdot E^{\frac{1}{\beta}-1}$$

$$\Rightarrow P'(E) = \frac{\alpha}{\beta} \cdot E^{\frac{1-\beta}{\beta}}$$

Es kann davon ausgegangen werden, dass ein rationaler Akteur sein Leistungsverhalten im Vergleich zur progressiven Prämienfunktion stärker am persönlichen Mindestbedarf ausrichtet. Er strebt dann nach einem Lohn-Freizeit-Optimum, während eine Leistungsmaximierung ‚bestraft' wird. Dieses Lohnsystem fördert nach Klimecki und Gmür[365] ein stabiles mittleres Leistungsniveau.

S-förmige Prämienkurve

Die komplexere S-Kurve enthält einen starken Hebel rund um einen Mittelpunkt, an den Enden der Kurve flacht die Steigung ab.

Es wird hier eine Polynomfunktion mit folgenden exemplarischen Eigenschaften angenommen[366]:

$$P(E) = -\beta \cdot (\alpha \cdot E)^3 + 7\beta \cdot (\alpha \cdot E)^2 \text{ mit } \beta > 0 \text{ und } 0 < \alpha < 1$$

α bestimmt, welcher Prozentanteil der Einsparungsleistung Basis für die Prämienlohnberechnung ist; β legt die ‚Streckung' der Prämienkurve fest. Die konstanten Faktoren -1 und 7 werden hier aus Gründen der Veranschaulichung gewählt und legen eine beispielhafte S-Kurve fest[367].

Herleitung der Grenzlohnfunktion von P(E).[368]

365 Vgl. Klimecki, R.; Gmür, M.: Personalmanagement, 2005, S. 310.

366 Alternativ auch durch eine Sinusfunktion oder eine Exponentialfunktion darstellbar, wird hier nicht weiter verfolgt.

367 Die gewählte Polynom-Darstellung der S-Kurve ist nur für Lohnsysteme mit Obergrenze ausführbar. Gibt es keine Obergrenze, muss die S-Kurve als exponentielle Sättigungsfunktion ausgeführt werden.

368 Werte exemplarisch.

$$
\begin{aligned}
P(E) &= -\beta \cdot (\alpha \cdot E)^3 + 7\beta \cdot (\alpha \cdot E)^2 \\
&= -\beta \cdot \alpha^3 \cdot E^3 + 7\beta \cdot \alpha^2 \cdot E^2 \\
&= -\beta \cdot \alpha^2 \cdot (\alpha \cdot E^3 - 7E^2) \\
\Rightarrow P'(E) &= -\beta \cdot \alpha^2 \cdot (3\alpha \cdot E^2 - 14E)
\end{aligned}
$$

Die Grenzlohnlinie P'(E) ist eine umgekehrte Parabel, bei der zunächst jeder Leistungszuwachs mit immer schneller wachsender Auszahlung belohnt wird, bis der Hochpunkt erreicht ist, ab dem die Prämienfunktion immer langsamer wächst.

Drumm[369] vertritt zusammenfassend die Meinung, dass lineare und progressive Prämienverlaufsformen umso geeigneter sind, je stärker der Einfluss des Mitarbeiters auf die Prämienbezugsgröße ist. Diese Überlegungen sind Ausgangspunkt für die Diskussion kombinierter Kooperationsprämien: Während die einfache lineare Funktion eine proportionale Honorierung der Leistung vorsieht, differenziert die progressive oder die degressive Funktion einen starken Hebel zu Beginn oder am Ende der maximal möglichen Zielerreichung.

Eine naheliegende Überlegung ist nun, variable Vergütungen nicht nur für *spartenspezifische*, sondern auch für *kollektiv erzielte Einsparungen* in Einkaufskooperationen zu verwenden, um damit einen spezifischen Anreiz für die spartenübergreifende Kooperation zu schaffen. Dieser Überlegung soll im Folgenden nachgegangen werden.

5.3.2. Kooperation durch Zusatzprämie

Beschaffungsleistungen werden in der vorliegenden Problemstellung als Beschaffung und Verarbeitung von Informationen und als Erzeugung sowie Kommunikation von Entscheidungen verstanden. Mithilfe von Informationsprodukten werden mehrwertige unsichere Zukunftserwartungen (Beschaffungsmarkt, Lieferantenverfügbarkeit, Kostenstrukturen etc.) auf wenige (ausgewählter Lieferant, Auftragsvergabe, Einkaufspreis) reduziert. Beschaffungsentscheidungen legen eine Vielzahl von Parametern fest (Produkt, Preis, Lieferant, Zahlungsbedingung etc.).

Ein wesentliches Ergebnis von Beschaffungsentscheidungen sind Einsparungen. Eine Einsparung E stellt bei Beschaffungsumfängen (Materialien, Dienstleistun-

---

[369] Vgl. Drumm, H.J.: Personalwirtschaft, 2007, S. 500.

gen, Rechte), die in der Folgeperiode wiederbeschafft werden, eine Beschaffungspreisreduktion dar, bezogen auf die Einstandskosten, für die gilt: $E = P_{alt} - P_{neu}$, mit P_{alt} = Preis alt (Vorperiode, jeweils Stichtags- oder Durchschnittspreis)

P_{neu} = Preis neu. Geht man davon aus, dass Einsparungen direkt und proportional in Form von variablen Prämien vergütet werden, so ist eine Einkaufskooperation für die Akteure nur dann lohnenswert, wenn im Rahmen der Kooperation mit der Verlagerung von Arbeitskapazität

a) kein Verdrängungseffekt zu Lasten der spartenbezogenen Einkaufsarbeit erfolgt und

b) sich zwischen Sparten nur Win/Win-Situationen ergeben.

Das heißt, beide Sparten profitieren gleichermaßen von der Einkaufskooperation. Wenn eine Sparte Einsparungen ‚verliert', ist es unter Umständen denkbar, dass sich die Kooperation dennoch lohnt. Dies kann geschehen, wenn z. B. Wissen oder materielle Ressourcen zwischen Sparten übertragen werden, die den Verlust an Einsparungen ausgleichen oder überkompensieren. Die folgenden Betrachtungen konzentrieren sich dabei auf die pekuniär messbaren Kooperationserfolge.

Als Ausgangspunkt der Diskussion wird angenommen, dass die jeweiligen Konzernsparten (hier, exemplarisch: Sparte a) bereits eine variable Vergütungsstruktur besitzen, die die Einsparungen E_a der Sparte variabel vergüten.[370] Eine fixe Vergütungskomponente sei aus Gründen der Vereinfachung nicht gegeben. Der Einkaufserfolg von z. B. Sparte a sei definiert als: $E_a = A_0 - A_1 - M - W$.

Für die Bemessung der Prämie gelte $P_G = P(E_a)$. Besitzen die Sparten ein variables Vergütungssystem, das ausschließlich spartenbezogene Einkaufserfolge belohnt, so stellt sich für die betroffenen Akteure das Problem, dass keine *zusätzlichen* Anreize für die Durchführung einer Einkaufskooperation gegeben sind.

Ein Ansatz zur Lösung des Problems ist die Auslobung einer zusätzlichen Prämie. Kombinierte Prämiensysteme basieren auf mehreren Bezugsgrößen.[371] Um die

370 Vgl. Gabath, Chr. W.: Einkauf, 2008, S. 130.

371 Vgl. Hentze, J.; Graf, A.: Personalwirtschaftslehre, 2005, S. 136.

Akteure der Sparten für eine Kooperation zu motivieren, kommen als Option zunächst zwei Entscheidungsalternativen in Betracht.

- Verwerfung des bisherigen variablen Vergütungssystems der Sparten und Auslobung eines neuen Vergütungssystems
- Auslobung eines *zusätzlichen* Prämiensystems

Eine Änderung der arbeitsvertraglich vereinbarten Gehaltsstruktur bedeutet die Änderung des bestehenden Arbeitsvertrages. Der Arbeitgeber kann nicht ohne weiteres die bestehende Gehaltsstruktur einseitig aufkündigen.[372] Kündigt der Arbeitgeber das Arbeitsverhältnis oder Teile davon und bietet er dem Arbeitnehmer im Zusammenhang mit der (Teil-) Kündigung die Fortsetzung des Arbeitsverhältnisses zu geänderten Bedingungen an, so kann der Arbeitnehmer nach § 2, S 1 KSchG dieses Angebot ablehnen.[373] Für die Konzern- und Spartenleitung ist daher eine Änderung der bestehenden Vergütungsstruktur schwierig. Die Rechtsprechung steht Änderungskündigungen, die die Vergütung (potentiell) absenken, sehr skeptisch gegenüber.[374]

Es kann daher angenommen werden, dass die Akteure, die zu einer Einkaufskooperation motiviert werden sollen, einer Veränderung ihrer Gehaltsstruktur nur dann zustimmen, wenn sie mit Einführung einer neuen variablen Vergütung in keinem Fall schlechtergestellt werden als vorher. Dies ist ein zentrales Argument für die nachfolgende Diskussion. In der Praxis wird weder der Unternehmensleitung noch den betroffenen Akteuren ein zukünftiger Nutzenverlauf der Einkaufskooperation bekannt sein. Es gibt also zunächst keine Sicherheit, dass die Einkaufskooperation in Summe für die Sparten und/oder für den Konzern lohnenswert ist. Ein realistisches Szenario ist, dass aufgrund der in Kapitel 2 erwähnten Objekteigenschaften der eingekauften Beschaffungsumfänge eine *Rentabilitätsvermutung* vorliegt. Die dafür ausschlaggebenden Objekteigenschaften sind, wie in Kapitel 2 beschrieben: Standardisierungsgrad, technische Komplexität, Änderungshäufigkeit, rechtliche Eigenschaften der Beschaffungsumfänge und das zu erwartende Versorgungsrisiko (Wiederbeschaffungszeiten, logistische Komplexität etc.).

---

[372] Vgl. Mohnke, L.: Arbeitsverhältnis, 2006, S. 337.
[373] Vgl. Jüttner, J.: Änderungskündigung, 2011, S. 25.
[374] Vgl. Mohnke, L.: Arbeitsverhältnis, 2006, S. 337.

Dies bedeutet, dass eine Kooperation von allen beteiligten Akteuren – Unternehmensleitung und betroffene Mitarbeiter des Einkaufs (der Sparten) – nur dann durchgeführt wird, wenn über die Laufzeit ein positiver Nettonutzen erwartet wird. Es muss bei einem angenommenen Betrachtungszeitraum c und einem Anfangszeitpunkt 0 also die potentielle Investition in Form von ‚negativem' Nutzen U (Kosten für die Organisation der Kooperation, Datenerhebung etc.) die Bedingungen

$U(t) \geq 0$ für $0 \leq t \leq c$

oder mindestens das Kriterium

$$\int_0^c U(t)dt > 0$$ erfüllt sein.

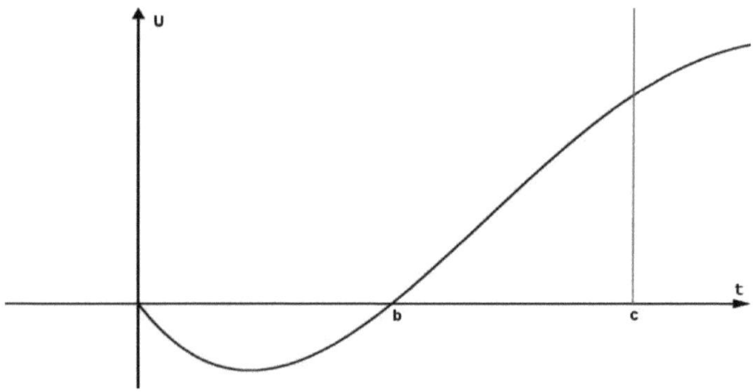

Abb. 35: Exemplarischer Nutzenverlauf einer Kooperation

Geht die Unternehmensleitung (hier: Konzernleitung) im Einvernehmen mit den Leitungsorganen der betroffenen Sparten davon aus, dass die Einkaufskooperation über die geplante Laufzeit in Summe einen positiven Nutzen abwirft, und soll die Kooperation nicht durch hierarchische Weisung erzwungen werden, so besteht eine Möglichkeit, einen Anreiz für die Kooperation zu schaffen, darin, die bestehende variable Vergütung der Sparten durch eine zusätzliche variable Vergütung, die von den erzielten Einsparungen aus Kooperation abhängig ist, zu ergänzen.

Kombinierte Prämiensysteme basieren auf mehreren Bezugsgrößen.[375] Dabei können die Bezugsgrößen methodisch gleich oder unterschiedlich aufgebaut sein. Typische Beispiele für methodisch unterschiedliche Prämiensysteme sind

- Menge und Qualität,
- Menge, Qualität und Ausbeutegrad von Produktionsfaktoren,
- Nutzungsgrad, Qualität und Ausbeutegrad von Produktionsfaktoren.[376]

Als Vorteil für derartige Kombinationen wird die Zusammenführung wesentlicher Kriterien, die maßgeblich auf den Unternehmenserfolg einwirken, genannt. Das Verhalten der Akteure lässt sich im Idealfall über die Rückmeldung in Form des (monatlichen) Gehaltes ausrichten.[377] Die Auslobung eines zusätzlichen Prämiensystems setzt voraus, dass die Einsparungen aus Kooperation von denen, die spezifisch und ohne Kooperation für die Sparte erzielt werden, zu trennen sind.

Mit der Auslobung einer zusätzlichen Kooperationsprämie entsteht Entscheidungsbedarf, der sich aus der Festlegung von Prämiensystemen allgemein ableiten lässt.[378]

- Definition der Prämienbezugsgrößen (hier: erzielte Einsparungen)
- Festlegung eines Prämienmodells
- Festlegung der Begrenzungen der Auszahlungsfunktion[379]

Definition der Prämienbezugsgrößen

- E_a seien die Einsparungen, die die Sparte ohne Kooperation erzielt (hätte).
- E_K seien die Einsparungen, die beide Sparten aus kooperativen Anstrengungen erzielen (z. B. gemeinsamer Einkauf von Kunststoffteilen).
- $E_{a,K}$ seien die spartenbezogenen Einsparungen, die die Sparte in der Einkaufskooperation erzielt. Diese weicht von E_a ab, da Sparte a bei gleicher Kapazität im Einkauf jetzt weniger Ressourcen zur Verfügung hat, eigene Einsparungsprojekte zu verfolgen.

---

375 Vgl. Bauer, S.: Anreizsysteme, 2003, S. 1066 f.

376 Vgl. Hentze, J.; Graf, A.: Personalwirtschaftslehre, 2005, S. 136.

377 Vgl. Bauer, S.: Anreizsysteme, 2003, S. 1066.

378 Vgl. Hentze, J.; Graf, A.: Personalwirtschaftslehre, 2005, S. 132; Eckardstein, D. v.: Variable Vergütung, 2001, S. 17.

379 Vgl. Stelter, D.; Krammer, C.: Vergütung, 2001, S. 82.

Im Rahmen der vorliegenden Fragestellung wird die *konkrete* Festlegung von Begrenzungen für die linearen Auszahlungsfunktionen $P(E_{a,K})$ und $P(E_K)$ nicht explizit diskutiert. Es kann angenommen werden, dass Begrenzungen von Auszahlungsfunktionen für die vorliegende Problemstellung theoretisch nicht abgeleitet werden können. Neben einer ‚Cap' als Auszahlungsobergrenze kann auch ein ‚Floor' als Mindestauszahlung definiert werden. Stelter und Krammer[380] führen zahlreiche empirische Belege aus Diskussionen mit Personalmanagern und Linienverantwortlichen an, die die Sinnhaftigkeit einer ‚Cap' belegen. In der folgenden Betrachtung werden daher Begrenzungen exemplarisch angenommen.

1. Festlegung eines Prämienmodells

Im einfachsten Fall werden eine direkt proportionale und linear verlaufende Prämienfunktion für individuell erzielte Einsparungen und eine für kollektiv erzielte Einsparungen additiv verknüpft. Die bestehenden variablen Anreizsysteme der Sparten bleiben erhalten, und die Akteure sollen als Kooperationsanreiz eine zusätzliche Vergütung erhalten, die in einem proportionalen Zusammenhang zum Kooperationserfolg stehen.

In den nachfolgenden Darstellungen wird aus Gründen der Vereinfachung stets eine linear verlaufende Zusatzprämie angenommen. Die Betrachtung erfolgt jeweils ohne Einbeziehung eines Fixlohnes. Es gilt dann für die Bemessung der *kombinierten* Prämie in Sparte a:

$$P_G = P(E_{a,K}) + P(E_K)\,.$$

$P(E_a)$ bezeichnet die spartenspezifische Prämie, die die Sparte ohne Kooperation erzielt hätte. Die Größe E_a kann z. B. als Mittelwert erzielter Einsparungsniveaus der letzten Abrechnungsperiode(n) festgelegt (vgl. hierzu Kapitel 4.4.1) werden. Die *Berechnungsmethode* dieser Größe ist letztlich eine normative Entscheidung und wird in der Praxis Resultat einer Verhandlung zwischen den beteiligten Parteien (von der Kooperation betroffene Akteure und z. B. Konzernleitung) sein. Im einfachsten Fall sind alle drei Parameter $E_{a,K}$, E_K, und E_a bekannt, und beide Kurven steigen, wie in Abb. 36 exemplarisch dargestellt, linear, mit einer Steigung

---

[380] Vgl. Stelter, D.; Krammer, C.: Vergütung, 2001, S. 82.

von 1. Die Unternehmensleitung und die für die Kooperation vorgesehenen Einkäufer seien risikoneutral.

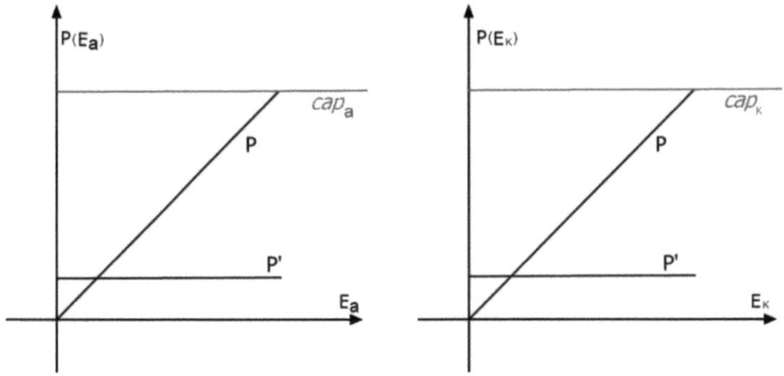

Spartenbezogene Prämie Kooperationsprämie

Abb. 36: Kombinierte Prämie für zusätzliche Kooperationsgewinne[381]

$P(E_{a,K})$ bezeichnet die spartenspezifische Prämie, die die Sparte in der Einkaufskooperation erzielt. Diese weicht von E_a ab, da Sparte a bei gleicher Kapazität im Einkauf jetzt weniger Ressourcen zur Verfügung hat, eigene Einsparungsprojekte zu verfolgen.

Das folgende Beispiel soll das Problem zeigen.

Ein Unternehmen verfüge über nur zwei Einkaufsumfänge (Warengruppen) ‚Kunststoffteile' und ‚Hydraulikteile'. Sparten a und b kaufen beide Kunststoffteile und Hydraulikteile ein. Für die beiden Warengruppen führt die Sparte a mit einem Einkäufer in der Abrechnungsperiode (z. B. ein Jahr) 100 Neuausschreibungen für bestehende Einkaufsumfänge aus. Darüber hinaus kalkuliert jede Sparte jährlich die Material-, Herstellungs- und Logistikkosten für 100 Teile. Auf der Basis der gewonnenen Daten werden jährlich für bestehende Einkaufsumfänge Verhandlungen mit den Lieferanten geführt, mit dem Ergebnis, dass die Beschaffungskosten jährlich im Durchschnitt um 4 Prozent gesenkt werden. Nach Einführung einer Einkaufskooperation mit Konzernsparte b verbringt der gleiche Einkäufer z. B. 60 von 200 Arbeitstagen pro Jahr mit der Erhebung und Zusammenstellung von Daten für die Bündelung von Kunststoffteilen, die gemeinsam mit Sparte b beschafft werden sollen. Durch den Verlust an Arbeitszeit, die exklusiv

[381] Exemplarisch.

für spartenbezogene Einkaufsarbeit zur Verfügung steht (z. B. bezogen auf alle Warengruppen, die nicht Bestandteil der Kooperation sind), kann Sparte a nur noch 80 Neuausschreibungen und 80 Teilekalkulationen durchführen, was zu reduzierten Einsparungen führt. Der Einkäufer von Sparte a hofft, dass er (die Sparte) diesen Verlust durch die aus Kooperation erzielten Einsparungen überkompensieren kann und dass folglich ihre variable Vergütung im Vergleich zum Vorjahr nicht geringer ausfällt.

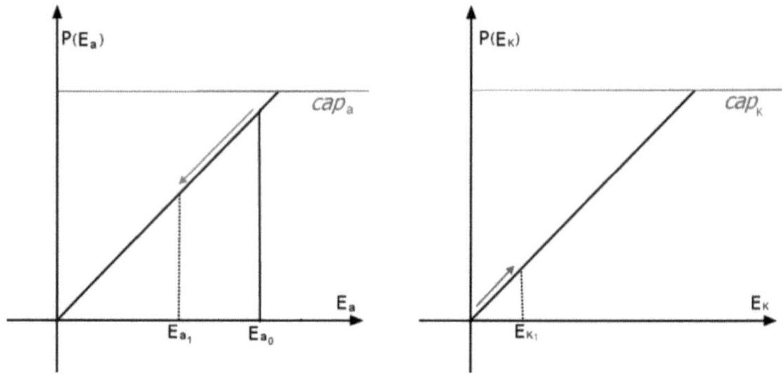

Spartenbezogene Prämie Kooperationsprämie

Abb. 37: Verluste an Einsparungserfolgen durch Kooperation

Als einfachster Fall seien zwei lineare Funktionen angenommen. $P(E_a) - P(E_{a,K})$ stellt dann den individuellen Prämienverlust aus der Kooperation dar. Im Folgenden soll dies als ‚Kooperationsverlust' oder ‚Ablenkungsverlust' bezeichnet werden. Dieser Kooperationsverlust kann als Folge mangelnder Synergieeffekte aus gebündeltem Einkauf oder aus unterschiedlichen Produktivitäten der Einkaufsaktivitäten in der Kooperation gegenüber spartenbezogenen Einkaufsaktivitäten entstehen.

E_{a0} sind die Einsparungen, die die Sparte ohne Kooperation erzielt hätte. Haben die Akteure eine Wahl, sich für oder gegen die Einkaufskooperation zu entscheiden, werden sie sich (bei Vernachlässigung anderer Entscheidungskritieren) nur dann für die Kooperation entscheiden, wenn gilt:

$$P_G = \alpha \cdot P(E_{a,K}) + \alpha \cdot P(E_K) \geq \alpha \cdot P(E_{a0}) .$$

Dies erfordert, dass die Motivationswirkung einer zusätzlich ausgelobten variablen Vergütung auch dann gegeben ist, wenn Konzern und Sparten in Bezug auf die erzielbaren Einsparungserfolge in ein Dilemma oder einen Konflikt geraten: Die eine Sparte gewinnt durch Kooperation, die andere verliert durch Kooperation, der Konzern gewinnt jedoch in Summe.

Im Beispiel hat die Einkaufsabteilung einer Sparte nur einen Mitarbeiter. Der Möglichkeitenraum besteht, wie im Kapitel ‚Opportunitäten' (4.4.2) dargestellt, aus dem von diesem Einkäufer kontrollierten Zeiteinsatz zugunsten der Einkaufsarbeit innerhalb seiner Sparte oder zugunsten der kooperativen Erzielung von Beschaffungskostenreduktionen. ‚Überstunden' zur temporären Ausweitung der Kapazität sind, wie hier angenommen, keine Option. Zur Wahl stehen jeweils verschiedene Kombinationen des Zeiteinsatzes von 200 Arbeitstagen für die Sparten A_S und A_K pro Jahr. Im Extremfall arbeitet der Mitarbeiter ausschließlich für die Sparte (A_S) oder ausschließlich für die Einkaufskooperation (A_K).[382]

Im aufgezeigten Beispiel ist der Verlust aus Kooperation höher als der Gewinn aus Kooperation. Dieser Verlust wird im Folgenden als ‚Kooperationsverlust' bezeichnet. Dieser Verlust kann aus ‚Ablenkung' resultieren (vgl. obiges Beispiel) oder aus Dilemma und Konflikt: Eine Sparte gewinnt, die andere verliert durch Kooperation. Das Entscheidungsproblem für die nachfolgende Betrachtung lautet: Wie muss ein Anreizsystem, das variable Prämien auslobt, gestaltet sein, damit Kooperation auch im Falle von Ablenkung, Dilemma und Konflikt funktioniert?

Die Betrachtung beziehe sich auf eine beliebige Abrechnungsperiode. Durch Abzug von Personalkapazität für die spartenbezogene Einkaufsarbeit zugunsten der Kooperation verändert sich die Höhe der erzielten Einsparungen. Das heißt, die Erarbeitung von kooperationsbezogenen Einsparungen steht im Konflikt zur Erarbeitung von Einsparungen zugunsten der Sparte. Durch die Ablenkung, die die Sparten jetzt aus der Mitwirkung der Kooperation erfahren, entsteht somit ein Kooperationsverlust. Ist der Nutzenverlauf der Kooperation unbekannt, wird die Erwartung eines solchen Kooperationsverlustes die beteiligten Akteure dazu ver-

---

[382] Die Annahme ist, dass die arbeitsvertraglichen Regelungen diese Entscheidungsfreiheit zulassen.

anlassen, die Kooperation abzulehnen, sofern nicht normative Mittel angewendet werden, die die Kooperation erzwingen.

2. Lösungsansatz Vergütungskurve mit höherer Steigung

Eine naheliegende Möglichkeit ist, für die Auslobung der Kooperationsprämie $P(E_K)$ eine Funktion zu wählen, die eine höhere Steigung als $P(E_{a,K})$ aufweist. Liegt die Steigung über der Steigung der Prämienkurve für spartenbezogene Beschaffungsleistungen, so ist die Kooperation aus Sicht der Unternehmensleitung ‚teuer'. Jeder zusätzliche Euro, der aus Kooperation gewonnen wird, wird überproportional bezahlt. Als einfachster Fall seien auch hier lineare Funktionen angenommen. Es besteht für die Akteure – im Gegensatz zur Ausgangsvergütung – ein überproportionaler Anreiz (Verlust) zur Erzielung (Nicht-Erreichung) von zusätzlichen Einsparungen gegenüber der ursprünglichen Vergütung. Folglich verdient der Akteur mit jedem ‚entgangenen' Einsparungspunkt $E_{a,K}$ eine überproportionale Prämie. Als einfachster Fall seien zunächst ausschließlich lineare Funktionen angenommen. Es gilt:

$$P_G = \alpha_1 \cdot P(E_{a,K}) + \alpha_2 \cdot P(E_K)$$

mit $\alpha_2 \geq \alpha_1$.

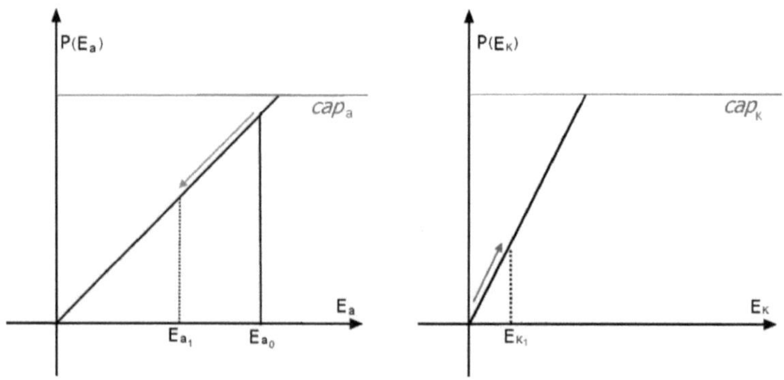

Spartenbezogene Prämie Kooperationsprämie

Abb. 38: Kooperationsverlust trotz Zusatzprämie[383]

[383] Exemplarisch.

Eine derartige Lösung kann unter Umständen kein befriedigender Ausgleichsmechanismus für Kooperationsverluste sein. Wie in Abbildung 38 exemplarisch gezeigt, gleicht die (steilere) Zusatzprämie für Kooperation den Kooperationsverlust nicht aus, da die zusätzliche Kooperationsprämie den absoluten Verlust an spartenbezogener Prämie nicht übersteigt. Dies ist insbesondere dann problematisch, wenn das maximal mögliche Potential von Einsparungen aus Kooperation nicht dem entspricht, was Sparten aus rein spartenbezogenen Einkaufsaktivitäten realisieren können.

Wenn bei einer Einkaufskooperation eine Sparte alle Einsparungen verliert, die andere ihre Einsparungen mehr als verdoppelt, verlieren hier auch die Akteure der unterlegenen Sparte ihre gesamte variable Vergütung. Dies kann der Zugewinn aus der Kooperationsprämie gegebenenfalls nicht kompensieren. Daher kann die Auslobung einer zusätzlichen Prämie ohne die garantierte Absicherung einer spartenbezogenen Vergütung unter Umständen Ängste auslösen, die zu einer Ablehnung der Einkaufskooperation führen.

Lösungsansatz Totalversicherungsmodell

Eine Lösung dieses Problems könnte darin bestehen, dass die Konzernleitung die Sparten bzw. deren Akteure gegen Ausfälle aus Kooperation ‚versichert'. Um jeglichen Verlust aus Ablenkung, Dilemma und Konflikt auszuschließen, muss die Unternehmensleitung den Akteuren eine Prämiengarantie auf die Einsparungen E_a geben, die die Sparte ohne Kooperation erzielt (hätte). Dies ist aus praktischer und aus agenturtheoretischer Sicht ein realistisches Szenario: Wenn für die betroffenen Akteure kein zukünftiger Nutzenverlauf der Kooperationsaktivitäten absehbar ist, gleichzeitig aber Verluste aus ‚Ablenkung' drohen, werden sie – bei Nichtverfügbarkeit anderer Anreize (z. B. Prestige, Ehre, Beförderung) – eine Versicherung auf gewohnheitsmäßig in der Vergangenheit erzielte Einsparungserfolge oder aus ihrer Sicht ‚zu erwartende' Erfolge einfordern.

Es gilt dann: $P_G = P(E_{a,K}) + P(E_K)$

mit

$P(E_{a,K}) = \alpha \cdot \text{Maximum}[E_{a0}; E_{a,K}]$

und

$P(E_K) = \alpha \cdot E_K$.

Selbst wenn der Kooperationsertrag Null ist, sind die Akteure hier zumindest gleichgestellt, wie im Falle von $P(E_a)$.

Eine solche Lösung kann Ängste vor Verlust von variabler Vergütung vermeiden. Die entscheidende Frage ist: Unter welchen Risiken und welchen Kosten kommt eine solche Einkaufskooperation zustande? Die Probleme einer derartigen Versicherungslösung sind offensichtlich: Von den operativen Problemen der Ermittlung der adäquaten Einsparungshöhe E_a, die die Sparte ohne Kooperation erzielt (hätte), abgesehen, haben die Akteure jetzt allen Grund, ihre Anstrengungen für die Erzielung der spartenbezogenen Einsparungen E_a zu minimieren, da ihnen ja ihre Prämie $P(E_a)$ garantiert ist.

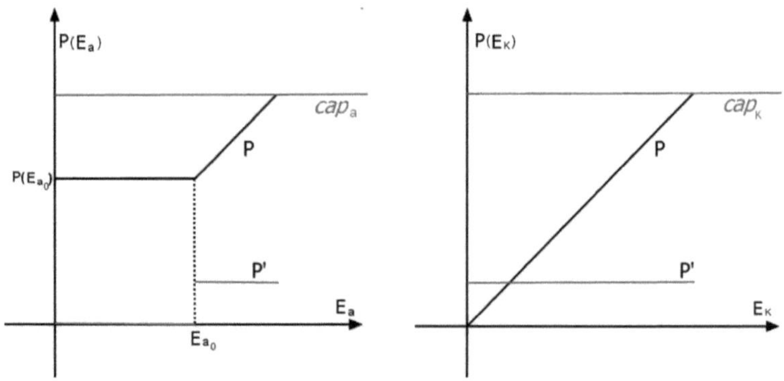

Spartenbezogene Prämie — Kooperationsprämie

Abb. 39: Spartenspezifische Prämienfunktion mit Vollabsicherung und linearer Zusatzprämie[384]

[384] Exemplarisch.

Die oben beschriebenen problematischen Verhaltensweisen von Akteuren, auf die die Agenturtheorie hinweist, können nun dazu benutzt werden, mangelnde Motivation zugunsten der Erzielung spartenbezogener Einsparungen zu verbergen: ‚hidden action', ‚hidden information' und ‚hold up'.[385] In anderen Worten: Die Akteure können nun entweder zur Maximierung ihres Gehaltes ausschließlich Anstrengungen in die Erzielung eines Kooperationsbonus investieren, oder sie können – je nach persönlicher Einschätzung des Kooperationsertrages – Anstrengungen für die Kooperation zugunsten ihrer persönlichen Freizeit minimieren. Ein weiteres gravierendes Problem besteht aus der Sicht der Unternehmensleitung: Wenn die Kooperation keine Ergebnisse abwirft, dann werden falsche Impulse gesetzt: Spartenbezogene Einkaufsaktivitäten werden vernachlässigt, mit dem Resultat, dass Einsparungen auf Materialkosten potentiell verlorengehen, gleichzeitig werden starke Anreize gesetzt, (unfruchtbare) kooperative Einsparungserfolge zu erzielen.

Eine partielle Lösung der geschilderten Probleme erreicht die Unternehmensleitung, wenn sie von einer ‚Totalversicherung' absieht und nur eine partielle Versicherung der Akteure durchführt.

P_G sei die Gesamtprämie, die sich aus der spartenbezogenen Prämie und der Prämie aus Kooperation zusammensetzt.

Es gilt dann:

$$P_G = P(E_{a,K}) + P(E_K)$$

mit

$$P(E_{a,K}) = \begin{cases} P(E_a) \; f\ddot{u}r \, E_{a_1} \leq E_{a,K} \leq E_{a_0} \\ P(E_{a,K}) \; sonst \end{cases}$$

und

$$P(E_K) = \alpha \cdot P(E_K) .$$

[385] Vgl. Trumpp, A.: Kooperation, 1995, S. 69; Jost, P.-J.: Prinzipal-Agenten-Theorie, 2001, S. 53 ff.

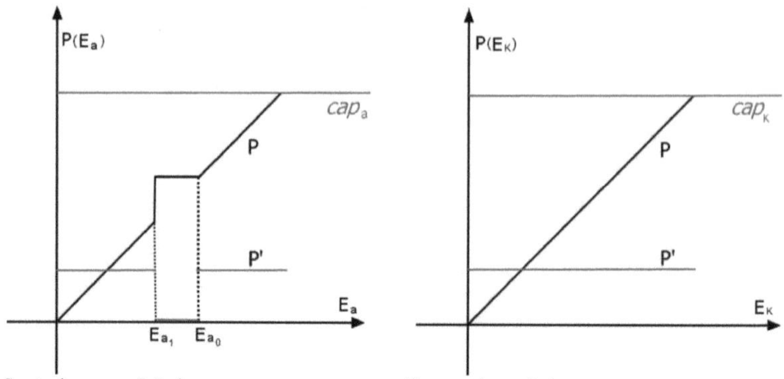

Spartenbezogene Prämie

Kooperationsprämie

Abb. 40: Spartenspezifische Prämienfunktion mit Teilversicherung und linearer Zusatzprämie[386]

Für die Festlegung des Versicherungsintervalls zwischen E_a und $E_{a'}$ gibt es, solange keine erwarteten Nutzenverläufe der Kooperation existieren, keinen theoretisch ableitbaren Zugang. Es handelt sich hier um eine normative Entscheidung oder, was der Praxis am nächsten kommt, sehr wahrscheinlich um eine Verhandlungslösung zwischen den betroffenen Akteuren. Im Zweifel determiniert der wahrgenommene oder reale Informationsvorteil von Akteuren oder die Macht, die einer der an der Diskussion beteiligten Akteure hat, das Entscheidungsergebnis.[387]

Diese Lösung stellt dennoch im Vergleich zum Totalversicherungsmodell eine offensichtliche Verbesserung dar: Es gibt jetzt keinen Anreiz mehr, die Bemühung hinsichtlich der Erzielung von spartenbezogenen Anstrengungen zu minimieren. Die Unterlassung von Anstrengungen ‚unterhalb' des Versicherungsintervalls führt zu einer entsprechend niedrigen Prämie. Hat der Akteur diese Anstrengung nicht erfolgreich in die Erzielung einer kooperationsbezogenen Prämie investiert, so stellt er sich bei Minimierung seiner Anstrengung zugunsten spartenbezogener Beschaffungsleistungen deutlich schlechter.

Innerhalb des Versicherungsintervalls können ‚hidden information' und ‚hidden action' auftreten. Dies kann zum Zweck der Verschleierung unterlassener spartenbezogener Beschaffungsleistungen geschehen. Die Akteure haben wie beim

[386] Exemplarisch.

[387] Vgl. Kelley, H.; Holmes, J.; Kerr, N. et al.: atlas, 2003, S. 356 ff.

Modell der Totalversicherung eine Motivation, Verluste aus z. B. ‚Ablenkung' vorzuschützen, um spartenspezifische Einsparungsanstrengungen innerhalb des versicherten Intervalls zu unterlassen.

Ein weiteres spezifisches Problem der Teilversicherungslösung ergibt sich an der Unterkante des versicherten Intervalls. Akteure, die in ihrer spartenspezifischen Leistung nur geringfügig das ‚versicherte' Intervall unterschreiten, werden einen vergleichsweise überproportionalen Verlust ihrer spartenbezogenen variablen Vergütung realisieren, insbesondere dann, wenn die Vergütung aus der Kooperation jenen nicht kompensieren kann. Die Betrachtung erfolgt hier einperiodig. Erweitert man die Diskussion auf eine mehrperiodische Betrachtung, so kann die Unternehmensleitung das Intervall $\{+ P(E_K) - P(E_{a,K})\}$ schrittweise verkleinern, das heißt, sie schränkt den Leistungsbereich, der mit einer fixen Vergütung auf dem Niveau $P(E_K)$ vergütet wird, stufenweise ein.

Degressive Prämienkurve

Lässt man die Annahme fallen, dass eine Änderung der bestehenden, spartenspezifischen Vergütungsstruktur nicht möglich ist, kommen alternative Vergütungsmodelle in das Feld der Betrachtung. Eine Alternative zur völligen oder partiellen Absicherung der Akteure ist die Verwendung einer degressiven Prämienkurve für die ‚Grundvergütung' der Sparte. Dies bedeutet aber eine Änderungskündigung: Die Akteure müssen einer Änderung ihrer spartenbezogenen ‚Grundvergütung' zustimmen. Die Grenzlohnkurve hat dann bis zum Prämienziel E_a einen sinkenden Verlauf.

Es gilt dann:

$$P_G = P(E_{a,K}) + P(E_K)$$

$$P(E_{a,K}) = \alpha \cdot \sqrt[\beta]{E_{a,K}}$$

und

$$P(E_K) = \alpha \cdot P(E_K) \ .$$

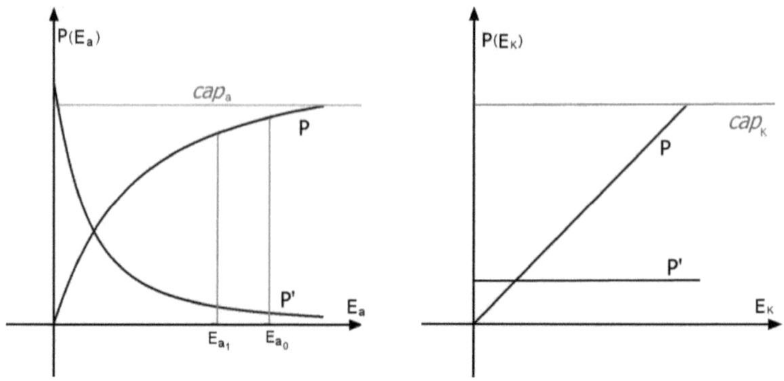

Spartenbezogene Prämie Kooperationsprämie

Abb. 41: Degressive spartenspezifische Prämienfunktion und lineare Kooperationsprämie

Das heißt, die spartenbezogene Vergütung schwächt, insbesondere bei Zielunterschreitung, die Auszahlung der Prämie, im Vergleich zu einer linearen Funktion relativ zum Kooperationsverlust ab. Dies kann die Akteure unzureichend motivieren, den Prämienverlust (aus Ablenkung) durch Anstrengungen für die Kooperation zu kompensieren. Entscheidend für die Diskussion über die Verwendung eines solchen Vergütungsmodells ist letztlich, für wie hoch die Verluste aus ‚Ablenkung' bzw. aus Kooperation und für wie stark der oben beschriebene ‚Demotivationseffekt' eingeschätzt werden. Als Vorteil dieses Modells kann aber gesehen werden, dass eine Voll- oder Teilabsicherung und die damit verbundenen Probleme des Opportunismus von ‚versicherten' Akteuren vermieden werden.

Progressive Prämienkurve

Im Gegensatz zu einer degressiven, spartenspezifischen Vergütung hat eine progressive Prämienkurve bis zum Prämienziel E_a einen zunehmend steileren Verlauf.

Eine progressive Prämienkurve hebelt die Auszahlung der Prämie bei starker Zielüberschreitung oder auch Zielunterschreitung.

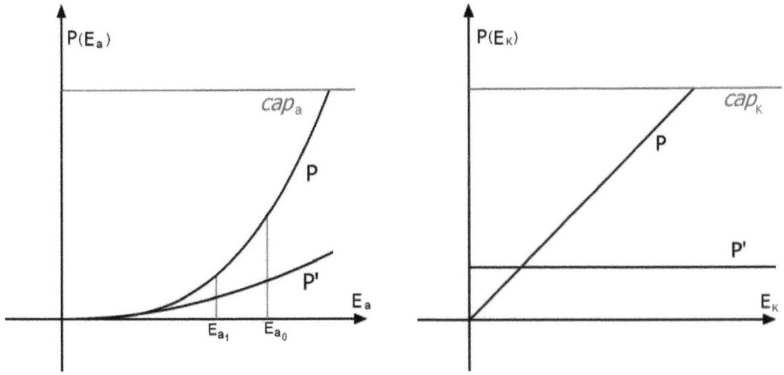

Spartenbezogene Prämie Kooperationsprämie

Abb. 42: Progressive spartenspezifische Prämienfunktion und lineare Kooperationsprämie

Es gilt: $P_G = P(E_{a,K}) + P(E_K)$

mit

$$P(E_{a,K}) = \alpha \cdot E_{a,K}^{\beta}$$

und

$P(E_K) = \alpha \cdot P(E_K)$.

Auch bei diesem Modell fällt die Absicherung früherer spartenbezogener Vergütungen weg. Die vorgestellte Prämienverlaufskurve bedeutet: Kooperationsverluste werden im Vergleich zu einer linearen Funktion überproportional ‚bestraft'.

Eine mögliche Option ist dieses Modell, wenn Sanktionen gegen Ablenkungsverluste angedroht werden sollen oder ein starker Anreiz geschaffen werden soll, Verluste aus Ablenkung durch entsprechend hohe Erfolge aus Kooperation zu kompensieren. Mit starkem Protest gegen die Einkaufskooperation ist zu rechnen, wenn die Sparteneinkäufer die Aussichten auf Kooperationserfolg geringer einschätzen als die Erzielung von Einsparungserfolgen ohne Beteiligung anderer Sparten.

S-förmige Prämienkurve

Eine weitere Alternative zur völligen oder partiellen Absicherung der Akteure ist die Verwendung einer S-förmigen Prämienkurve für die ‚Grundvergütung' der Sparte.

Es gilt:

$$P(E_{a,K}) = -\beta \cdot (\alpha \cdot E_{a,K})^3 + 7\beta \cdot (\alpha \cdot E_{a,K})^2$$

und

$P(E_K) = \alpha \cdot P(E_K)$.

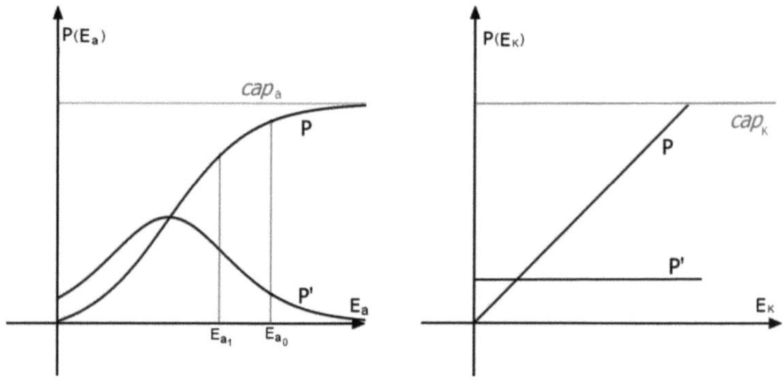

Spartenbezogene Prämie Kooperationsprämie

Abb. 43: S-förmige spartenspezifische Prämienfunktion und lineare Kooperationsprämie

Die spartenbezogene bisherige Prämie E_a (linker Graph) soll nun S-förmig den Punkt E_{a0} anstreben. E_{a0} sind die Einsparungen, die die Sparte ohne Kooperation erzielt hätte. $P(E_{a0})$ kann als Ziel begriffen werden, das trotz der Kooperationsaktivitäten erreicht werden soll. Zusätzlich lobt die Unternehmensleitung eine kooperationsbezogene variable Prämie aus. Es gilt, wie oben, $P_G = P(E_{a,K}) + P(E_K)$.

$P(E_a) - P(E_{a,K})$ stellt dann den individuellen Prämienverlust aus Kooperation dar. Der Einbezug von nicht-linearen Kurven ermöglicht eine Diskussion, wie hoch der Prämienverlust $P(E_{a0}) - P(E_{a,K})$ relativ zum Kooperationsverlust $E_{a0} - E_{a,K}$ ausfällt.

Die S-Kurve hat von ihrem Wendepunkt bis zu einem möglichen Prämienziel E_a einen degressiven Verlauf. Betrachtet man den Verlauf der Grenzlohnlinie aus der Perspektive einer möglichen Unterschreitung dieses ‚Mindestzieles', bedeutet dies, dass der Verlust an Prämie gegenüber einer linearen Funktion relativ zum Kooperationsverlust abgeschwächt wird. Dies kann die Akteure ebenso wie bei einer degressiven Prämienkurve unzureichend motivieren, den Prämienverlust (aus Ablenkung) durch Anstrengungen für die Kooperation zu kompensieren. Wird jedoch der Wendepunkt der S-Kurve unterschritten, so werden Kooperationsverluste im Vergleich zu einer linearen Funktion überproportional ‚bestraft. Der Wendepunkt einer solchen S-Kurve könnte als ein minimales Anspruchsniveau an spartenbezogene Einsparungserfolge interpretiert werden, das der Konzern (oder die Sparte) setzt. Wird dieses Niveau unterschritten, müssen entsprechend hohe Erfolge in der Kooperation erzielt werden, um die eingetretenen Einkommensverluste der Einkäufer zu kompensieren.

In der obigen Diskussion mag als zentraler Schwachpunkt erscheinen, dass die Argumentation auf der Annahme fußt, dass die Einsparungen, die die Sparte ohne Kooperation erzielt hätte, im Sinne einer Referenzgröße bekannt sind. Da Einsparungserfolge ex ante generell nicht bekannt sein können, kann als Näherungslösung vorgeschlagen werden, die durchschnittlich erzielten Einsparungsniveaus der letzten Abrechnungsperiode(n) oder durch Benchmarking ermittelte Werte heranzuziehen. Dies stellt in der Praxis jedoch ein wesentliches, aber nicht unlösbares Problem dar: Rationale Akteure werden darauf drängen, dass sie sich durch die zusätzlich eingeforderte Kooperation nicht verschlechtern.

Ein Vergleich der Funktionen zeigt, dass die Komplexität von nicht-linearen Kurven keine grundsätzlich neuen Erkenntnisse für die Versicherung einer möglichen Dilemmasituation bringt. Die zweifelsohne positiven Steuerungsimpulse der S-Kurve lassen sich durch weitaus simplere geknickt-lineare Funktionen annähern.[388] Die inverse S-Kurve kann den Anreiz zu einer moderateren Planung der Zielerreichung wesentlich verstärken und ist daher nicht empfehlenswert.[389]

388 Vgl. Stelter, D.; Krammer, C.: Vergütung, 2001, S. 81.

389 Vgl. Stelter, D.; Krammer, C.: Vergütung, 2001, S. 81.

Das vorgestellte Modell zeigt, dass eine solche Absicherung von Anspruchsniveaus wirksam sein kann, Einkaufskooperation zwischen Sparten unter bestimmten Umständen zu fördern.

Wesentliche Annahmen des vorgestellten Modells bestehen darin, dass der Kooperationserfolg E_K messbar ist. Die Sparten haben keine Möglichkeit, die Personalkapazität für die Kooperation zu erhöhen. Ferner ist als Referenzgröße bekannt, welche Einsparungen E_a seitens der Sparten ohne Kooperation erzielbar gewesen wären. Alle Akteure verhalten sich ökonomisch rational. Es gibt keine persönlichen oder durch die Zugehörigkeit zu einer Gruppe (Sparte) bedingten Einstellungen, die die Kooperation über das ökonomisch sinnvolle Maß begünstigen oder behindern.

Schwierigkeiten können dann auftreten, wenn die Ermittlung und Etablierung der Kennzahlen nicht eindeutig nachvollziehbar ist. In der Anwendung sind dann gegebenenfalls erhebliche Aufwendungen nötig, um das zugrundeliegende Kennzahlensystem zur Berechnung von E_a, E_{aK} und E_K zu pflegen.[390]

Die Steuerung einer Einkaufskooperation durch auf Einsparungsleistung gerichtete variable Boni ist in theoretischer wie auch praktischer Hinsicht problematisch. Aus praktischer Sicht bedarf es zur Erreichung der aufgelisteten Ziele der Mitwirkung anderer Akteure (Lieferanten, Mitarbeiter, die keine Kooperationsboni erhalten, da sie nicht zum Kreis der Prämienempfänger gehören, z. B. Mitarbeiter der Produktentwicklung, des Qualitätswesens, der Logistikkette), die mehr oder weniger autonom agieren und sich im Einzelfall einer Beeinflussung entziehen können. Aus diesen Überlegungen folgt, dass es sich bei den Beiträgen von Mitgliedern der Einkaufskooperationen, ähnlich wie bei Führungskräften[391], oftmals um Tatbestände handelt, für deren Zustandekommen diese zwar notwendige bzw. zumindest wichtige Voraussetzungen erbringen, die sie aber als solche allerdings nicht erzwingen zu können.

Am Beispiel von Einsparungen lässt sich dies gut verdeutlichen: Hieran sind die Lagerhaltung, der Vertrieb und die Produktentwicklung ebenfalls in erheblichem Ausmaß beteiligt. Beiträge im Bereich dieser Disziplinen können im Allgemeinen

[390] Vgl. Bauer, S.: Anreizsysteme, 2003, S. 1066.
[391] Vgl. Eckardstein, D. v.: Variable Vergütung, 2001, S. 10.

weitaus schwieriger zugeordnet werden, als dies für die Beiträge des operativen Einkaufs möglich ist. Je geringer die Wahrscheinlichkeit ist, dass Leistungsbeiträge messbar sind, desto geringer ist auch die Wahrscheinlichkeit, dass der Akteur sich unmittelbar für diese Größe einsetzt.[392] Ferner entziehen sich die Übertragung von Wissen aus freien Stücken sowie freies, kreatives Verhalten der Definition und Fixierung im Vergütungssystem von vornherein.[393]

Neunzig[394] argumentiert, dass ein Anreizvertrag auch ein Instrument darstellen kann, einem Akteur ein bestimmtes Leistungsziel vorzugeben, das über die bedingte Lohnzahlung auch das notwendige Feedback generiert. Dieser Feedback-Mechanismus hat zur Konsequenz, dass die Leistung der Akteure anerkannt wird, was eine Erhöhung der Arbeitszufriedenheit zur Folge hat. Dieser Effekt ist ebenfalls nicht von der Höhe der Anerkennung abhängig, sondern nur davon, ob der Akteur zwischen guter und schlechter Entlohnung differenzieren kann.

Anwendungsprobleme[395] variabler Vergütungssysteme können darüber hinaus durch Mess- und Bewertungsprobleme auftreten. Schwierigkeiten resultieren u. U. aus der Zurechenbarkeit der Kooperationsergebnisse zur Kooperation bzw. zu den spezifischen Einkaufserfolgen der beteiligten Sparte.

5.4. Zusammenfassung

Die Literatur zum Personalmanagement und zur Personalführung[396] stellt viel verschiedene Prämienkurvenverläufe zur Diskussion: lineare, degressive, progressive und S-kurvenförmige Funktionszusammenhänge zwischen der Leistung des Prämienempfängers und der variablen Vergütung. Die theoretischen Zugänge zur Wahl der jeweiligen Prämienverlaufskurve sind begrenzt: Drumm[397] vertritt die Meinung, dass lineare und progressive Prämienverlaufsformen umso geeigneter sind, je stärker der Einfluss des Mitarbeiters auf die Prämienbezugsgröße ist.

---

392 Vgl. Eckardstein, D. v.: Variable Vergütung, 2001, S. 8.

393 Vgl. Eckardstein, D. v.: Variable Vergütung, 2001, S. 19.

394 Vgl. Neunzig, A.: Leistungsanreize, 2003, S. 179.

395 Vgl. Becker, F.; Kramarsch, M.: Vergütung, 2006, S. 63 ff.; Baker, G.; Jensen, M.; Murphy, K.: Compensation and Incentives, 1988, S. 599.

396 Vgl. Hentze, J.; Graf, A.: Personalwirtschaftslehre, 2005, S. 136; Klimecki, R.; Gmür, M.: Personalmanagement, 2005, S. 310; Drumm, H.J.: Personalwirtschaft, 2007, S. 500; Stelter, D.; Krammer, C.: Vergütung, 2001, S. 81.

397 Vgl. Drumm, H.J.: Personalwirtschaft, 2007, S. 500.

Ein Problem bei der Änderung arbeitsvertraglich vereinbarter Gehaltsschemata ist die Zustimmungspflicht der betroffenen Akteure: Andernfalls kommt die Aufkündigung eines Vertragsbestandteils einer Änderungskündigung gleich. Dies limitiert den Spielraum der Unternehmensleitung, veränderte Prämienstrukturen zur Förderung einer Kooperation einzuführen. Die Rechtsprechung steht Änderungskündigungen, die die Vergütung (potentiell) absenken, sehr skeptisch gegenüber.[398] Selbst wenn die Unternehmensleitung eine zusätzliche Vergütung auslobt, so besteht für die Mitglieder des operativen Sparteneinkaufs bei ausbleibender Aufstockung der Personalkapazitäten ein Allokationsproblem, das hier als ‚Ablenkungsverlust' beschrieben wird. Ablenkungsverluste treten dann auf, wenn Mitarbeiter des Einkaufs, die mit der Erarbeitung von Einsparungen betraut sind, für die Zwecke der Kooperation abgeordnet werden und für die reguläre Einkaufsarbeit der Sparte nicht mehr zur Verfügung stehen. In einem solchen Fall können die Einkäufer der Sparte Teile ihrer variablen Vergütung verlieren, die sie unter Umständen nicht durch zusätzliche kooperativ erzielte Einsparungen kompensieren können.

In den Anfangsphasen einer Einkaufskooperation, in denen Datenstandards ausgehandelt werden (siehe Kapitel 4.4.2) sowie Daten zur Befüllung dieser Standards verglichen und aufbereitet werden müssen, kann dies als realistisches Szenario angesehen werden. Eine zweite Möglichkeit, Verluste bei den erzielten Einsparungen zu erleiden, ergibt sich aus einem Dilemma bzw. einem Konflikt zwischen Sparten bei gemeinsamen Einkaufsaktivitäten, wie in Kapitel 3.2.2. ff. dargestellt. Prämien, die sich aus verschiedenen Leistungskriterien additiv zusammensetzen, sind in Theorie und Praxis gebräuchlich.[399] Die vorliegende Betrachtung diskutiert das Problem unter der realistischen Prämisse, dass der Nutzenverlauf einer Kooperation in der Praxis ex ante nicht verfügbar ist.

Eine Option, eine Verschlechterung der betroffenen Akteure auszuschließen, ist die teilweise Absicherung ihrer variablen Vergütung auf historisch (durchschnittlich) erreichtem Niveau. Es ist einerseits unrealistisch, dass die vorgestellte Referenzgröße verfügbar ist, andererseits ist es naheliegend, anzunehmen, dass rationale Akteure, bevor sie eine zusätzliche Beauftragung akzeptieren, einen Aus-

---

[398] Vgl. Mohnke, L.: Arbeitsverhältnis, 2006, S. 337.
[399] Vgl. Hentze, J.; Graf, A.: Personalwirtschaftslehre, 2005, S. 136.

schluss von Verlusten aus Kooperation beanspruchen. Mögliche Lösungen, historisch erreichte Prämienniveaus gegen ,Verlust aus Kooperation' zu versichern, wurden vorgestellt und diskutiert. Diese haben das Problem, das Akteure bei einer Versicherung ihrer variablen Vergütung (z. B. auf Vorjahresniveau) starke Anreize haben, bei der Erarbeitung der spartenbezogenen Einkaufsarbeit zu ,defektieren'. Die Unternehmensleitung riskiert bei einem solchen Vorgehen, dass einseitige Steuerungsimpulse zugunsten der (möglicherweise unfruchtbaren) Kooperationsarbeit gesetzt werden. Die vorgestellten Modelle zeigen, dass bei Zielkonkurrenz zwischen spartenbezogenem und kooperationsbezogenem Ertrag (Teil-) Versicherungen von Anspruchsniveaus der Akteure Kooperation unter Unsicherheit begünstigen.

Aufbauend auf diese – unbefriedigenden – Lösungsvorschläge, werden die von der Literatur vorgeschlagenen alternativen Kurvenverläufe untersucht. Diese Varianten kommen einer Veränderung der arbeitsvertraglichen Bedingungen gleich – ihre schnelle Umsetzbarkeit in der Praxis ist deshalb in Frage zu stellen. Eine Alternative zur völligen oder partiellen Absicherung der Akteure ist die Verwendung einer degressiven Prämienkurve für die ,Grundvergütung' der Sparte. Eine degressive Prämienkurve für die spartenbezogene Vergütung schwächt den Verlust an Prämie, insbesondere bei Nichterreichung ,historischer Niveaus', gegenüber einer linearen Funktion ab.

Im Gegensatz zu einer degressiven, spartenspezifischen Vergütung ,hebelt' eine progressive Prämienkurve den Verlust an variabler, spartenbezogener Prämie bei Auftreten von Ablenkungsverlusten. Mit anderen Worten: Kooperationsverluste werden im Vergleich zu einer linearen Funktion überproportional ,bestraft'. Dies kann die Akteure demotivieren. Denkbar ist dieses Modell, wenn aggressive Sanktionen gegen mögliche Ablenkungsverluste angedroht werden sollen oder im Gegenzug ein starker Anreiz geschaffen werden soll, Verluste aus Ablenkung durch entsprechend hohe Erfolge aus Kooperation zu kompensieren. Mit starkem Widerstand gegen die Einkaufskooperation ist zu rechnen, wenn die Akteure die Aussichten auf Kooperationserfolg geringer einschätzen als die Erzielung von Einsparungserfolgen ohne Beteiligung anderer Sparten.

Wenn S-Kurven von ihrem Wendepunkt zu einem (festzulegenden) Mindesteinsparungsziel einen degressiven Verlauf haben, bedeutet dies: Sie schwächen die Auszahlung der Prämie, insbesondere bei Zielunterschreitung, gegenüber einer linearen Funktion relativ zum Kooperationsverlust ab. Es sind also letztlich normative Entscheidungen, die bei der Anzahl der beschriebenen Vor- und Nachteile der vorgestellten Lösungen zur Auswahl der jeweiligen Vergütungsstruktur führen.

6. Empirische Forschungsergebnisse zur Variable Pay-and-mixed-Compensation

6.1. Einleitung

Variable Vergütungsmodelle sind in Bezug auf ihre Wirkungsweise und Anwendbarkeit in zahlreichen psychologischen und sozialpsychologischen Studien untersucht worden.[400] Neben der allgemeinen Diskussion über die Wirksamkeit variabler Vergütungssysteme sind in jüngerer Zeit auch gemischte variable Vergütungssysteme erforscht worden, die sowohl individuelle als auch gruppenbezogene Leistungen des Individuums vergüten. Ziel dieses Kapitels ist es, einen Überblick über die wesentlichen theoretischen Aussagen zu geben und diese in Bezug auf die vorliegende Problemstellung zu diskutieren.

6.2. Variable Pay

„In fact, empirical research has not found any connection between corporate success and performance-related pay."[401]

Diese Aussage von Frey, die sich allgemein auf ‚Unternehmenserfolg' bezieht, wird von anderen Autoren bestritten.[402] Die neoklassische Theorie postuliert, dass höhere monetäre Anreize bei einem Akteur (proportional) höhere Anstrengungen auslösen, das mit dem monetären Anreiz verknüpfte Ziel zu erreichen.[403] Diese Annahme liegt auch den Ausführungen in Kapitel 5 zugrunde. Empirische Forschungsergebnisse zweifeln die Leistungsfähigkeit von variablen Prämienlohnsystemen an.[404] In jedem Fall sind Mitarbeiter aber sensibel gegenüber Anreizen. Zusammenhänge zwischen Persönlichkeit und Arbeitsengagement sind von ver-

---

400 Vgl. Rynes, S.; Gerhard, B.: Pay for Performance, 2005, S. 571 ff.; Cadsby, C.; Song, F.; Tapon, F.: pay for performance, S. 387 ff.; Frey, B.: Motivation, 2002, S. 387 ff.; Baker, G.; Jensen, M.; Murphy, K.: Compensation and Incentives, 1988, S. 603 ff.; Eckardstein, D. v.: Variable Vergütung, 2001, S. 20f.

401 Frey, B.: Motivation, 2002, S. 387.

402 Vgl. Branch, W.; Haskins, M.: Pay for Performance, 2011, S. 82.

403 Vgl. Jost, P.-J.: Prinzipal-Agenten-Theorie, 2001, S. 17 f.; Wieland, J.: Organisationsökonomik, 2000, S. 39.

404 Vgl. Berthel, J.; Becker, F.: Personal-Management, 2010, S. 560 f.

schiedenen Studien untersucht worden. Persönlichkeitsfaktoren beeinflussen demnach Engagement und kooperatives Verhalten in hohem Ausmaß.[405] Die Theorie der ‚Crowding-out-Effekte' postuliert unterschiedliche Wirkungen von variablen Anreizen auf unterschiedliche Personentypen. Die grundlegende Annahme dieser Theorie ist, dass Empfänger von Anreizen grundsätzlich in fünf Gruppen eingeteilt werden können.[406]

- Extrinsisch motivierte Personen. Darunter fallen:
    - Einkommensmaximierer: Sie streben die Maximierung ihres Einkommens an.
    - Statusmaximierer: Sie streben vorrangig Positionsgüter an. Positionsgüter sind Güter, die nicht vermehrbar sind. Sie nutzen nur demjenigen, der sie als Erster besitzt, wie z. B. die Ehre des Erstplatzierten in einem Wettkampf.[407]
- Intrinsisch motivierte Personen. Darunter sind zu verstehen:
    - Loyalisten: Sie identifizieren ihre persönlichen Ziele mit den übergeordneten Firmenzielen.
    - Formalisten: Sie streben eine möglichst genaue Befolgung von vorgeschriebenen Prozeduren an.
    - Autonome: Sie verfolgen eine weitestgehende Unabhängigkeit von dem Unternehmen und seinen Zielen.

Einkommens- und Statusmaximierer richten demnach ihre Anstrengungen stärker als andere Typen an pekuniär ausgelobten Zielen aus und sind daher leichter als andere durch variable Vergütungen zu motivieren.[408]

Loyalisten, Formalisten und Autonome sind durch variable Vergütungen nicht oder nur schwer zu motivieren. Bei diesen Personentypen kann es zu ‚Crowding-out-Effekten' kommen, bei denen intrinsische Motivationen zur Erreichung eines vorgegebenen Zieles durch extrinsische variable Vergütungen in bestimmten Situationen verdrängt werden.[409] In Bezug auf Einkaufskooperationen können derar-

---

[405] Vgl. Weibel, A.: Kooperation, 2009, S. 40 u. S. 42.
[406] Vgl. Frey, B.: Motivation, 2002, S. 73 ff.
[407] Vgl. Maurer, A.; Schmid, M.: Soziologie, Wiesbaden 2010, S. 264.
[408] Vgl. Frey, B.: Motivation, 2002, S. 73 ff.
[409] Vgl. Frey, B.: Motivation, 2002, S. 73.

tige Verdrängungseffekte[410] dazu führen, dass Akteure sich in Zukunft ausschließlich an den gesondert honorierten Aktivitäten orientieren und nicht mehr durch ihr Leistungsverhalten zur Entwicklung der Gesamtorganisation beitragen, von der sie ihrerseits profitieren, ohne dafür einen direkten Beitrag zu leisten.[411]

Problematisch hierbei ist, dass Studien beim Vergleich der prognostischen Validität von Persönlichkeitsfaktoren und Arbeitseinstellungen den Einfluss der Persönlichkeitsfaktoren als sehr gering befunden haben.[412] Bohnet und Oberholzer-Gee[413] nennen darüber hinaus als potentiellen Nachteil von variablen Prämienlöhnen einen weiteren Verdrängungseffekt: Aufgabenbestandteile, die schwer oder nicht gemessen werden können, werden durch Leistungslohnprämien ebenfalls potentiell verdrängt. Zu ähnlichen Schlüssen kommen Baker, Jensen und Murphy:

„We believe that careful examination of the criticisms of monetary pay-for-performance systems indicates not that they are ineffective but rather that they are too effective: strong pay-for-performance motivates people to do exactly what they are told to do."[414]

Leistungslöhne verdrängen nicht nur Motivationen, sie wirken auch als selektiver Anreiz auf Personen und die spezifischen Kompetenzen, über die sie verfügen. Als Grundlage dient die Annahme, dass Akteure in Unternehmen Freiheiten haben, Aufgaben zu wählen, bei denen sie ihre spezifischen Talente am produktivsten einbringen können.[415] Werden in einer solchen ‚Multi-Tasking-Umgebung' selektive Anreize für eine bestimmte Tätigkeit angeboten, richten auch die für diese Aufgabe weniger begabten und/oder weniger effizient arbeitenden Mitarbeiter ihre Aktivitäten einseitig auf diese Aufgabe aus. Dadurch realisiert das betroffene Unternehmen Verluste, da wertschöpfende Aufgaben, für die keine Anreize ausgelobt werden, nicht oder nur noch bedingt ausgeführt werden. [416] Brencic und

---

[410] Vgl. Frey, B.: Motivation, 2002, S. 68f.
[411] Vgl. Eckardstein, D. v.: Variable Vergütung, 2001, S. 19.
[412] Vgl. Konovsky, M. A.; Organ, D. W.: behaviour, 1996; zitiert nach Weibel, A.: Kooperation, 2009, S. 41.
[413] Vgl. Bohnet, I.; Oberholzer-Gee, F.: Pay for Performance, 2002, S. 125.
[414] Baker, G.; Jensen, M.; Murphy, K.: Compensation and Incentives, 1988, S. 603.
[415] Vgl. Bohnet, I.; Oberholzer-Gee, F.: Pay for Performance, 2002, S. 129.
[416] Vgl. Bohnet, I.; Oberholzer-Gee, F.: Pay for Performance, 2002, S. 126.

Norris[417] kommen aufgrund von in Nordamerika erhobenen Daten zu dem Schluss, dass Arbeitgeber mit geringerer Wahrscheinlichkeit variable Prämienlöhne anbieten, wenn die Tätigkeiten Multi-Tasking, Qualitätskontrolle oder Teamarbeit erfordern.

Problematisch ist neben den genannten Crowding-out-Effekten die Messbarkeit von unternehmensintern erbrachen Leistungen. Individuelle Leistungen, die innerhalb von Unternehmen mit variablen Prämien vergütet werden, werden vorwiegend oder ausschließlich auf unternehmensinternen Märkten erbracht. Individuelle Leistung, zu verstehen als Gesamtheit des proportional wertzuschätzenden Aufwandes und Ergebnisses, wird demnach in der Agenturtheorie mit Markterfolg assoziiert. Bewertungen von Tätigkeiten als ‚Leistung' durch die Märkte erfolgen aber nicht nach dem Prinzip der Entschädigung der aufgewandten Mühe, sondern entsprechend Angebot und Nachfrage. Die interne organisatorische Wertschätzung der erbrachten Leistung (hier: welche Sparte bzw. welcher Mitarbeiter erzielt welchen Einkaufserfolg?) erfolgt auf diese Weise unter dem Vorbehalt interner Markteinflüsse: Diese verzerren die wahrgenommene Leistung.[418] Verschärfend kommt hinzu, dass die Präsentationsleistung der Akteure die interne Marktbewertung unter Umständen manipuliert. Dies kann je nach Tätigkeitszuschnitt einen gewichtigen Teil der eigentlichen Leistung ausmachen.[419]

Weitere Einschränkungen der Wirksamkeit von selektiven variablen Anreizen liegen in der Motivationsstruktur der Akteure. Rationales Selbstinteresse variiert personenspezifisch.[420] Dem rationalen Selbstinteresse stehen alternative Orientierungen (other orientation) gegenüber. Diese veranlasst Akteure dazu, bei ihrer Entscheidungsfindung andere als die eigenen Aspekte zu würdigen. Dies bedeutet, bezogen auf die vorliegende Problemstellung: Sparten und deren Akteure haben das Potential für Kooperation ohne monetäre Anreize, getrieben durch die Motivation, Aspekte der ‚anderen Sparte' bei Einkaufsabschlüssen zu berücksichtigen. Dreu[421] argumentiert, dass eine ‚other orientation' als ‚Eigeninteresse' nicht zwangsläufig das Gegenteil von rationalem Selbstinteresse darstellt. Vielmehr

417 Vgl. Brencic, V.; Norris, J.B.: performance pay, 2010, S. 511.
418 Vgl. Faßauer, G.: Jenseits des Leistungsprinzips, 2009, S. 123.
419 Vgl. Faßauer, G.: Jenseits des Leistungsprinzips, 2009, S. 123.
420 Vgl. Korsgaard, M.; Meglino, B.; Lester, S.: other-oriented values, 1996, S. 234 ff.
421 Vgl. Dreu, C.: Rational Self-Interest and Other Orientation, 2006, S. 1245 ff.

sind rationales Selbstinteresse und ‚other orientation' unabhängige Dimensionen, die beide gepaart und situationsspezifisch auftreten können.

„Taken together, the present analysis suggests that when selfconcern is high or activated, job satisfaction, work motivation, and prosocial behavior depend on individual job characteristics, such as autonomy, skill variety, and task identity, individual career prospects, and individual pay. When other orientation is high or activated, job satisfaction, work motivation and prosocial behavior depend on social context factors, such as team climate, other people's views of the job to be done, fairness, and the extent to which psychological contracts are lived up to."[422]

Begrenzungen der individuellen Rationalität (vgl. Kapitel 4.2.), die Komplexität des Entscheidungsproblems, persönliche Neigungen aufgrund kontextueller Faktoren wie z. B. Einstellungen, Stressniveau und Zeitdruck etc. beschränken das Eigeninteresse von Akteuren. Soziale Identifikation mit einer Gruppe, Gleichheits- und Fairnesserwägungen und Organizational-Citizenship-Behaviour (Verhalten, das sich am Interesse an der Funktionstüchtigkeit der Gemeinschaft orientiert)[423], das Bedürfnis nach Sinnerfüllung der Arbeit innerhalb von Teams sind Faktoren, die die Erwägung der Bedürfnisse anderer in Teams fördern.[424] Empirische Studien von Hertel und Wittchen[425] belegen, dass die wahrgenommene Verantwortung für andere Akteure die Leistung einzelner Akteure steigern kann. Diese Effekte können weder mit sozialer Wettbewerbsorientierung noch mit rationalem Selbstinteresse erklärt werden, sondern basieren auf der wahrgenommenen sozialen Verantwortung für Andere bzw. auf der wahrgenommenen sozialen Unersetzbarkeit in Gruppen. In die Entscheidungsfindung für oder wider eine variable Kooperationsprämie sind daher diese Faktoren der Unternehmenskultur mit einzubeziehen.

---

422 Dreu, C.: Rational Self-Interest and Other Orientation, 2006, S. 1250.

423 Vgl. Organ, D.; Podsakoff, P.: Behavior, 2006, S. 15 ff.; Schreyögg, G.: Organisation, 1999, S. 278.

424 Vgl. Hertel, G.; Wittchen, M.: Social responsibility, 2008, o. S.; Hackman, J.; Oldham, G.: Work Redesign, 1980, S. 34 ff.; Harris, L.: Rewarding, 2001. S. 1182 ff.

425 Vgl. Hertel, G.; Wittchen, M.: Social responsibility, 2008, o. S.

6.3. Mixed Compensation

Kapitel 5 hat bei der Diskussion variabler Anreize unterstellt, dass kooperativ erzielte Einsparungen E_K und daraus abgeleitete Prämien $P(E_K)$ pauschal allen Beteiligten der Einkaufskooperation in gleicher Weise zugeordnet werden.

Die Equity-Theorie[426] postuliert, dass Akteure das Verhältnis der von ihnen in eine Gruppe eingebrachten Arbeitsleistung (‚Input') mit ihrem persönlichen Nutzen, der ihnen aus der Gruppenzugehörigkeit erwächst (‚Output'), vergleichen und danach trachten, ‚Input' und ‚Output' in ein Gleichgewicht zu bringen – oder, wenn möglich, den ‚Output' gegenüber ihrem ‚Input' zu maximieren.[427] Gerechtigkeit als Verteilungsprinzip setzt demnach eine Art Umwegrentabilität voraus, die nur durch Gruppen gewährleistet werden kann.[428]

Demgegenüber postuliert die Theorie sozialer Gerechtigkeit,[429] dass die ausschließliche Messung der Ergebnisse bzw. des ‚Output' nicht die Bedürfnisse und Chancen der Akteure beachtet. Die Theorie sozialer Gerechtigkeit ist Grundlage vieler Vorschläge für Gruppenanreizsysteme,[430] die die Akteure ausschließlich nach den Ergebnissen der Gruppe belohnen. Gruppenvergütungssysteme haben gravierende Nachteile: Der einzelne Akteur hat offensive und defensive Gründe, seinen Beitrag zum Gruppenergebnis gegenüber seinem maximalen Leistungspotential zu reduzieren oder gar zu minimieren.[431] Weitergehende Forschungen[432] befassen sich mit der Mischung beider Prinzipien: Vergütung nach individueller Leistung und Vergütung nach Gruppenleistung zielen darauf, ‚das Beste aus beiden Welten' zu kombinieren.

Dabei werden individuelle variable Prämien für individuell erreichbare Ziele und kollektive Prämien ausgelobt. Eine Situation ist kooperativ strukturiert, wenn positive Korrelationen zwischen den einzelnen Aufgaben der Teammitglieder beste-

---

[426] Vgl. Adams, S.; Freedman, S.: Equity Theory, 1976, S. 43 ff.

[427] Vgl. Fischer, L.; Wiswede, G.: Sozialpsychologie, 2009, S. 501.

[428] Vgl. Fischer, L.; Wiswede, G.: Sozialpsychologie, 2009, S. 501.

[429] Vgl. Deutsch, M.: Theorien, 1976, S. 104.

[430] Vgl. Barnes, C.; Hollenbeck, J.; Dustin, J. et al.: Incentives, 2010. S. 2; Zenger, T.; Marshall, C.R.: Incentive Intensity, 2000, S. 149; Hollensbe, E.; Guthrie, J.: Group pay-for-performance plans, 2000, S. 854 ff.

[431] Vgl. Barnes, C.; Hollenbeck, J.; Dustin, J. et al.: Incentives, 2010. S. 2.

[432] Vgl. Beersma, B.; Hollenbeck, J.; Humphrey, S.: team performance, 2003, S. 572 ff.

hen, und eine Situation ist negativ strukturiert, wenn negative Korrelationen zwischen den Aufgaben der Teammitglieder bestehen. Meta-Analysen von Studien zu Aufgabentypen und Belohnungsstrukturen belegen, dass kooperative Aufgaben weit besser erledigt werden, wenn kooperative Vergütungsstrukturen ausgelobt werden.[433] Verschiedene empirische Anwendungen haben den Versuch unternommen, beide Aspekte von Aufgabenstellungen mit kombinierten Vergütungsstrukturen zu belohnen: individuelle Prämien für die individuelle Leistung von Gruppenmitgliedern und kollektive Prämien für die erbrachte Gruppenleistung.[434]

Barnes, Hollenbeck, Dustin et al.[435] formulieren Zweifel an der Vorteilhaftigkeit gemischter Vergütungssysteme und führen dabei folgende Argumente an:

- Hybride Vergütungsstrukturen setzen Gruppenmitglieder einem sozialen Dilemma aus, was dazu führen kann, dass die Akteure mehr Zeit mit der Erreichung eigener Ziele verfolgen als mit der Erreichung von Gruppenzielen.
- Hybride Vergütungsstrukturen verleiten Gruppenmitglieder dazu, Informationen mit anderen Gruppenmitgliedern nicht oder nur unzureichend auszutauschen.[436]
- Akteure in sozialen Dilemmasituationen haben starke Motive zur Defektion.[437]
- Gier[438], verstanden als aktives Streben nach Maximierung von Eigeninteressen und Angst[439] können potentiell das Verhalten der Akteure in derartigen sozialen Dilemmata bestimmen.

6.4. Zusammenfassung

Während bis dato keine überzeugenden empirischen Nachweise für einen Zusammenhang zwischen variablen Vergütungssystemen und Unternehmenserfolg

[433] Vgl. Beersma, B.; Hollenbeck, J.; Humphrey, S.: team performance, 2003, S. 574 ff.
[434] Vgl. Barnes, C.; Hollenbeck, J.; Dustin, J. et al.: Incentives, 2010, S. 5.
[435] Vgl. Barnes, C.; Hollenbeck, J.; Dustin, J. et al.: Incentives, 2010, S. 7.
[436] Vgl. Barnes, C.; Hollenbeck, J.; Dustin, J. et al.: Incentives, 2010, S. 7.
[437] Vgl. Rapoport, A.: Prisoner's Dilemma, 1974, S. 17; Liebrand, W.; Messick, D.: Social Dilemmas, S. 3; Rasmusen, E.: Games, 1989, S. 27.
[438] Vgl. Barnes, C.; Hollenbeck, J.; Dustin, J. et al.: Incentives, 2010, S. 7.
[439] Vgl. Fischer, L.; Wiswede, G.: Sozialpsychologie, 2009, S. 125.

vorliegen, haben zahlreiche Studien Belege geliefert, dass Akteure ihre Aktivitäten an selektiven, monetären variablen Anreizen ausrichten. Trotz des in der Praxis relativ weitverbreiteten Einsatzes variabler Vergütungssysteme werden diese sehr stark kritisiert. Wesentliche Kritikpunkte sind die potentielle Verdrängung intrinsischer Motivationen, die sehr unterschiedliche Wirksamkeit auf unterschiedliche Persönlichkeitstypen und die Verdrängung anderer wichtiger, gegebenenfalls nicht messbarer Leistungskriterien wie Kunden- oder Lieferantenzufriedenheit, Qualität und Nachhaltigkeit von Einkaufsentscheidungen in Bezug auf strategische Einkaufsziele. Variable Anreize bergen damit das Problem, nicht zu ineffektiv zu sein, sondern zu effektiv: Sie richten das Leistungsverhalten der Prämienempfänger gegebenenfalls zu einseitig auf das Kooperationsziel aus und setzen damit falsche Steuerungsimpulse.

Hybride variable Vergütungssysteme versuchen, spezifische Nachteile von individuellen Vergütungsmodellen zu minimieren: Teile der Gesamtvergütung resultieren damit aus der Zielerfüllung individuell vereinbarter Ziele, und andere Teile der Gesamtvergütung werden nach der von der jeweiligen Gruppe erreichten Zielerfüllung bemessen. Diese Vergütungsmodelle setzen die Akteure einer Dilemmasituation aus: Akteure haben starke Anreize, zu defektieren oder Informationen nur unvollständig zu teilen, was dazu führen kann, dass die Akteure mehr Zeit auf der Erreichung eigener Ziele verwenden als auf die Erreichung von Gruppenzielen.

7. Alternative Methoden der Intensivierung

7.1. Ehre und Prestige

Die in Kapitel 5 diskutierten Prämienmodelle zur Initiierung von Kooperation gehen von rationalem Eigeninteresse ohne Beeinflussung durch Normen aus.

Die Aussage ist, dass eine kleine Gruppe von Akteuren, wenn sie in der richtigen Weise durch monetäre Anreize motiviert wird, auch bei Dilemma- oder Konfliktsituationen zwischen Sparten kooperieren kann. Dies stellt nur einen Teilausschnitt aus der Menge der möglichen Motivationen dar. In der Praxis kooperieren Menschen ständig, auch wenn keine oder nur geringe spezifische Anreize gegeben werden.

Akteure aus relativ homogenen Gruppen können auch ohne spezifische Reize kooperieren.[440] Ruf, Vertrauen und normative Mechanismen spielen eine große Rolle. Selbst wenn Konzerne Tausende von Mitarbeitern haben, so treffen sich in der Regel Mitarbeiter mit ähnlichen Verantwortlichkeiten in Konferenzen oder Veranstaltungen. Was zunächst aussieht wie ein Vertrag, der nur auf das ökonomisch-rationale Transaktionsinteresse gerichtet ist, zeigt sich bei näherer Betrachtung als Verhandlung zwischen befreundeten Akteuren, die Mitglieder der gleichen Organisation oder der gleichen Sub-Gruppe dieser Organisation sind. Ein nicht unerheblicher Aufwand wird in großen Organisationen in die Knüpfung von Kontakten, den Austausch von Informationen und die Offenlegung von Informationen investiert.[441]

Eine zusätzliche – oder alternative – Gestaltungsoption besteht in der Auslobung sozialer Anreize. Zwei soziale Anreize sind hier insbesondere zu nennen: Ehre und Prestige.

Ehre kann als immaterielle Prämie für die Erfüllung von Pflichten gesehen werden.[442] Ehre erfordert die Existenz gemeinsamer Normen und die Sichtbarkeit der

---

440 Vgl. Posner, E.: social norms, 2002, S. 149.

441 Vgl. Posner, E.: social norms, 2002, S. 149.

442 Vgl. Esser, H.: Soziales Handeln, 1999, S. 78 f.

betroffenen Akteure. Durch die Ehre der Teilnahme an erzielten Kooperationserfolgen wird die Nicht-Teilnahme unattraktiver. Die Sparte a ‚profitiert' z. B. durch die Ablehnung der Kooperation, jedoch haben die Einkäufer der Sparte a den Makel der nicht geleisteten Unterstützung ihrer Kollegen von Sparte b.

Ehre ist der Grad an gesicherter Wertschätzung, den eine Person oder eine Gruppe genießt. Sie ist eine Gegenleistung für erbrachte Leistungen. Ehre bedeutet für den Betroffenen soziales Kapital, mit dem Gegenleistungen in Form von Vertrauen erwirkt werden können. Ehre und Reputation gehören zu den wichtigsten Gründen für die Entstehung von spontaner Koordination.[443] Gesichtsverlust kann in diesem Sinn als eine Art negative Ehre bezeichnet werden: Er schmälert die einem Akteur (oder einer Gruppe) erbrachte Wertschätzung. Ehre, Ansehen, Reputation sind zentrale Zwischengüter für Beförderungen (s. u.), die neben pekuniären Anreizen die stärksten personenspezifischen Anreize darstellen.[444] Konfliktursachen können auf der interpersonalen Ebene durch fehlende Anerkennung ausgelöst werden.[445]

Prestige ist der Grad der Wertschätzung, den eine Person, Gruppe oder Organisation genießt, unabhängig von ihrer Macht, der Verankerung ihrer Stellung in einem System der Herrschaft oder ihrem Einfluss, die einen Nutzen darstellen kann.[446] Prestige ist eine spezielle Form der Kontrolle interessanter Ressourcen. Prestige ist ein Teil von besonderen institutionellen oder kulturellen Regeln oder aber eine unmittelbare Folge von speziellen Leistungen des Akteurs, dem das Prestige zugeschrieben wird, und der Generalisierung dieser Leistungen.[447] Ehre und Prestige können durch symbolische Handlungen kommuniziert und übertragen werden. Denkbar sind dabei alle symbolhaften Handlungen, die Wertschätzung kommunizieren: Verleihung von Auszeichnungen für erzielte Kooperationserfolge, Hervorhebungen in firmeninternen Publikationen, Ehrungen durch den Vorstandsvorsitzenden etc.

---

443 Vgl. Esser, H.: Soziales Handeln, 1999, S. 115 f.

444 Vgl. Isele, S.: Managerleistung, 1991, S. 192.

445 Vgl. Spieß, E.: Kooperation und Konflikt, 2004, S. 201.

446 Vgl. Posner, E.: social norms, 2002, S. 40 f.

447 Vgl. Esser, H.: Soziales Handeln, 1999, S. 408; Fischer, L.: Wiswede, G.: Sozialpsychologie, 2009, S. 120.

Tätigkeitsbereiche in Zentral- und Linienbereichen haben unterschiedliches Prestige.[448] Der ‚Sparteneinkauf‘ oder der ‚Zentralbereich Einkauf‘ sind in besonderer Art bewertete und mit unterschiedlichem Prestige versehene Praktiken, die zum Symbol der Mitgliedschaft bei einer bestimmten Gruppe, Klasse oder Position werden.[449] Ein zentrales Problem besteht bei Kooperationen im Prestige der involvierten zentralen und dezentralen Einkaufsbereiche. Wunderer hat dies so formuliert:

„Eine weitere zentrale Störgröße ist die organisationale Abhängigkeit zwischen internen Dienstleistungsabteilungen oder dezentralen Stäben ... und den so genannten ‚Linien‘ ...

Hier bestehen häufig einseitige Anreiz-Beitragsungleichgewichte sowie ungleich verteilte Chancen für Erfolgserlebnisse. Dazu tritt eine informelle Statusdifferenzierung zwischen formal gleichrangigen Abteilungen, bei der die Auftragsabteilungen (Linien) ‚oben‘ und die internen Dienstleistungsabteilungen ‚unten‘ rangieren. Neben Informationsasymmetrien ist noch das Ressourcenproblem zu nennen (z. B. zwischen Sparten mit unterschiedlicher Cashflow-Rate bei zukunftsorientierten Investitionen).“[450]

7.2. Beförderungen

Die meisten Gehaltssteigerungen in Unternehmen lassen sich auf Beförderungen zurückführen.[451] Beförderungen in Organisationen dienen zwei wesentlichen Zwecken: Zum einen unterscheiden sich Akteure in Bezug auf ihre individuellen Kompetenzen, Beförderungen ermöglichen die Angleichung von Akteuren und ihren Fähigkeiten an die Einsatzgebiete, für die sie sich am besten eignen, insbesondere, wenn sich Kompetenzen von Akteuren über Zeit entwickeln. Zum anderen bieten Beförderungen wesentliche Anreize für Akteure, die das Prestige und die Vergütung höherer Rangstufen im Unternehmen anzieht.[452]

---

448 Vgl. Wunderer, R.: Führung, 2006, S. 484 ff.
449 Vgl. Esser, H.: Gesellschaft, 1999, S. 83.
450 Wunderer, R.: Führung, 2006, S. 484 ff.
451 Vgl. Baker, G.; Jensen, M.; Murphy, K.: Compensation and Incentives, 1988, S. 602.
452 Vgl. Baker, G.; Jensen, M.; Murphy, K.: Compensation and Incentives, 1988, S. 603.

Baker, Jensen und Murphy postulieren für amerikanische Unternehmen, dass Beförderungen in Organisationen als das primäre Anreizinstrument verwendet werden.[453] Aber auch empirische Untersuchungen aus der Schweiz zeigen, dass Aufstiegsmöglichkeiten neben allgemeinen immateriellen Werten wie Firmenreputation und Betriebsklima den höchsten Stellenwert der Anreize in Organisationen einnehmen.[454]

Im Rahmen von Aufstiegs- und Nachfolgeentscheidungen bilden sich in einem Unternehmen – ob ausgesprochen, dokumentiert oder nicht – Beförderungskonventionen aus. Unter dem Begriff ‚Beförderungskonvention' wird das typische Verhalten eines Unternehmens oder der Sparte bei der Beförderung von Führungskräften verstanden.[455] Beförderungskonventionen als Anreizinstrument haben einen gravierenden Nachteil: Sie können letztlich nur einen sehr kleinen Teil von Adressaten erreichen. Sieht man von diesem Nachteil ab, hängt die Wirkung von spartenübergreifenden Beförderungskonventionen von folgenden Faktoren ab.

- Die relative Wichtigkeit der spartenübergreifenden Kooperation zu anderen Zielen der Sparte
- Die relative Macht des Kooperationsmanagements gegenüber den Sparten bei der Durchsetzung von Beförderungen
- Das Ausmaß an Information über den unternehmensinternen ‚Managermarkt'. Im Idealfall wäre dies die vollkommene Information zur Kompetenz und Eignung von Führungskräften. Ein unvollkommener Wettbewerb liegt aber schon vor, wenn spartenspezifische Kenntnisse bestehen oder wenn sich der Wert des vorhandenen Humankapitals von Externen nicht ermitteln lässt.

Beförderungskonventionen und vor allem ihre Umsetzung bestimmen die ‚Reputation', die die Sparten und das Gesamtunternehmen hinsichtlich der Handhabung von Beförderungen vor allem am internen ‚Markt' genießen. Eine einmal entstandene Reputation dient den Führungskräften als Grundlage für das von ihnen er-

---

453 Vgl. Baker, G.; Jensen, M.; Murphy, K.: Compensation and Incentives, 1988, S. 603.

454 Vgl. Isele, S.: Managerleistung, 1991, S. 192; Winter, S.: Gestaltung von Managementanreizsystemen, 1996, S. 281.

455 Vgl. Schmidt, G.: Anreiz und Steuerung, 1990, S. 132.

wartete Verhalten des Unternehmens in der Zukunft. Der langfristige Verbleib eines Einkäufers in einer Sparte führt zur Entstehung von Quasi-Renten in Höhe des jeweiligen Vorteils aus dem Einsatz des spezifischen Humankapitals in dem Unternehmenskonglomerat. Gleichzeitig bestimmen die Beförderungskonventionen die Anreize des Unternehmens und der Akteure, zusätzliche Investitionen in die Sparte oder in spartenübergreifende Kooperation zu tätigen.

Zusätzliche ‚Investitionen' eines Akteurs in die Sparte erhöhen dessen Abhängigkeit von der Sparte: die Akteure erhöhen ihre Abhängigkeit von den Personalentscheidungen der Sparte. Für diese Abhängigkeit existiert ein Schutz, wenn die Sparte über eine Reputation verfügt, die sie durch opportunistisches Verhalten gegenüber den Akteuren verlieren könnte. Durch die Schaffung von Stellen im Kooperationsmanagement werden potentiell Stellen und damit Karrierechancen für Mitglieder der Sparte eröffnet. Sofern der Wert des Verlustes der Vergütung und der Reputation höher ist als der Erfolg aus einem schädigenden Verhalten, haben die Akteure der Sparten keinen Anreiz zum Wechsel in die neugeschaffenen Stellen des zentralen Kooperationsstabes.[456]

Neben der vollständigen Spartenautonomie bei der Beförderung von Einkäufern der Sparte sind zwei grundsätzliche Lösungen denkbar: die vollständige Zentralisierung von Beförderungsentscheidungen oder die Modifikation von Beförderungsentscheidungen der Sparten. Es ist davon auszugehen, dass eine vollständige Zentralisierung zu erheblichen Konflikten zwischen Sparte und Unternehmensleitung führt, da der Sparte ein wesentliches Steuerungsinstrument der Personalpolitik aus der Hand genommen wird. Neben dem Konfliktpotential einer solchen Regelung liegen die Detailinformationen über Qualifikation und vor allem Arbeitsleistung bei den Sparten. Daher bilden modifizierte Entscheidungsrechte die dritte Möglichkeit einer Beförderungskonvention. Exemplarische Gestaltungsoptionen können sein:

- Vetorechte (bzw. Mitentscheidungsrechte)
  Das Kooperationsmanagement hat Vetorechte bei der Beförderung von Einkaufsmitarbeitern der Sparte (Modifikation: ab einem bestimmten Hierarchielevel)

[456] Vgl. Schmidt, G.: Anreiz und Steuerung, 1990, S. 133.

- Anhörungs- und Vorschlagsrechte
  Das Kooperationsmanagement hat Anhörungs- oder Vorschlagsrecht bei der Beförderung von Einkaufsmitarbeitern der Sparte
- Diagonale Beförderungskonventionen
  Die Beförderungskonventionen erfordern einen Karriereschritt im zentralen Einkaufsstab (Servicebereich, Stabsbereich etc.) vor einer Beförderung zum Einkaufsleiter einer Sparte bzw.: Sparten dürfen freie Stellen im Einkauf nicht spartenintern besetzen.

7.3. Zusammenfassung

Ehre und Prestige, kommuniziert durch symbolische Handlungen und Beförderungen, sind mächtige Anreizmechanismen, die zur Förderung der Kooperation gezielt eingesetzt werden können. Es ist wahrscheinlich, dass die Mitgliedschaft in zentralen Stabseinheiten tendenziell geringeres Prestige besitzt wie die Zugehörigkeit zu dezentralen, operativen Einheiten (Sparteneinkauf). Es ist naheliegend, anzunehmen, dass Einkaufkooperationen, die durch zentrale Linienbereiche ohne operative Befugnisse initiiert und geführt werden, bei Ausbleiben von spezifischen Anreizmechanismen anfälliger für Defektion sind als Kooperationen, die die operativen Einheiten aus eigener Initiative eingehen. Gleichzeitig können Ehre und Prestige gezielt eingesetzt werden, um kooperationsfreundliches Verhalten oder Ergebnisse aus Kooperation zu belohnen. Beförderungen haben nachhaltige Auswirkung auf die Gehaltsentwicklung von Akteuren und werden daher von einigen Autoren als wesentlich dominanteres Anreizinstrument im Vergleich zu variablen Gehaltssystemen angesehen. Beförderungskonventionen sind – explizit formuliert oder impliziert in konsistentem Handeln – typische Verhaltensweisen eines Unternehmens (bzw. seiner Akteure, hier: der Unternehmensleitung) oder der Sparte bei der Beförderung von Führungskräften. Exemplarische Beispiele für den Einsatz von Beförderungen im Rahmen von Einkaufskooperationen sind die Abhängigkeit von hierarchischen Aufstiegen im Einkauf im Zusammenhang mit nachgewiesenen Kooperationserfolgen und die Abhängigkeit von der Zustimmung der Zentralbereiche, die die Kooperation führen. Beförderungen beziehen sich auf Stellen und sind damit Positionsgüter, das heißt, ihre Zahl kann nicht beliebig gesteigert werden. Diese wiederum hängen von organisatorischen Änderungen ab. Ihre Wirkung ist dadurch begrenzt.

8. Schlussbetrachtung und Ausblick

Zusammenarbeit in Einkaufskooperationen ist ein Spezialfall des allgemeinen Kooperationsproblems. Zwar herrscht Einigkeit[457] darüber, dass Akteure Kooperationen dann anstreben, wenn sie erwarten, dass vorteilhafte Projekte die Fähigkeiten des einzelnen Akteurs überschreiten, aber gemeinsam zum wechselseitigen Vorteil realisiert werden könnten. Jedoch ist oftmals nicht erkennbar, aus welchen Handlungs- und Strukturmerkmalen einer Situation welche Lösungswege theoretisch ableitbar sind.

Bisherige Arbeiten zu Einkaufskooperationen haben die Opportunitäten für Win/Win-Situationen zwischen Kooperationsteilnehmern hervorgehoben.[458] Dabei wird davon ausgegangen, dass Erfahrungskurveneffekte und Mengendegressionen Effizienzpotentiale schaffen, die von den Zulieferern auf die Teilnehmer einer Einkaufskooperation übertragen werden können. Die Mängel dieser Betrachtung werden zum Teil nicht erwähnt und bleiben unentdeckt, weil die Beschreibung von Organisation, Prozess und System der Kooperation gerne von der als selbstverständlich vorausgesetzten Annahme geleitet wird, dass Akteure Zusammenarbeit aufgrund von identischen Zielen, geteilten Normen und einer positiven Einstellung zur Kooperation anstreben.[459] Dies ist jedoch in einer Einkaufskooperation nicht immer gegeben.[460]

Die Behandlung des Kooperationsproblems sieht sich vor einer zweifachen Herausforderung: Entweder verfügen Theoretiker[461] über keine spezifische Handlungstheorie und können infolgedessen auch nicht erklären, warum ordnungsstiftende, kooperative Verhältnisse entstehen, oder sie setzen normativ wünschenswerte Lösungen ein, ohne präzise angeben zu können, weshalb Akteure sie realisieren werden.

457 Vgl. Maurer, A.; Schmid, M.: Soziologie, 2010, S. 278.

458 Vgl. Arnold, U.; Eßig, M.: Kooperationen, 2003, S. 669; Arnold, U.: Einkaufskooperationen, 1998, S. 32; Zagler, M.: Einkaufssynergien, 2003, S. 57 f.

459 Vgl. Maurer, A.; Schmid, M.: Soziologie, 2010, S. 279.

460 Vgl. Faes, W.; Matthyssens, P.: Global Purchasing Synergy, 2000, S. 542.

461 Vgl. Maurer, A.; Schmid, M.: Soziologie, 2010, S. 278.

Schreyögg verortet die Identität der betriebswirtschaftlichen Forschung in der Praxis: Betriebswirtschaftslehre ist eine praktische Wissenschaft, deren Ausgangspunkt die Praxis des Handelns ist.[462] Der hier verwendete Ansatz unternimmt den Versuch, die in der Praxis in ihrer Gesamtheit auftretenden Entscheidungsprobleme zu kategorisieren. Es wird dargestellt und argumentiert, dass Dilemmata und Konflikte in Einkaufskooperationen wahrscheinlich, wenn nicht sogar zwangsläufig auftreten. Dabei werden Einsparungen als Ziel einer firmeninternen Einkaufskooperation betrachtet. Da praktische Probleme blind gegenüber disziplinarischen Grenzen sind,[463] werden Ansätze der Soziologie und der Psychologie in den Ansatz mit einbezogen. Praktisches Handeln bedeutet unter anderem, Entscheidungen zu fällen. Dies erfordert eine doppelte Transferleistung: zum einen die Wahl der handlungsleitenden Theorie bzw. Heuristik aus der Vielzahl der sich überlappenden und zum Teil widersprechenden Theorien, zum anderen aber auch die Reduktion der Komplexität auf ein Maß, das der jeweiligen Anwendungssituation gerecht wird.

Die Auswahl der relevanten Themenstellungen erfolgte dabei nicht willkürlich, sondern orientierte sich an dem von Esser[464] vorgeschlagenen Grundmodell der sozialen Situation, mit dem sich Rahmenbedingungen von Entscheidungsprozessen ganz allgemein klassifizieren lassen. Dieser Ordnungsrahmen wurde gewählt, um ein ‚Abdriften' in eine Teilspezialisierung des Problems zu vermeiden. Dieses Grundmodell wird hier nur als Ordnungsrahmen verwendet, um die Vielzahl der Entscheidungsbedarfe zu strukturieren.

Unter Zuhilfenahme der grundlegenden Modelle der Spieltheorie wurden Dilemmata und Konflikte zwischen Einkäufern, Einkaufsabteilungen oder Sparten in die Betrachtung eingeführt. Ziel dieses Vorgehens war es, nach Theorien zur Bewältigung von Kooperationskonflikten zu suchen und diese auf die Problemstellung anzuwenden.

Als wünschenswertes Ergebnis einer innerbetrieblichen Einkaufskooperation wurden Materialkosteneinsparungen gewählt. Zu diesem Zweck wurde der Be-

---

462 Vgl. Schreyögg, G.: Betriebswirtschaftslehre nur noch als Etikett?, S. 140 ff.; Weibel, A.: Kooperation, 2009, S. 33.

463 Vgl. Weibel, A.: Kooperation, 2009, S. 33.

464 Vgl. Esser, H.: Situationslogik, 1999, S. 56.

griff der Materialkostenreduktionen definiert. Darauf aufbauend wurden entscheidungslogische Gründe für die Durchführung bzw. die Ablehnung einer Einkaufskooperation diskutiert. Es wurde festgestellt, dass bei Abwesenheit von stochastischen Wahrscheinlichkeiten die subjektive Wahrnehmung von Objekthomogenitäten, Versorgungsrisiken, Aufwandsfunktionen und Aufwandswahrscheinlichkeiten die Entscheidung für oder gegen eine spartenübergreifende Kooperation im Einkauf bestimmt.

Die Tätigkeit des Einkaufs wurde als die Beschaffung und Verarbeitung von Informationen sowie als Fällen von Entscheidungen definiert, welche die Versorgung des Unternehmens mit Material (Roh-, Hilfs- und Betriebsstoffe, Handelswaren, Ersatzteile) und mit Dienstleistungen zum Ziel hat. Im Rahmen derartiger Entscheidungsprozesse werden mehrwertige, unsichere Zukunftserwartungen in einwertige, sichere Entscheidungen umgeformt. Einkäufer (hier: die Akteure) müssen sowohl in isolierten als auch in kooperativen Einkaufsentscheidungen Annahmen und Kenntnisse bezüglich Lieferant, Beschaffungsmarkt, Preis, Qualität, Technologie etc. in Entscheidungen hinsichtlich Lieferant, Preis, Belieferungsform, Zahlungskondition etc. umformen.

Versorgungssicherheit und Objekthomogenität wurden als die zentralen Kriterien für die Wahrscheinlichkeit von kooperativ erzielten Materialkostenreduzierungen vorgestellt. Ein wichtiger Aspekt, der in der analysierten Literatur zu Einkaufskooperationen bisher nicht beschrieben wurde, ist die Industriestruktur als möglicher Hinderungsgrund von Volumenbündelungen. Wenn die Zahl der möglichen Lieferanten groß und die durchschnittliche Unternehmensgröße klein ist (insbesondere in mittelständisch geprägten Industrien), sind Volumenbündelungen möglicherweise sehr schwierig durchzusetzen: Lieferanten sind an Aufträgen aus Volumenbündelungen gegebenenfalls gar nicht interessiert, wenn das Bündelungsvolumen ihre Kapazität übersteigt und riskante Folgeinvestitionen erfordert. Als exemplarisches Beispiel kann hier die Kunststoff-Spritzgussindustrie im Automobilsektor genannt werden (vgl. Kapitel 2).

Bei den Instrumenten des kooperativen Einkaufs wurde das Junktim als Handlungsoption vorgestellt, das in dieser Weise in der vorliegenden Literatur bisher nicht beschrieben wurde. Es wurde gezeigt, dass abgestimmtes Entscheidungsverhalten auch ohne Bündelung von Vergabeumfängen durchgeführt werden kann, um Vorteile aus kooperativem Einkauf zu erzielen. Wie gezeigt wurde, wird dies in der bisher vorliegenden Literatur nicht thematisiert.

Dilemmata und Konflikte können aufgrund folgender Inhalte von Kooperationen entstehen: der erwarteten oder realisierten inhaltlichen Ergebnisse der Kooperation, des prozessualen Ergebnisses einer Kooperation und des wahrgenommenen oder ‚objektiven' Wertes übertragener Ressourcen. Lösungen dieser Situationen sind unterschiedlich zugeordnet: Während sich Probleme der Koordination und des Dilemmas mit den Methoden der Kooperation oder der Verhandlung lösen lassen, muss zur Lösung von Konflikten eine ‚Hierarchie' oder eine sogenannte ‚Herrschaftslösung' eingesetzt werden.[465]

Eine einseitige Verweigerung kommt bei der Bündelung von Einkaufsumfängen nicht in Frage. Entweder vergeben zwei Sparten ihre Beauftragung gemeinsam an einen Lieferanten, oder sie vergeben diese gemeinsam nicht. Unterschiedlich ist dies bei der Integration von Prozessen oder beim Austausch von Ressourcen. Hier haben die Sparten die Wahl, die besten oder zweitrangigen Ressourcen zu entsenden bzw. auszutauschen.

Die vorliegende Arbeit thematisiert dieses Problem durch die Einführung von Kooperation, Dilemma und Konflikt in unternehmensinterne Einkaufskooperationen. Sparten eines Unternehmens befinden sich dabei selten in der Situation eines einmaligen Gefangenendilemmas, sondern in einer iterativen Sequenz von Kooperationsaktivitäten. Die Akteure können sich dabei gegenseitig beobachten. Wenn eine Sparte zweitrangige Ressourcen in die Kooperation ‚investiert', kann dies die kooperierende Sparte auch machen. Infolgedessen ist es, wie am Beispiel der iterativen Sequenz von Kooperationsdilemmata dargestellt, wahrscheinlich, dass Konventionen entstehen, die die Qualität der Zusammenarbeit regeln.

Zum Konflikt kommt es, wenn durch eine Kooperation eine Sparte ausschließlich verliert und die andere ausschließlich gewinnt. Dies ist z. B. der Fall, wenn die Sparten von der Unternehmensleitung zur Kooperation angewiesen werden und

---

465 Vgl. Maurer, A.; Schmid, M.: Soziologie, 2010, S. 336.

Mechanismen wie z. B. Ausgleichszahlungen nicht zur Verfügung stehen. In einem solchen Fall gibt es grundsätzlich keine kooperative Lösung.

Freiwillige Kooperation ist, wie gezeigt wurde, konfliktanfällig, wenn Dilemmasituationen auftreten, und nicht möglich, wenn sich Sparten in Konfliktsituationen befinden. Empirische Forschungen zur lateralen Koordination zeigen eine sehr hohe Konfliktanfälligkeit dieser Kooperationsform. Fehlende Statusdifferenzierung begünstigt ‚Rangkämpfe' zwischen den Beteiligten, wenn die ‚bilateralen Austauschbeziehungen' zwischen Sparten nicht symmetrisch gestaltet werden können oder Zeit und Möglichkeiten für vertrauensbildende persönliche Kontakte fehlen.[466] Das Aushandeln von Verträgen zwischen Sparten ist ebenfalls keine umfassende Lösung. Ein Problem ist dabei die Quantifizierbarkeit von Informationen und intangiblen Ressourcen. Ausgleichszahlungen eignen sich auch nicht, wenn der Tausch von Ressourcen aus normativen oder technischen Gründen nicht möglich ist. Unterschiedliche Verhandlungsregeln, die vom Konzern oder vom Kooperationsmanagement etabliert werden, erzeugen unterschiedliche Ergebnisse: Während bei freiwilliger Verhandlungslösung die geschädigte Einheit die schädigende Sparte für den Verzicht des Vorhabens bezahlt, muss bei Vetorechten der Initiator eines Vorhabens die geschädigte Sparte für die entstandenen Nachteile ausgleichen. Wenn keine Regeln für die Verhandlung zwischen Sparten festgelegt werden, besteht die Gefahr, dass eine Sparte einseitig ein Projekt zum Schaden anderer Sparten durchsetzt, was gegebenenfalls auch den gesamten Konzern in Mitleidenschaft zieht.

Aufgrund mangelhafter Verarbeitung rationaler Entscheidungskriterien wird auf die Vielzahl möglicher Entscheidungsaspekte hingewiesen. Das Grundmodell der Situation[467] postuliert vier grundsätzliche Klassen von Rahmenbedingungen, die bei jeder Entscheidung eines Akteurs ganz allgemein Einfluss nehmen: Opportunitäten, Normen, Kultur und die innere Identität des Akteurs.

Auf der Ebene der Ressourcen, die den Rahmen für Kooperationsentscheidungen abstecken, wurden neben den klassischen Ressourcen Personal, Kapital, Güter und Informationen die Eigenschaften von Beschaffungsumfängen (Objekthomo-

---

466 Vgl. Wunderer, R.: Führung, 2006, S. 484 ff.
467 Vgl. Esser, H.: Situationslogik, 1999, S. 56.

genität, Versorgungsrisiko) und die Kompetenz der Einkaufsabteilung (Purchasing Maturity) als Ressourcen identifiziert.

In Bezug auf die Unternehmenskultur wurden Eigenschaften kooperativer Einkaufsentscheidungen als kulturprägende Merkmale identifiziert.

Auf der Ebene der Normen wurde ein heuristisches Konzept der Kooperationsnormen vorgestellt und in die Problemstellung integriert.

Als Eigenschaften individueller Akteure wurden deren Einstellungen hervorgehoben. Es gilt als allgemein anerkannt, dass Einstellungen Verhalten beeinflussen. Unkooperatives Verhalten von Individuen kann – in bestimmten Grenzen – durch Priming und Framing beeinflusst werden.

Da ein derart breit gefasster Ansatz Gefahr läuft, nur oberflächlich auf die zum Teil sehr komplexen Aspekte einzugehen, wurde in Kapitel 5 das Problem der monetären Anreize in Einkaufskooperationen hervorgehoben und genauer untersucht. Variable Vergütungskonzepte haben im leistungs- und erfolgsorientierten Ansatz einen hohen Stellenwert und werden in der Praxis häufig angewendet.[468]

Grundlegend wurde im Rahmen der Untersuchung die Problematik der Zurechnung des Kooperationserfolges in Einkaufskooperationen erörtert. Die eindeutige Zurechnung von gemeinsam erzielten Einsparerfolgen stellt eine große Herausforderung für das Kooperationsmanagement dar. Zuordnung von Einkaufserfolgen zu Sparten oder Teilbereichen von Konzernen setzt nicht nur die Verfügbarkeit von Daten voraus (z. B. Einkaufspreis ‚Vorperiode', Einkaufspreis ‚Abrechnungsperiode'), sondern auch die Erfassung, welche spezifischen kooperativen Aktivitäten zu welchem Zeitpunkt (vor oder nach Beginn der Kooperationsaktivitäten) mit welchen Preisveränderungen bzw. Einsparungen in Verbindung gebracht werden können. Die mit der Kooperation verbundenen und spezifisch von den Sparten zu tragenden Kosten müssen auf die gleiche Weise zugeordnet werden können.

---

[468] Vgl. Branch, W.; Haskins, M.: Pay for Performance 2011, S. 82; Frey, B.: Motivation, 2002, S. 61.

Nimmt man an, dass diese Probleme zweifelsfrei gelöst werden können, sieht sich das Kooperationsmanagement mit den klassischen Problemen, die die Agenturtheorie adressiert, konfrontiert. Darunter fallen unter anderem: ‚strategisches' Verhalten von Prinzipal und Agent, Free-Rider-Verhalten und dysfunktionale Effekte unzulänglicher Leistungsmessung. Diese sind auch grundsätzlich auf die Einkaufskooperationen übertragbar. Zusätzliche variable Vergütungen, die als Anreize für Kooperationstätigkeiten ausgelobt werden, bieten sich als Lösungsansatz an, stellen aber ein weiteres Problem dar, weil Entscheidungsbedarf besteht, wie diese unter anderem in Bezug auf Höhe, Verlauf und Begrenzung zu gestalten sind.

Die vorliegende Arbeit untersucht erstmals, welche Gestaltungsmöglichkeiten durch die Auslobung einer zusätzlichen Kooperationsprämie für erzielte Einsparungen in Kooperationen entstehen.

Die Literatur zur Personalführung[469] unterscheidet vier verschiedene Prämienkurvenverläufe: lineare, degressive, progressive und S-kurvenförmige Funktionszusammenhänge zwischen der Leistung des Prämienempfängers und variabler Vergütung. Obwohl diese vier grundsätzlichen Verläufe von möglichen Prämienkurven verbreitet sind, bestehen relativ wenig theoretisch abgeleitete Aussagen, welche Prämienkurve für welche Anwendung anwendbar ist.[470]

Dieser Umstand ist Ausgangspunkt für die folgenden Überlegungen. Ziel war es, zu untersuchen, ob man aus der Addition von bestehenden variablen Vergütungen und der Auslobung zusätzlicher variabler Vergütung für Kooperationserfolge Anreize für Kooperation im Einkauf schaffen kann.

Wenn sich Mitarbeiter einer Sparte – ohne Verstärkung ihrer Personalkapazität – für eine Einkaufskooperation engagieren, tritt für diese Akteure ein Allokationsproblem auf, das als ‚Ablenkungsverlust' beschrieben werden kann. Ablenkungsverluste treten dann auf, wenn Mitarbeiter des Einkaufs, die mit der Erarbeitung von Einsparungen betraut sind, für die Zwecke der Kooperation abgeordnet werden und für die reguläre Einkaufsarbeit der Sparte nicht mehr zur Verfügung ste-

[469] Vgl. Hentze, J.; Graf, A.: Personalwirtschaftslehre, 2005, S. 136; Klimecki, R.; Gmür, M.: Personalmanagement, 2005, S. 310; Drumm, H. J.: Personalwirtschaft, 2007, S. 500; Stelter, D.; Krammer, C.: Vergütung, 2001, S. 81.

[470] Vgl. Drumm, H. J.: Personalwirtschaft, 2007, S. 500 ff.

hen. In einem solchen Fall können die Einkäufer der Sparte Teile ihrer variablen Vergütung verlieren, die sie unter Umständen nicht durch zusätzliche kooperativ erzielte Einsparungen kompensieren können.

Verluste aus Kooperation können aber nicht nur durch ‚Ablenkung', sondern auch durch Verluste an Prozesseffizienz auftreten.

- Verzögerungen des Prozessablaufes im Rahmen des Leistungs- oder Zielverbundes
    - Erhöhter zeitlicher Abstimmungsaufwand
    - Unvollständige zeitliche Synchronisation infolge von Abhängigkeiten zu anderen Funktionalbereichen der Sparten (Entwicklung, Produktion, Vertrieb)
- Aufgabe von Entscheidungssouveränität im Rahmen eines Zielverbundes
    - Verlust an Verhandlungsmacht nach innen oder außen
    - ‚Gesichtsverlust' gegenüber dem Lieferanten
    - Revision bzw. Nachverhandeln von Einkaufsabschlüssen
- Erhöhte Kosten des Einkaufsprozesses in allen Verbundformen
    - Kommunikationskosten
    - Reisekosten (insbesondere bei dislozierten Einkaufsstandorten)

Schließlich können Verluste aus Kooperation dadurch entstehen, dass sich die direkten (Einkaufspreise für die Beschaffungsumfänge) oder indirekten (Lagerhaltung, Transportform etc.) Beschaffungskosten einer Sparte durch den kooperativen Einkauf im Gegensatz zur unkooperativen Beschaffungsentscheidung erhöhen.

Dilemma und Konflikt zwischen Sparten bei gemeinsamen Einkaufsaktivitäten können zu empfindlichen Einkommensverlusten der Akteure führen, wenn deren variable Vergütung maßgeblich oder alleinig an den von der Sparte erwirtschafteten Einsparungen hängt. Zur Lösung des Problems bieten sich zusätzliche Prämien an. Prämien, die sich aus verschiedenen Leistungskriterien additiv zusammensetzen, sind in Theorie und Praxis gebräuchlich.[471] Die vorliegende Arbeit disku-

---

471 Vgl. Hentze, J.; Graf, A.: Personalwirtschaftslehre, 2005, S. 136.

tiert das Problem unter der praxisnahen Prämisse, dass der Nutzenverlauf einer Kooperation in der Praxis ex ante nicht verfügbar ist.

Optionen, eine Verschlechterung der betroffenen Akteure auszuschließen, bestehen in der völligen oder teilweisen Absicherung ihrer variablen Vergütung auf historisch (durchschnittlich) erreichtes Niveau. Es ist einerseits unrealistisch, dass eine vorgestellte Referenzgröße ohne Weiteres verfügbar ist, andererseits ist es aber naheliegend, anzunehmen, dass rationale Akteure, bevor sie eine zusätzliche Beauftragung akzeptieren, einen Ausschluss von Verlusten aus Kooperation beanspruchen. Mögliche Lösungen, historisch erreichte Prämienniveaus gegen ‚Verlust aus Kooperation' zu versichern, sind, wie dargestellt wurde, sehr schwierig zu finden. Gleichzeitig kann aber angenommen werden, dass Akteure bei Sorge um mögliche ‚Ablenkungsverluste' auf eine solche Referenzgröße drängen.

‚Versicherungslösungen' haben das Problem, das Akteure bei einer Versicherung ihrer variablen Vergütung (z. B. auf Vorjahresniveau) starke Anreize haben, bei der Erarbeitung der spartenbezogenen Einkaufsarbeit zu ‚defektieren'. Die Unternehmensleitung riskiert bei einem solchen Vorgehen, dass einseitige Steuerungsimpulse zugunsten der (möglicherweise unfruchtbaren) Kooperationsarbeit gesetzt werden. Die vorgestellten Modelle zeigen, dass bei Zielkonkurrenz zwischen spartenbezogenem und kooperationsbezogenem Ertrag (Teil-) Versicherungen von Anspruchsniveaus Kooperation unter Unsicherheit begünstigen.

Aufbauend auf diese – letztlich unbefriedigenden – Lösungsvorschläge wurden die von der Literatur vorgeschlagenen alternativen Prämienverläufe untersucht. Eine Alternative zur völligen oder partiellen Absicherung der Akteure ist die Verwendung einer degressiven Prämienkurve für die ‚Grundvergütung' der Sparte. Im Falle einer degressiven Prämienkurve für die spartenbezogene Vergütung schwächt die Auszahlung der Prämie, insbesondere bei Nichterreichung ‚historischer Niveaus', gegenüber einer linearen Funktion relativ zum Kooperationsverlust ab. Dies kann die Akteure demotivieren, die Kooperation zu beginnen oder fortzusetzen.

Im Gegensatz zu einer degressiven spartenspezifischen Vergütung hebelt eine progressive Prämienkurve die Auszahlung der Prämie bei Auftreten von Ablenkungsverlusten. Kooperationsverluste werden im Vergleich zu den ‚Sanktionen' im Fall der Anwendung einer linearen Funktion überproportional ‚bestraft'. Mit starkem Widerstand gegen die Einkaufskooperation ist zu rechnen, wenn die Akteure die Aussichten auf Kooperationserfolge geringer einschätzen als die Erzielung von Einsparungserfolgen ohne Beteiligung anderer Sparten.

Alternativen in Form der Anwendung kombinierter Prämien wurden dargestellt und diskutiert. Dabei wurde von der praxisnahen Annahme ausgegangen, dass der Nutzen einer Kooperation ex ante nicht bestimmbar ist und folglich auch keine Optimalpunkte für die Findung der optimalen Prämienstruktur abgeleitet werden können.

‚Ehre' und ‚Prestige' wurden als alternative Konzepte zur Schaffung von Kooperationsanreizen vorgestellt und diskutiert.

Demnach lassen sich folgende wesentliche Hypothesen zusammenfassen.

- Objekthomogenität und Versorgungsrisiko sind wesentliche Einflussfaktoren der Bündelungsfähigkeit von Einkaufsumfängen in Einkaufskooperationen.
- Bestehen Unterschiede in der Wahrnehmung zwischen dem subjektiv wahrgenommenen Aufwand und Nutzen von Einkaufskooperationen, ist das Auftreten von Konflikten in Einkaufskooperationen wahrscheinlicher als bei homogenen Aufwands- und Nutzenschätzungen der beteiligten Akteure.
- Informationsstandards haben ein umso höheres Konfliktpotential, je höher die Präferenzen für eine spartenspezifische Warengruppensystematik und die Präferenzen für eine universelle Adaption eines Standards sind.
- Einkaufskooperationen, die zwischen den beteiligten Sparten verbindliche Regeln zu Ressourcen, Normen und wesentlichen Inhalten der Unternehmenskultur (Werte, Symbole etc.) aushandeln, sind potentiell erfolgreicher als Kooperationsvorhaben ohne verbindliche Regeln.
- Die Wahrscheinlichkeiten von Konflikten in Einkaufskooperationen erhöhen sich in dem Maße, in dem die gewählten Governancestrukturen die Güterverteilung einseitig zu Lasten einer Sparte regeln.
- Die Intensität von Kontrollkonflikten in Einkaufskooperationen korreliert mit der Ungleichheit der Verteilung bei nicht vermehrbaren Ressourcen.

- Sind individuelle Anreize für die Mitarbeit in der Kooperation nicht gegeben oder zu schwach für den Akteur, so entstehen auf der Ebene der Mitarbeiter individuelle Kooperationskonflikte, selbst wenn die kollektive Kooperationsrente für die Sparte positiv ist.
- Bestehen Widersprüche zwischen zusätzlich ausgelobten Kooperationsprämien und Gehaltshierarchien der Sparten, so steigt die Wahrscheinlichkeit von Kooperationskonflikten.
- Zusätzliche Prämien für Kooperationserfolge können unter bestimmten Umständen Akteure zu einer Einkaufskooperation motivieren.
- Bestehen Verdrängungseffekte oder Konflikte zwischen spartenbezogenen Einkaufsaktivitäten und Kooperationsaktivitäten, so können bei variabel bezahlten Mitarbeitern Einkommensverluste aus dem Verlust spartenbezogener Prämien auftreten.
- Duale Vergütungsmodelle, die neben spartenspezifischen Vergütungen spezielle, variable Kooperationsprämien ausloben, können einen zusätzlichen Anreiz zur innerbetrieblichen Kooperation darstellen.
- Einschränkungen der Wirksamkeit von selektiven variablen Anreizen liegen in der Motivationsstruktur der Akteure.
- Mögliche Lösungen, historisch erreichte Prämienniveaus gegen ‚Verlust aus Kooperation' zu versichern, haben das Problem, dass Akteure bei einer Versicherung ihrer variablen Vergütung Anreize erhalten, bei der Erarbeitung der spartenbezogenen Einkaufsarbeit zu ‚defektieren'.
- Eine Alternative zur völligen oder partiellen Absicherung der Akteure kann die Verwendung einer degressiven Prämienkurve für die ‚Grundvergütung' der Sparte sein. Eine degressive Prämienkurve für die spartenbezogene Vergütung schwächt den Verlust an Prämie, insbesondere bei Nichterreichung ‚historischer Niveaus', gegenüber einer linearen Funktion ab.
- Im Gegensatz zu einer degressiven, spartenspezifischen Vergütung ‚hebelt' eine progressive Prämienkurve den Verlust an variabler spartenbezogener Prämie bei Auftreten von Ablenkungsverlusten. Mit anderen Worten: Kooperationsverluste werden im Vergleich zu einer linearen Funktion überproportional ‚bestraft'. Dies kann die Akteure demotivieren.

- S-Kurven haben von ihrem Wendepunkt zu einem (festzulegenden) Mindesteinsparungsziel einen degressiven Verlauf. Das heißt, sie schwächen die Auszahlung der Prämie insbesondere bei Zielunterschreitung gegenüber einer linearen Funktion relativ zum Kooperationsverlust ab. Es sind also letztlich normative Entscheidungen, die bei der Anzahl der beschriebenen Vor- und Nachteile der vorgestellten Lösungen zur Auswahl der jeweiligen Vergütungsstruktur führen.
- Ehre und Prestige sind alternative oder ergänzende Anreizmechanismen, die zur Förderung der Kooperation gezielt eingesetzt werden können. Es kann jedoch davon ausgegangen werden, dass die Mitgliedschaft in zentralen Stabseinheiten Statusprobleme im Vergleich zu dezentralen Organisationseinheiten mit sich bringt.
- Die empirische Forschung beurteilt Prämienlohnsysteme, die individuelle und kollektive Zielerreichung kombiniert belohnen, kritisch: Hybride Vergütungsstrukturen setzen Gruppenmitglieder einem sozialen Dilemma aus, was dazu führen kann, dass die Akteure mehr Zeit mit der Erreichung eigener Ziele verfolgen als mit der Erreichung von Gruppenzielen, sie können die Akteure dazu verleiten, Informationen mit anderen Gruppenmitgliedern nicht oder nur unzureichend auszutauschen und erzeugen gegebenenfalls starke Motive für eine Defektion.[472]

Der wissenschaftliche Wissenszuwachs liegt einmal darin, dass ein ganzheitlicher Ansatz aus der Soziologie auf versprengt diskutierte Aspekte von Kooperationen im Einkauf angewendet wurde, andererseits in der detaillierten Diskussion kombinierter Prämien als Motivationsanreiz für Einkaufskooperationen. Die vorliegende Arbeit hat erstmals in systematischer Weise Dilemmata und Konflikte in Einkaufskooperationen erfasst und auf die ungleiche Verteilung von Ressourcen, die Eigenschaften von in Kooperation ausgetauschten Gütern und die Gültigkeit von Kooperationsregeln (Governancestrukturen) zurückgeführt.

Weiterer Forschungsbedarf ergäbe sich aus den vorgestellten entscheidungslogischen Kriterien für eine Kooperation (Ertrag, Aufwand), da man mit diesen in Abhängigkeit von empirischen oder angenommenen Wahrscheinlichkeiten opti-

[472] Vgl. Rapoport, A.: Prisoner's Dilemma, 1974, S. 17; Liebrand, W.; Messick, D.: Social Dilemmas, S. 3; Rasmusen, E.: Games, 1989, S. 27.

male Kooperationsintensitäten analysieren könnte. Analytisch ließen sich Optimalpunkte für eine (theoretisch angenommene) Kooperationsintensität in Abhängigkeit von alternativen Aufwands- und Ertragskurven ableiten. Operative Risiken und Konsequenzen aus zentralen oder zentral beeinflussten Einkaufscheidungen müssen zentralen Stäben zuzuordnen sein. Die Verrechnung von Kosten, die bei (zentralen) Bündelungsentscheidungen durch eingetretene Risiken entstanden sind, wäre im Rahmen einer agenturtheoretischen Untersuchung von Interesse.

Eine weitere Untersuchungsebene ergäbe sich durch die Einbindung der Lieferanten in ein erweitertes Betrachtungsmodell: Unter welchen Bedingungen entstehen Dilemmata oder Konfliktsituationen für diese wesentliche Partei des Einkaufsprozesses?

Zusammenfassend kann gesagt werden, dass Konflikte in Einkaufskooperationen eher wahrscheinlich als unwahrscheinlich sind. Dies wurde in der bisherigen Literatur nicht oder nur teilweise adressiert. Die erzielbare Kooperationsrendite in Form von Materialkostensenkungen kann unter Umständen vor einer Vielzahl alternativer Erwägungen der Akteure (persönliches Risiko, erwarteter Einkommensverlust, Reputationsverlust, Verlust von wichtigen Informationen etc.) in den Hintergrund treten. Adäquate Anreizsysteme können diese Gefahr reduzieren.

Literaturverzeichnis

Adams, J.S.: Toward an understanding of [inequity] – Journal of Abnormal and Social Psychology, 67, 1963, S. 422-436.

Adams, S.; Freedman, S.: [Equity Theory] Revisited – Advances in Experimental Social Psychology, Volume 9, 1976, S. 43-90.

Alexander, Kerstin: Kompendium der visuellen Information und [Kommunikation], Berlin 2007.

Ajzen, I.; Fishbein, M.: Understanding Attitudes and [Predicting Social Behaviour], Englewood-Cliffs, N.J. 1980.

Ajzen, I.: The social Psychology of [Decision Making], in: Higgins, E. et al. (Ed.) Social Psychology, New York et al. 1996, S. 297-328.

Arnold, U.: [Einkaufskooperationen] in der Industrie, in: Arnold, U., Erfolg durch Einkaufskooperationen, Wiesbaden 1998, S. 13-52.

Arnold, U.; Eßig, M.: [Kooperationen] in der industriellen Beschaffung, in: Zentes, J.; Swoboda, B.; Morschett, D.: Kooperationen, Allianzen und Netzwerke, Wiesbaden 2003, S. 700-721.

Arnolds, H.; Heege, F.; Tussing, W.. [Materialwirtschaft] und Einkauf, 11. Aufl., Wiesbaden 2010.

Aronson, E.; Wilson, T.D.; Akert, R.M.: [Sozialpsychologie], 6. Aufl., München 2008.

Aschhoff, G.; Henningsen, E.: Das deutsche [Genossenschaftswesen], Frankfurt/M. 1985.

Axelrod, R. M.: Die Evolution der [Kooperation], 6. Aufl., München 2000.

Backes-Gellner, U.; Wolff, B.: [Personalmanagement], in: Jost, P.J.: Die Prinzipal Agenten-Theorie in der Betriebswirtschaftslehre, Stuttgart 2001, S. 395-435.

Baker, G.; Jensen, M.; Murphy, K.: [Compensation and Incentives]: Pratice vs. Theory. in: Journal of Finance, vol. XLIII, No. 3, July 1988, S. 593-616.

Balling, R.: [Kooperation] – strategische Allianzen, Netzwerke, Joint-Ventures und andere Organisationsformen zwischenbetrieblicher Zusammenarbeit in Theorie und Praxis, Frankfurt 1997.

Bamberg, G.; Coenenberg, A.: Betriebswirtschaftliche [Entscheidungslehre], 13. Aufl., München 2006.

Bandura, A.: Principles of [Behaviour Modification], New York et al. 1969.

Barnes, C.; Hollenbeck, J.; Dustin et al.: Mixing Individual [Incentives] and Group Incentives: Best of Both Worlds or Social Dilemma?, in: Journal of Management, Feb. 2010. S. 1-25.

Bauer, S.: Motivationsförderliche [Anreizsysteme]. in: Bullinger, H.-J. (Hrsg.) Neue Organisationsformen im Unternehmen, 2. Aufl., Berlin 2003, S. 1055-1080.

Becker, F.; Kramarsch, M.: Leistungs- und erfolgsorientierte [Vergütung] für Führungskräfte, Göttingen et al. 2006.

Beckmann, M.; Mackenbrock, T.; Pies, I. et al.: [Vertrauen], Institutionen und mentale Modelle, in: Held, M.; Kubon-Gilke, G.; Strun, R. (Hrsg.), Normative und institutionelle Grundfragen der Ökonomik, Jahrbuch 4, Reputation und Vertrauen, Marburg 2005, S. 59-85.

Beersma, B.; Hollenbeck, J.; Humphrey, S. et al.: Cooperation, competition and [team performance] – toward a contingency approach, Academy of management Journal, 46, 2003, S. 572-590.

Berkel, K.: [Konflikte] zwischen Gruppen, in: Rosenstiel, L.; Regnet, E.; Domsch, M.: Führung von Mitarbeitern, Stuttgart 2003, S. 397-414.

Berkel, K.: [Konflikttraining], 9.Aufl., Frankfurt a.M. 2008.

Berthel, J.; Becker, F.: [Personal-Management], 9. Aufl., Stuttgart 2010.

Besen, S.; Saloner, G.: [Compatibility Standards] and the Market for Telecommunications Services, Rand Corporation Paper P-7393, Sloan School of Management, Cambridge/Mass. 1988, o.S.

Beyer, H.; Fehr, U.; Nutzinger, G.: [Unternehmenskultur] und innerbetriebliche Kooperation, Wiesbaden 1995.

Bickhoff, N.; Bieger, T.; Caspers, R.: [Wissensnetzwerke] in: Caspers, R.; Bickhoff, N.; Bieger, T. (Hrsg.): Interorganisatorische [Wissensnetzwerke], Berlin et al. 2004. S. 1-12.

Bierhoff, H.: Sozialpsychologische Aspekte der [Kooperation], in: Spieß, E.: Formen der Kooperation, Göttingen 1998, S. 21-36.

Bleicher, K.: [Integriertes Management] von Wertschöpfungsnetzwerken, in: Bach, N.; Buchholz, W.; Eichler, B. (Hrsg.), Geschäftsmodelle für Wertschöpfungsnetzwerke, Wiesbaden 2003, S. 145-173.

Blum, A.: [Co-opetition] in the Automotive Industry – an investigation into the underlying causes, potential gains and losses, Saarbrücken 2009.

Böhrs, H.: [Leistungslohngestaltung] mit Arbeitsbewertung, Persönlicher Bewertung, Akkordlohn, Prämienlohn, 3. Aufl., Wiesbaden 1980.

Boenigk, M.: Einsatz einer integrierten [Kommunikation] in Unternehmen, in: Janich, N.: Unternehmenskultur und Unternehmensidentität, Wiesbaden 2005, S. 105-113.

Bogaschewsky, R.: [Historische Entwicklung] des Beschaffungsmanagements, in: Bogaschewsky, R.; Götze, U. (Hrsg.), Management und Controlling von Einkauf und Logistik, Gernsbach 2003, S. 13-42.

Bogaschewsky, R.; Kohler, K.: Innovative [Organisationsformen] des Einkaufs im Kontext der Globalisierung, in: Garcia, S.F.; Semmler, K.; Walther, J. (Hrsg.):

Die Automobilindustrie auf dem Weg zur globalen Netzwerkkompetenz, Berlin u.a. 2007, S. 143-160.

Bogaschewsky, R.; Rollberg, R.: [Prozessorientiertes Management], Berlin, Heidelberg, New York 1998.

Bohnet, I.; Oberholzer-Gee, F.: [Pay for Performance]: Motivation and Selection Effects, in: Frey, B.; Osterloh, M. (Hrsg.): Successful Management by Motivation. Berlin et al. 2002, S. 119-140.

Borchardt, A. [Koordinationsinstrumente] in virtuellen Unternehmen – eine empirische Untersuchung anhand lose gekoppelter Systeme, Wiesbaden 2006.

Branch, W.; Haskins, M.: [Pay for Performance] – Keep it Simple and Value-Focused, in: Compensation and Benefits Review 43(2), Sage 2011, S. 82-91.

Brandenburger; B.; Nalebuff, J.: [Coopetition], kooperativ konkurrieren – mit der Spieltheorie zum Geschäftserfolg, 2.Aufl., Eschborn 2008.

Braun, D.: [Theorien rationalen Handelns] in der Politikwissenschaft. Opladen 1999.

Braun, M.; Dittrich, J.: Einkaufsoptimierung durch Speed Management – Einsparpotentiale erkennen und realisieren, Stuttgart 2007.

Braun, E.; Radermacher, H.: [Wissenschaftstheoretisches Lexikon], Graz 1978.

Brencic, V.; Norris, J.B.: On-the-job tasks and [performance pay]: a vacancy-level analysis, in: Industrial and Labor Relations Review, Vol. 63, No. 3, April 2010, S. 511-544.

Brüch, A.: [Individualismus-Kollektivismus] als Einflussfaktor in interkulturellen Kooperationen, in: Spieß, E.: Formen der Kooperation, Göttingen 1998, S. 177-192.

Buchholz, W.: Messung und Darstellung von [Beschaffungsleistungen], in: zfbf 54. Juni 2002, S. 363-380.

Bühler, S.; Jaeger F.: [Kooperation]: Erklärungsperspektive der Industrieökonomik, in: Zentes, J.; Swoboda, B.; Morschett, D.: Kooperationen, Allianzen und Netzwerke – Grundlagen, Ansätze, Perspektiven, Wiesbaden 2003, S. 93-120.

Buß, E.: [Managementsoziologie], München 2009.

Cadsby, C.; Song, F.; Tapon, F.: Sorting and incentive effects of [pay for performance] – an experimental investigation, in: Academy of Management Journal, 2007, Vol. 50, No. 2, S. 387-405.

Caspers, R.; Kreis-Hoyer, P.: Konzeptionelle Grundlagen der Produktion – Verbreitung und Nutzung von [Wissen] in Wirtschaft und Gesellschaft, in: Caspers, R.; Bickhoff, N.; Bieger, T. (Hrsg.): Interorganisatorische Wissensnetzwerke. Berlin et al. 2004, S. 17-50.

Coleman, J.: Grundlagen der Sozialtheorie, Band 1– [Handlungen] und Handlungssysteme, München 1995.

Comelli, G.; Rosenstiel, L.: Führung durch [Motivation], 3. Aufl., München 2003.

Corsten, H.; Dresch, K.-M.; Gössinger, R.: Gestaltung modularer [Dienstleistungsproduktion], in: Bruhn, M.; Stauss, B.: Wertschöpfungsprozesse bei Dienstleistungen, Wiesbaden 2007, S. 95-117.

Corsten, H.; Gössinger, R.: [Dienstleistungsmanagement], 5. Aufl., München 2007.

Corsten, H.: [Unternehmungsnetzwerke]: Formen unternehmungsübergreifender Zusammenarbeit, München, Wien 2001.

Cranach, M. v.: Zielgerichtetes [Handeln], Bern et al. 1980.

Cremer, D. de; Tyler, T.R. [Am I respected or not?] – Inclusion and reputation as issues in group membership. Social Justice Research, Nr. 18(2), 2005, S. 121-152.

Deutsch, M.: [Konfliktregelung], München, Basel 1976.

Deutsch, M.: [Theorien] der Sozialpsychologie, Frankfurt 1976.

Dewitte, S.; Cremer, D.: Self-Control and [Cooperation] – Different Concepts, Similar Decisions? A Question of the Right Perspective, in: The Journal of Psychology, Vol. 135, Issue 2, 2001, S. 133-153.

Dörner, D.: Die [Logik] des Misslingens, 5. Aufl., Reinbek bei Hamburg 2006.

Dohmen, T.; Falk, A.: [Performance Pay] and Multidimensional Sorting – Productivity, Preferences and Gender. American Economic Review101, April 2011, S. 556-590.

Dreu, C.: [Rational Self-Interest and Other Orientation] in Organizational Behaviour – A Critical Apraisal and Extension of Meglino and Korsgaard, in: Journal of Applied Psychology, 2006, Vol. 91, No. 6, 2006, S. 1245-1252.

Drumm, H.J.: [Personalwirtschaft], 6. Aufl., Berlin 2007.

Dubois, A.: [Performance Measurement] im Einkauf – von der Theorie bis zur praktischen Umsetzung, Saarbrücken 2008, S. 75

Dülfer, E.: Betriebswirtschaftslehre der [Kooperative], Göttingen 1984.

Eckardstein, D. v.: [Variable Vergütung] für Führungskräfte als Instrument der Unternehmensführung, in: Eckardstein, Dudo v.: Handbuch variable Vergütung, München 2001, S. 1-25.

Eisenführ, F.; Weber, M.: Rationales [Entscheiden], 4. Aufl., Berlin et al. 2003.

Ellram, L.: [Total Cost of Ownership], in: Handbuch Industrielles Beschaffungsmanagement, 2. Aufl., Wiesbaden 2002, S. 661-671.

Endress, R.: Strategie und Taktik der [Kooperation], 1991, 2. Aufl., Berlin.

Eschenburg, R.: [Ökonomische Theorie] der genossenschaftlichen Zusammenarbeit, Tübingen 1971.

Esser, H.: Soziologie – spezielle Grundlagen, Band 1: [Situationslogik] und Handeln, Frankfurt/M., New York 1999.

Esser, H.: Soziologie – spezielle Grundlagen, Band 3: [Soziales Handeln], Frankfurt/M., New York 1999.

Esser, H.: Soziologie – spezielle Grundlagen, Band 5: [Institutionen], Frankfurt/M., New York 1999.

Esser, H.: Soziologie – spezielle Grundlagen, Band 6: [Sinn und Kultur], Frankfurt/M., New York 2001.

Eßig, M.: [Cooperative Sourcing]: Erklärung und Gestaltung horizontaler Beschaffungskooperationen in der Industrie, Frankfurt/M., et al. 1999.

Faes, W.; Matthyssens, P.: The Pursuit of [Global Purchasing Synergy], in: Industrial Marketing Management, Nr. 29, (November), 2000, S. 539-553.

Fallgatter, M.J.; Koch, L.: [Kooperation] im Spannungsfeld konstruierter Wirklichkeiten – zur Entstehung einer betrieblichen ‚Kooperationssituation‘, in: Zeitschrift für Personalforschung (ZfP) 1/1998, S. 13-32.

Fandel, G.; Blaga, S.: Aktivitätsanalytische Überlegungen zu einer [Theorie der Dienstleistungsproduktion], in: ZfB Ergänzungsheft Nr. 1/2004, Wiesbaden 2004, S. 1-21.

Faßauer, G.: [Jenseits des Leistungsprinzips]. in: Schreyögg, G.; Sydow, J.: Verhalten in Organisationen, Wiesbaden 2009, S. 103 140.

Fazio, F.; Towles-Schwen, T.: The [MODE Model] of Attitude-Behaviour Processes, in: Chaiken, S.; Trope, Y.: Dual-Process Theories in Social Psychology, New York, London 1999, S. 97-116.

Felder, R.: Arbeitsrechtliche [Aspekte] variabler Vergütungssysteme, in: Felder, R.; Ritter, W.: (Hrsg.) Variable Vergütung, Berlin 2003, S. 39-73.

Fischer, L.; Wiswede, G.: Grundlagen der [Sozialpsychologie], München 2009.

Frese, E.: Grundlagen der [Organisation]. Entscheidungsorientiertes Konzept der Organisationsgestaltung, 9. Aufl., Wiesbaden 2005.

Frey, B.: How does pay influence motivation?, in: Frey, B.; Osterloh, M. (Hrsg.): Successful Management by [Motivation], Berlin et al. 2002, S. 55-59.

Frey, D.; Greif, S.: [Sozialpsychologie], 4. Aufl., Weinheim 1997

Frings, C.: Soziales [Verhalten], Wiesbaden 2010.

Fuchs, W.: Die [Transaktionskostentheorie], Ladenburg 1994.

Gabath, C.: Gewinngarant [Einkauf], Wiesbaden 2008.

Gaitanides, M.: [Prozessorganisation], 2. Aufl., München 2007.

Gebert, D.; Rosenstiel, L. von: [Organisationspsychologie], 4. Aufl., Stuttgart et al. 1996.

Glasl, F.: [Konfliktmanagement], 8. Aufl., Berne 2004.

Gollwitzer, P.; Moskowitz, G.: [Goal Effects] on Action and Cognition, The social Psychology of [Decision Making], in: Higgins, E.; Kruglanski, A. (Ed.): Social Psychology, New York et al. 1996, S. 361-392.

Grün, O.; Brunner, J.-C.: Das [Aufgabenfeld] der Beschaffung, in: Kummer, S.; Jammernegg, W.; Grün, O.: (Hrsg.): Grundzüge der Beschaffung, Produktion und Logistik, München 2006, S. 61-71.

Grunwald, W.: [Konflikt-Konkurrenz-Kooperation] – eine theoretisch-empirische Konzeptanalyse, in: Grunwald, W.; Lilge, H.-G.: Kooperation und Konkurrenz in Organisationen, Bern et al. 1981, S. 50-96.

Güth, W.; Kliemt, H.; Ockenfels, A.: [Fairness] versus efficiency – an experimental study of (mutual) gift giving in: Journal of Economic Behavior & Organization Volume 50, Issue 4, April 2003, S. 465-475.

Gussmann, B.; Breit, C.: Ansatzpunkte für eine Theorie der [Unternehmenskultur], in: Heinen, E. (Hrsg.): Unternehmenskultur, 2. Aufl., München 1997, S. 107-133.

Hackman, J.; Oldham, G.: [Work Redesign], Upper Saddle River (New Jersey): Prentice Hall, 1980, S. 34 ff.

Halbleib, M.: [Trendfallen] im Beschaffungsmanagement, in: Eßig, M. (Hrsg.): Perspektiven des Supply Management – Konzepte und Anwendungen, Berlin, Heidelberg 2005, S. 379-411.

Hapke, W.; Jung, A.: Repositionierung der [Beschaffungsfunktion] – Building the House of Procurement Excellence, in: Eßig, M. (Hrsg.): Perspektiven des Supply Management – Konzepte und Anwendungen, Berlin, Heidelberg 2005, S. 29-62.

Harris, L.: [Rewarding] employee performance – line managers' values, beliefs and perspectives, Int. J. of Human Resource Management 12:7 November 2001, S. 1182–1192.

Hentze, J.; Graf, A.: [Personalwirtschaftslehre] 2, 7. Aufl., Berne 2005.

Hentze, J.: [Personalführungslehre]. 4. Aufl., Berne 2005.

Hertel, G.: Kognitive und affektive Einflüsse auf kooperative [Verhaltensentscheidungen], Heidelberg 1995.

Hertel, G.; Neuhof, J.; Theuer, T.: [Mood effects] in small groups – does positive mood simply lead to more cooperation?, in: Cognition and emotion, 2000, Nr. 14 (4), S. 441-472.

Hertel, G.; Wittchen, M.: [Social responsibility] as trigger of motivation gains in groups – the representative effect. Vortrag auf dem XXIX International Congress of Psychology, Berlin 2008, unveröffentlicht.

Hollensbe, E.; Guthrie, J.: Group [pay-for-performance] plans – the role of spontaneous goals setting, in: Academy of Management Review, 2000, Vol. 25, No.4., S. 854-872.

Holler, M.; Illing, G.: Einführung in die [Spieltheorie], 7. Aufl., Berlin et al. 2009.

Hume, D.: [Traktat] über die menschliche Natur, Berlin 2004.

Hungenberg, H.: Grundlagen der [Unternehmensführung], Berlin 2004.

Isele, S.: [Managerleistung] messen, beurteilen, honorieren, Zürich 1991.

Jänicke, G.: Screening der Unternehmenskultur, in: Janich, N.: [Unternehmenskultur] und Unternehmensidentität, Wiesbaden 2005, S. 93-104.

Jahns, C.: [Supply Organisation] – dezentral aufgestellt, zentral gesteuert, in: Beschaffung Aktuell, Nr. 11/2003, S. 28-32.

Johnson, P. F.; Leenders, M. R.; Fearon, H. E: [Supply's Growing Status and Influence] – A Sixteen-Year Perspective, in: The Journal of Supply Chain Management – A Global Review of Purchasing and Supply, 2006, H. 1, S. 33-43.

Jones, O.; Rich, N.: Organizing [Purchasing] in Complex Environments: Understanding Multi-Site Purchasing, in: Hines, P. et al. (Hrsg.), Value Stream Management – strategy and excellence in the supply chain, Harlow et al. 2000, S. 203-223.

Jost, P.-J.: Einführung in die [Prinzipal-Agenten Theorie], in: Jost, P.-J. (Hrsg.): Die Prinzipal-Agenten Theorie in der Betriebswirtschaftslehre, Stuttgart 2001, S. 9-81.

Jost, P.-J.: Strategisches [Konfliktmanagement] in Organisationen. Eine spieltheoretische Einführung, Wiesbaden 1998.

Jüttner, J.: Der Vorrang der [Änderungskündigung] vor der Beendigungskündigung, Baden-Baden 2011.

Kahle, E.: Betriebliche [Entscheidungen], 6. Aufl., München, Wien 2001.

Keck, O.: Das [Informationsdilemma] – ein spieltheoretisches Modell kommunikativen Handelns mit Anwendungen auf Transaktionsprobleme beim Markttausch, bei der staatlichen Regulierung, in hierarchischen Organisationen und in politischen Systemen, in: Esser, H.; Troitzsch, K.: Modellierung sozialer Prozesse, Informationszentrum Sozialwissenschaften, Sozialwissenschaftliche Tagungsberichte, Band 2, Bonn 1991, S. 545-586.

Kelley, H.; Holmes, J.; Kerr, N. et al.: An [atlas] of interpersonal situations, New York 2003.

Kerkhoff, G.: [Milliardengrab] Einkauf, Einkauf – die Top-Verantwortung des Unternehmens nicht nur in schwierigen Zeiten, Weinheim 2003.

Keser, C.; Willinger, M.: Theories Of Behavior, in: [Principal-Agent Relationships With Hidden Action], BETA Working Paper, Strasbourg, 2002, http://cournot2.u-strasbg.fr/users/beta/publications/2002/2002-07.pdf, S. 6.

Kirchler, E.: [Wirtschaftspsychologie]: Grundlagen und Anwendungsfelder der Ökonomischen Psychologie, 2. Aufl., Göttingen et al. 1999.

Klein, R.; Scholl, A.: [Planung und Entscheidung], München 2004.

Kliemt, H.: Ökonomische Analyse der [Moral], in: Ramb, B.-T.; Tietzel, M. (Hrsg.), Ökonomische Verhaltenstheorie, München 1993, S. 281-310.

Klimecki, R.; Gmür, M.: [Personalmanagement], Strategien, Erfolgsbeiträge, Entwicklungsperspektiven, 3. Aufl., Stuttgart 2005.

Köhler, R.: Management von Eigeninteressen der [Allianzpartner], Lüneburg, 2002.

Königstein, M.: Prinzipal-Agenten-Beziehungen in der experimentellen [Wirtschaftsforschung], in: Jost, P.-J.: [Prinzipal-Agenten-Theorie], 2001, S. 541-579.

Konovsky, M. A.; Organ, D. W.: Dispositional and contextual determinants of organizational citizenship [behaviour], in: Journal of Organizational Behavior, 17, 1996, S. 253-266.

Koppelmann, U.: [Beschaffungsmarketing], 4. Aufl., Heidelberg et al. 2004.

Korsgaard, M, Meglino, B.; Lester, S.: The effect of [other-oriented values] on decision making: A test of propositions of a theory of concern for others in organizations, Organizational Behaviour and Human Decision Processes, 68, 1996, S. 234-245.

Koster, F.; Sanders, K.: Organizational citizens or [reciprocial relationships]?, in: Personnel Review 2006, Vol. 35, Issue 5, S. 519-537.

Kraljic, P.: [Versorgungsmanagement] statt Einkauf, in: Harvard Business Manager, Ausg. 1, 1985.

Kreyenberg, J.: [Konfliktmanagement], Berlin 2008.

Krischun, S.: [Total Cost of Ownership]: Bedeutung für das internationale Beschaffungsmanagement, Hamburg 2010, S. 11 ff.

Küpers, W.; Weibler, J. [Emotionen] in Organisationen, Stuttgart 2005.

Kumlin, R.: Chancen und Risiken leistungsorientierter [Vergütungssysteme], 2010, Hamburg 2010.

Kunesch, H.: [Materialwirtschaftlicher Erfolgsnachweis], Wiesbaden 1993.

Kunz: H.: [Kriminalität], in: Ramb, B.-T.; Tietzel, M. (Hrsg.), Ökonomische Verhaltenstheorie, München 1993, S. 181-206.

Kutschker, M.: [Kooperation]: Grundlagen sozialwissenschaftlicher Prozessforschung, in: Zentes, J.; Swoboda, B.; Morschett, D.: Kooperationen, Allianzen und Netzwerke, – Grundlagen, Ansätze, Perspektiven, Wiesbaden 2003, S. 235-256.

Landenberger, I.: [Unternehmenskultur] als Erfolgsfaktor, Saarbrücken 2006.

Large, R.: Strategisches [Beschaffungsmanagement], 2. Aufl., Wiesbaden 2000.

Laube, T.: Methodik des interorganisationalen [Technologietransfers], Heimsheim 2009.

Laux, H.: [Entscheidungstheorie], 5. Aufl., Berlin et al. 2003.

Lazar, C.: [Managementvergütung], Corporate Governance und Unternehmensperformance, Wiesbaden 2007.

Liebrand, W.; Messick, D.: [Social Dilemmas]: Individual, Collective, and Dynamic Perspectives, in: Liebrand, W.; Messick, D.: (Hrsg.), Frontiers in Social Dilemmas Research, 1996, Berlin et al., S. 1-8.

Lindskold, S.: Die Entwicklung von Vertrauen, der [GRIT-Ansatz] und die Wirkung von konziliantem Handeln auf Konflikt und Kooperation, in: Grunwald, W.; Lilge, H.-G., Kooperation und Konkurrenz in Organisationen, Bern et al. 1981, S. 241-272.

Louis, D.: Zu einer allgemeinen [Theorie] der ökonomischen Kooperation, Marburg, 1979.

Maas, P.; Schüller: [Organisationskultur] und Führung, in: Wiendieck, G.: Führung im Wandel, Stuttgart 1990, S. 158-179.

Maleri, R.: Grundlagen der [Dienstleistungsproduktion], 4. Aufl., Heidelberg et al. 1997.

Markowitz, J.: Die soziale [Situation], Frankfurt/M. 1979.

Matthyssens, P., Faes, W. (1997), [Coordinating Purchasing] – Strategic and Organisational Issues, in: Gemünden, H.G.; Ritter, T; Walter, A.: (Hrsg.), Relationships and Networks in International Markets, Oxford, Elsevier North Holland, S. 323-342.

Maurer, A.; Schmid, M.: Erklärende [Soziologie]. Wiesbaden 2010.

Meeker, B.: Cooperation, Competition and [Self-Esteem], in: Human Relations 1990, Nr. 43, S. 205-219.

Mertens, K.; Kohl, H.: [Benchmarking] – der Vergleich mit den Besten, in: Mertens, K.; Kohl, H.: [Benchmarking], Düsseldorf 2009, S. 19-62.

Mertens, K.; Kohl, H.: [Benchmarking-Techniken] in: Mertens, K.; Kohl, H.: [Benchmarking], Düsseldorf 2009, S. 63-88.

Meynhardt, T.: [Wertwissen], Münster et al. 2004.

Mohnke, L.: Zielvereinbarungen im [Arbeitsverhältnis], Hamburg 2006.

Monczka, R.; Trent, R.; Handfield, R.: [Purchasing] and Supply Chain Management, 3. Aufl., Mason 2005.

Morel, J.: [Soziologische Theorie], 7. Aufl., München, Wien 2001.

Müller, G.F.; Nachreiner, F.: [Kooperationsförderung] bei Führungskräften in Organisationen, in: Grunwald, W.; Lilge, H.-G. (Hrsg.), Kooperation und Konkurrenz in Organisationen, Bern et al. 1981, S. 274-290.

Müller, W.: Zur informationstheoretischen [Erweiterung] der Betriebswirtschaftslehre – ein Modell der Informationsproduktion, in: Adam, V. D. (Hrsg.), Neuere Entwicklungen in Produktions- und Investitionspolitik, Wiesbaden 1987, S. 119-136.

Münch, R.: Rational Choice – [Grenzen der Erklärungskraft], in: Müller, H.-P.; Schmid, M. (Hrsg.): Norm, Herrschaft und Vertrauen, Opladen, Wiesbaden 1998, S. 79-91.

Nebl, T.: [Produktionswirtschaft], München, 2007.

Nerdinger, F.: [Grundlagen] des Verhaltens in Organisationen, Stuttgart 2003.

Neumann, J.; Morgenstern, O.: [Spieltheorie] und wirtschaftliches Verhalten, Würzburg, 1973.

Neunzig, Alexander: Ökonomische und psychologische Aspekte monetärer [Leistungsanreize] in Arbeitsverträgen. Hamburg 2003.

Nooteboom, B.: Forms, Sources and Limits of [Trust], in: Held, M.; Kubon-Gilke, G.; Strun, R. (Hrsg.), Normative und institutionelle Grundfragen der Ökonomik, Jahrbuch 4, Reputation und Vertrauen, Marburg 2005, S. 35-59.

Ochsenbauer, C.; Klofat, B.: Überlegungen zur paradigmatischen Dimension der [Unternehmenskulturdiskussion] in der Betriebswirtschaftslehre, in: Heinen, E. (Hrsg.): Unternehmenskultur, 2. Aufl., München 1997, S. 67-106.

Oechsler, W.: [Personal] und Arbeit, München, Wien 2000.

Oesterreich, R.: [Handlungsregulation] und Kontrolle, München et al. 1981.

O. V.: Digitales Wörterbuch der deutschen Sprache, 2011, http://www.dwds.de/?kompakt=1&qu=Junktim

O. V. Europäische Kommission: [Prodcom], Luxemburg, 2000.

Olson, M.: Die [Logik] des kollektiven Handelns, Kollektivgüter und die Theorie der Gruppen, 4. Aufl., Tübingen 1998.

Organ, D.; Podsakoff, P.: Organizational Citizenship [Behavior], Thousand Oaks, 2006.

Osburg, M.: [Einkaufsorganisation]: Kriterien zur Organisation des Einkaufs in Konzernen der verarbeitenden Industrie, Bergisch Gladbach, Köln 1994.

Osterloh, M.; Weibel, A.: [Ressourcensteuerung] in Netzwerken: Eine Tragödie der Allmende?, in: Sydow, J.; Windeler, A. (Hrsg.): Steuerung von Netzwerken, Opladen 1999, S. 88-106.

Pelzmann, L.: [Wirtschaftspsychologie], Wien, New York 2006.

Petty, R.; Wegener, D.: The [Elaboration Likelihood Model]: Current Status and Controversies, in: Chaiken, S.; Trope, Y.: Dual-Process Theories in Social Psychology, New York, London 1999, S. 41-72.

Picot, A.; Reichwald, R.; Wigand, R.: [Die grenzenlose Unternehmung] Information, Organisation und Management, 3. Aufl., Wiesbaden 1998.

Pindyk, R.; Rubinfeld, D.: [Mikroökonomie], 6. Aufl., München et al. 2005.

Piontek, J.: [Beschaffungscontrolling], 3. Aufl., München 2004.

Pirker, R.: Die [Unternehmung] als soziale Institution – eine Kritik der Transaktionskostenerklärung der Firma, in: Ortmann, G.; Sydow, J.; Türk, K. (Hrsg.), Theorien der Organisation, 2. Aufl., Opladen 2000, S. 67-81.

Popper, Karl, R.: Die offene [Gesellschaft] und ihre Feinde, Band 2, Falsche Propheten – Hegel, Marx und die Folgen, 5. Aufl., München 1977.

Posner, E.: Law and [social norms]. Harvard 2002.

Ramb, B.-T.: Die allgemeine [Logik] des menschlichen Handelns, in: Ramb, B.-T.; Tietzel, M. (Hrsg.), Ökonomische Verhaltenstheorie, München 1993, S. 1-19.

Rapoport, A.: [Prisoner's Dilemma] – Recollections and Observations, in: Rapoport, A. (Hrsg.) Game Theory as a theory of conflict resolution, Boston 1974, S. 17-34.

Rasmusen, E.: [Games] and Information. Cambridge/Mass. 1989.

Rau, A.: Analyse der [Unternehmenskultur], Saarbrücken 2007.

Reber, G.: Individuelle [Voraussetzungen] für Kooperation und Konflikt, in: Grunwald, W.; Lilge, H.-G. (Hrsg.), Kooperation und Konkurrenz in Organisationen, Bern et al. 1981, S. 108-124.

Regnet, E.: Konflikt und Kooperation: [Konflikthandhabung] in Führungs- und Teamsituationen, Göttingen 2007.

Reissner, S.: [Synergiemanagement] in Netzwerken, in: Bach, N.; Buchholz W.; Eichler, B. (Hrsg.): Geschäftsmodelle für Wertschöpfungsnetzwerke, Wiesbaden 2003, S. 209-224.

Rhoades, L.; Eisenberger, R.; Armeli, S.: [Affective commitment] to the organization – The contribution of perceived organizational support, Journal of Applied Psychology, 2001, Nr. 86, S. 825-836.

Rössler, B.: [Kultur] im Unternehmen, Saarbrücken 2011.

Rostenstiel, L. v.: Grundlagen der [Organisationspsychologie], 6. Aufl., Stuttgart 2007.

Roth, E.; Holling, H.: [Sozialwissenschaftliche Methoden], 5. Aufl., München, Wien 1999.

Roth, G.: Persönlichkeit, [Entscheidung und Verhalten], Stuttgart 2007.

Rozemeijer, F.; Weele van, A.: Creating [Corporate Advantage] in Purchasing, Eindhoven 2000.

Rüdrich, G.; Kalbfuß, W.; Weißer, K.: Konzeption eines [Materialgruppenmanagements], in: Rüdrich, G.; Kalbfuß, W.; Weißer, K. (Hrsg.): Materialgruppenmanagement, 2. Aufl., Wiesbaden 2004, S. 11-83.

Rudolph, U.: [Motivationspsychologie], Weinheim et al. 2003.

Rynes, S.; Gerhard, B.: Personnel Psychology: Performance Evaluation and [Pay for Performance], in: Annual Review of Psychology, 2005, S. 571-600.

Scharpf, F.: [Koordination] durch Verhandlungssysteme, in: Benz, A.; Scharpf, F.; Zintl, R. (Hrsg.), Horizontale Politikverflechtung, Frankfurt/M. et al. 1992, S. 51-96.

Schein, E.: [Unternehmenskultur], Frankfurt/M. New York 1995.

Schifferer, S.: Prozessorientierte Gestaltung der [Einkaufsorganisation], München 2001.

Schmidt, F.: Strategisches [Benchmarking], Lohmar 2000.

Schmidt, G.: [Anreiz und Steuerung] in Unternehmenskonglomeraten, Diss., Wiesbaden 1990.

Schmidt, K.-H.; Kleinbeck, U.: Führen mit [Zielvereinbarung], Göttingen et al. 2006.

Schmidt, S.: [Unternehmenskultur] – die Grundlage für den wirtschaftlichen Erfolg von Unternehmen, Weilerswist 2004.

Schneeweiss, C.: Zur Erweiterung der [Produktionstheorie] auf die Dienstleistungsproduktion, in: Lingnau, V.; Schmitz, H. (Hrsg.), Aktuelle Aspekte des Controlling, Heidelberg 2002, S. 199-223.

Schreyögg, G.: [Organisation]. Grundlagen moderner Organisationsgestaltung, 4. Aufl., Wiesbaden 1999.

Schreyögg, G.: [Betriebswirtschaftslehre nur noch als Etikett?], in: Zeitschrift für betriebswirtschaftliche Forschung 56 (7), S. 140-160.

Schuh C.; Bremicker, M.: Der [Einkauf] als Margenmotor, Wiesbaden 2005.

Sessing G.: [Wissenstransfer] zwischen Organisationen – Erfolgsfaktoren im interorganisationalen Lernprozess, Köln 2006.

Shapiro, C; Varian, H.: [Information] rules: a strategic guide to the network economy, Boston/Mass. 1999.

Siebert, G.; Kempf, S.: [Benchmarking], München, Wien 2002.

Simon, H.: [Entscheidungsverhalten] in Organisationen, 3. Aufl., Landsberg 1981.

Spieß, E.: [Kooperation und Konflikt], in: Schuler, H.: Enzyklopädie der Psychologie, Göttingen et al. 2004, S. 193-250.

Spieß, E.: [Kooperatives Handeln] in Organisationen – Theoriestränge und empirische Studien, München 1996.

Stein, V.: [Kooperation]: Erklärungsperspektive der strategischen Managementforschung, in: Zentes, J.; Swoboda, B.; Morschett, D.: Kooperationen, Allianzen und Netzwerke – Grundlagen, Ansätze, Perspektiven, Wiesbaden 2003, S. 167-182.

Stelter, D.; Krammer, C.: Bereichsspezifische [Vergütung] auf Basis interner Wertschaffung, in: Eckardstein, Dudo v.: Handbuch variable Vergütung, München 2001, S. 69-84.

Stobbe, A.: [Mikroökonomik], 2. Aufl., Berlin et al. 1991.

Stolle, M.; Jacob, F.; Reinecke, N. et al.: [Beschaffung], in: Abele, E.; Kluge, J.; Näher, U. (Hrsg.): Handbuch Globale Produktion, München 2006, S. 324 – 349.

Straub, R.: [Benchmarking], Zürich 1997.

Swoboda, B.: [Erklärungsperspektiven] grundlegender Theorien, Ansätze und Konzepte im Überblick; in: Zentes, J.; Swoboda, B.; Morschett, D.: Kooperationen, Allianzen und Netzwerke, Grundlagen, Ansätze, Perspektiven, Wiesbaden 2003, S. 36-64.

Thiel, M.: [Wissenstransfer] in komplexen Organisationen, Wiesbaden 2002.

Thompson, K.; Hochwarter, W.; Mathys, N.: [Stretch targets]. What makes them effective?, in: Academy of Management Executive, 1997, Vol. 11, No. 3, S. 48-60.

Trumpp, A.: [Kooperation] unter asymmetrischer Information – eine Verbindung von Prinzipal-Agenten-Theorie und Transaktionskostenansatz, Neuried 1995.

Ullrich, C.: Die Dynamik von [Coopetition], Wiesbaden 2004.

Varian, H. R.: Grundzüge der [Mikroökonomik], 7. Aufl., München, Wien 2004.

Voegele, A.: [Global Sourcing], in: Bullinger, H.-J. (Hrsg.): Neue Organisationsformen im Unternehmen, 2. Aufl., Berlin 2003, S. 587-609.

Vogt, J.: [Vertrauen und Kontrolle] in Transaktionen – eine institutionenökonomische Analyse, Wiesbaden 1997.

Voigt, K.-I.: [Unternehmenskultur] und Strategie des kulturbewußten Managements, Wiesbaden 1996.

Wannenwetsch, H.: Integrierte [Materialwirtschaft] und Logistik, 4. Aufl.; Heidelberg et al. 2010.

Weber, M.: Wirtschaft und [Gesellschaft], Paderborn 2006.

Weibel, A.: [Kooperation] und Engagement in der Arbeit, in: Schreyögg, G.; Sydow, J.: Verhalten in Organisationen, Wiesbaden 2009, S. 31-66.

Wenninger, G.: [Konfliktmanagement], in: Hoyos, C.; Frey, D.: Arbeits- und Organisationspsychologie, Weinheim 1999, S. 558-568.

Wieland, J.: Die Neue [Organisationsökonomik], in: Ortmann, G.; Sydow, J.; Türk, K. (Hrsg.), Theorien der Organisation, 2. Aufl., Opladen 2000.

Wiese, H.: [Kooperative Spieltheorie], München, 2005.

Wildemann, H.: [Global Sourcing] – Erfolg versprechende Strategieableitung, in: Blecker, T.; Gemünden, H. G. (Hrsg.): Wertschöpfungsnetzwerke, Berlin 2006, S. 253-268.

Wimmer, P.; Neuberger, O.: Das [Organsationsklima] im Lichte kooperativen und konkurrierenden Verhaltens, in: Grunwald, W.; Lilge, H.-G.: Kooperation und Konkurrenz in Organisationen, Bern et al. 1981, S. 189-210.

Winkler, H.: [Zielplanung] und -abstimmung in strategischen Supply Chain Netzwerke, in: Blecker, T.; Gemünden, H. G. (Hrsg.), Wertschöpfungsnetzwerke, Berlin 2006, S. 237-252.

Winter, S.: Empirische Untersuchungen zur [Managemententlohnung], in: Jost, P.-J.: [Prinzipal-Agenten-Theorie], 2001, S. 491-539.

Wiswede, G.: Einführung in die [Wirtschaftspsychologie], München, Basel 1991.

Wiswede, G.: [Soziologie], 3. Aufl., Landsberg am Lech 1998.

Wöhe, G.: Einführung in die allgemeine [Betriebswirtschaftslehre], München 2002.

Woll, A.: [Volkswirtschaftslehre], 16. Aufl., München 2011,

Wunderer, R.: [Führung] und Zusammenarbeit, 6. Aufl., München 2006.

Zagler, M.: Management von [Einkaufssynergien], St. Gallen 2003.

Zenger, T.; Marshall, C.R.: Determinants of [Incentive Intensity] in Group Based Rewards, in: Academy of Management Journal, Vol. 43, Nr. 2, 2000, S. 149-163.

Zentes, J.; Swoboda, B.; Morschett D.: [Kooperationen], Allianzen und Netzwerke – Grundlagen, ‚Metaanalyse‘ und Kurzabriss, in: Zentes, J.; Swoboda, B.; Morschett, D.: Kooperationen, Allianzen und Netzwerke. Grundlagen-Ansätze-Perspektiven, Wiesbaden 2003, S. 3-34.

Zintl, R.: [Kooperation] und Aufteilung des Kooperationsgewinns bei horizontaler Politikverflechtung, in: Benz, A.; Scharpf, F.; Zintl, R.: (Hrsg.), Horizontale Politikverflechtung, Frankfurt/M. et al. 1992, S. 97-146.

Kurzlebenslauf Christoph Seyfarth

Sept. 2008 - heute	ALVAREZ & MARSAL Deutschland GmbH, München Senior Director
März 2007 - Aug. 2012	Promotion zum Dr. rer. pol., Universität Würzburg
März 2004 - März 2007	MAGNA EUROPE, Sailauf Geschäftsführer Vice President Purchasing Magna International Europe
Febr. 1990 - März 2004	DAIMLER AG, Stuttgart Leiter Einkauf Interieur Stv. Leiter Materialeinkauf Mercedes Car Group (04/2000 - 03/2004) Leiter Personalentwicklung Mercedes Car Group, (04/1998 - 03/2000) Kaufmännischer Leiter Projekt Mercedes A-Klasse, (01/1996 - 04/1998) Manager Corporate Planning and Reporting, Finance, Mercedes-Benz, USA (02/1993 - 01/1996) Direktionsassistent Unternehmensplanung Daimler-Benz AG, (02/1990 - 01/1993)
Dezember 1989	Abschluss zum Dipl.-Kfm., Universität zu Köln
August 1986	Vordiplom Wirtschaftswissenschaften, Universität Hohenheim
Juni 1983	Abitur, Wirtschaftsgymnasium, Stuttgart
30. August 1963	geboren in Stuttgart